U0239357

"十三五"国家重点出版物出版规划项目

卓越工程能力培养与工程教育专业认证系列规划教材

S7－200 PLC
电气控制与组态设计

周美兰　夏云彦　张　宇　编著

机械工业出版社

本书将 PLC 电气控制系统设计与组态监控技术结合起来,讲述 PLC 现代电气控制系统的设计方法。全书共 9 章,内容包括常用低压电器和电气控制电路的典型应用;西门子 S7 - 200PLC 的结构和工作原理、指令系统和编程及应用;S7 - 200 PLC 的通信与网络、监控组态软件与 PLC 应用综合设计等。第 9 章还给出了 PLC 控制组态虚拟仿真实验的方法与步骤。书中由浅入深地介绍了大量的应用实例,以使读者更好地掌握 PLC 指令的使用方法、编程规则和编程技巧。

本书配套的电子资源包括精心制作的多媒体教学课件、全部习题详细解答、PLC 组态仿真实验教学课件及其演示课件、PLC 控制组态虚拟系统开发演示课件、PLC 组态仿真系统运行演示课件等。所提供的 PLC 控制组态虚拟仿真系统均在 S7 - 200 系列 PLC 样机上调试通过并进行了反复测试。本书所研制的 PLC 控制组态虚拟仿真课件已与 Force - Control 7. 0 系统软件融为一体,故将力控 Force - Control 7. 0 系统程序安装后即可调用本书所开发的课件,可使读者在开发 PLC 控制系统时不需被控实物,只通过显示器的组态监控界面就可检验所编程序的正确与否。

本书可作为电类和机电一体化等专业的本科教材以及高职高专教材,也可作为从事工业自动化及 PLC 应用开发的工程技术人员的培训教材或参考书。

本书配套免费电子资源,需要的教师可登录机械工业出版社教育服务网 (http: //www. cmpedu. com) 注册、下载。

图书在版编目 (CIP) 数据

S7 - 200 PLC 电气控制与组态设计/周美兰,夏云彦,张宇编著 .—北京:机械工业出版社,2019.2 (2024.6 重印)

"十三五"国家重点出版物出版规划项目 卓越工程能力培养与工程教育专业认证系列规划教材. 电气工程及其自动化、自动化专业

ISBN 978 - 7 - 111 - 61540 - 8

Ⅰ. ①S… Ⅱ. ①周… ②夏… ③张… Ⅲ. ①PLC 技术-高等学校-教材 Ⅳ. ①TM571. 6

中国版本图书馆 CIP 数据核字 (2018) 第 284519 号

机械工业出版社 (北京市百万庄大街 22 号 邮政编码 100037)
策划编辑:王雅新 责任编辑:王雅新 王玉鑫
责任校对:潘 蕊 封面设计:鞠 杨
责任印制:单爱军
北京虎彩文化传播有限公司印刷
2024 年 6 月第 1 版第 6 次印刷
184mm×260mm· 17 印张· 412 千字
标准书号:ISBN 978 - 7 - 111 - 61540 - 8
定价:49.00 元

电话服务 网络服务
客服电话:010-88361066 机 工 官 网:www. cmpbook. com
　　　　　010-88379833 机 工 官 博:weibo. com/cmp1952
　　　　　010-68326294 金 书 网:www. golden-book. com
封底无防伪标均为盗版 机工教育服务网:www. cmpedu. com

"十三五"国家重点出版物出版规划项目

卓越工程能力培养与工程教育专业认证系列规划教材

（电气工程及其自动化、自动化专业）

编审委员会

序

工程教育在我国高等教育中占有重要地位，高素质工程科技人才是支撑产业转型升级、实施国家重大发展战略的重要保障。当前，世界范围内新一轮科技革命和产业变革加速进行，以新技术、新业态、新产业、新模式为特点的新经济蓬勃发展，迫切需要培养、造就一大批多样化、创新型卓越工程科技人才。目前，我国高等工程教育规模世界第一。我国工科本科在校生约占我国本科在校生总数的1/3，近年来我国每年工科本科毕业生约占世界总数的1/3以上。如何保证和提高高等工程教育质量，如何适应国家战略需求和企业需要，一直受到教育界、工程界和社会各方面的关注。多年以来，我国一直致力于提高高等教育的质量，组织并实施了多项重大工程，包括卓越工程师教育培养计划（以下简称卓越计划）、工程教育专业认证和新工科建设等。

卓越计划的主要任务是探索建立高校与行业企业联合培养人才的新机制，创新工程教育人才培养模式，建设高水平工程教育教师队伍，扩大工程教育的对外开放。计划启动实施以来，各相关部门建立了协同育人机制。卓越计划要求试点专业要大力改革课程体系和教学形式，依据卓越计划培养标准，遵循工程的集成与创新特征，以强化工程实践能力、工程设计能力与工程创新能力为核心，重构课程体系和教学内容；加强跨专业、跨学科的复合型人才培养；着力推动基于问题的学习、基于项目的学习、基于案例的学习等多种研究性学习方法，加强学生创新能力训练，"真刀真枪"做毕业设计。卓越计划实施以来，培养了一批获得行业认可、具备很好的国际视野和创新能力、适应经济社会发展需要的各类型高质量人才，教育培养模式改革创新取得突破，教师队伍建设初见成效，为卓越计划的后续实施和最终目标的达成奠定了坚实基础。各高校以卓越计划为突破口，逐渐形成各具特色的人才培养模式。

2016年6月2日，我国正式成为工程教育"华盛顿协议"第18个成员，标志着我国工程教育真正融入世界工程教育，人才培养质量开始与其他成员达到了实质等效，同时，也为以后我国参加国际工程师认证奠定了基础，为我国工程师走向世界创造了条件。专业认证把以学生为中心、以产出为导向和持续改进作为三大基本理念，与传统的内容驱动、重视投入的教育形成了鲜明对比，是一种教育范式的革新。通过专业认证，把先进的教育理念引入了我国工程教育，有力地推动了我国工程教育专业教学改革，逐步引导我国高等工程教育实现从课程导向向产出导向转变、从以教师为中心向以学生为中心转变、从质量监控向持续改进转变。

在实施卓越计划和开展工程教育专业认证过程中，许多高校的电气工程及其自动化、自动化专业结合自身的办学特色，引入先进的教育理念，在专业建设、人才培养模式、教学内容、教学方法、课程建设等方面积极开展教学改革，取得了较好的效果，建设了一大批优质课程。为了将这些优秀的教学改革经验和教学内容推广给广大高校，中国工程教育认证协会电子信息与电气工程类专业认证分委员会、教育部高等学校电气类专业教学指导委员会、教育部高等学校自动化类专业教学指导委员会、中国机械工业教育协会自动化学科教学委员会、中国机械工业教育协会电气工程及其自动化学科教学委员会联合组织规划了"卓越工程能力培养与工程教育专业认证系列规划教材（电气工程及其自动化、自动化专业）"。本套教材通过国家新闻出版广电总局的评审，入选了"十三五"国家重点图书。本套教材密切联系行业和市场需求，以学生工程能力培养为主线，以教育培养优秀工程师为目标，突出学生工程理念、工程思维和工程能力的培养。本套教材在广泛吸纳相关学校在"卓越工程师教育培养计划"实施和工程教育专业认证过程中的经验和成果的基础上，针对目前同类教材存在的内容滞后、与工程脱节等问题，紧密结合工程应用和行业企业需求，突出实际工程案例，强化学生工程能力的教育培养，积极进行教材内容、结构、体系和展现形式的改革。

经过全体教材编审委员会委员和编者的努力，本套教材陆续跟读者见面了。由于时间紧迫，各校相关专业教学改革推进的程度不同，本套教材还存在许多问题。希望各位老师对本套教材多提宝贵意见，以使教材内容不断完善提高。也希望通过本套教材在高校的推广使用，促进我国高等工程教育教学质量的提高，为实现高等教育的内涵式发展贡献一份力量。

卓越工程能力培养与工程教育专业认证系列规划教材
（电气工程及其自动化、自动化专业）
编审委员会

前　言

可编程序控制器（PLC）是自动控制技术、计算机技术和通信技术三者结合的高科技产品，作为一种通用的工业自动化装置，在工业控制各个领域已得到了广泛的应用。组态软件具有远程监控、数据采集、数据分析、过程控制等强大功能，日益渗透到自动化系统的每个角落，占据越来越多的份额，逐渐成为工业自动化系统的核心和灵魂。本书把 PLC 与组态软件有机结合，讲述现代自动控制系统的设计方法。

针对 PLC 教学中实验设备成本高、维护难和配备难的问题，本书用组态软件全真模拟了 PLC 的控制对象。将组态软件用于 PLC 的实验教学中，能够用虚拟仿真的样机代替实物，通过显示器的组态监控界面直接检验 PLC 控制结果的正确与否，从而在一定程度上解决了 PLC 实验课开设难或无法开设的问题。书中提供的虚拟仿真方法还可在科技人员的工程项目开发中发挥巨大的作用。

本书配套的电子资源包括多媒体教学课件、PLC 控制组态仿真综合设计实例、PLC 组态仿真实验教学课件及其多个演示课件（带解说）、PLC 控制组态虚拟系统开发演示课件（带解说）、PLC 组态仿真系统运行演示课件（带解说）。这些带解说的演示课件将对学生掌握开发 PLC 控制组态虚拟仿真系统及其运行方法提供很大帮助。本书所开发的 PLC 控制组态虚拟仿真系统均采用 S7 - 200 系列 PLC 样机调试通过并进行了反复测试。

北京三维力控科技有限公司的软件开发人员专门为本书定制了软件，即书中所开发的项目已与力控 Force - Control7.0 系统程序融为一体，故将 Force - Control7.0 系统程序安装完毕后，运行"力控 ForceControl 7.0"，进入"工程管理器"程序，在打开的窗口中将看到本书所开发的组态仿真课件图标，选定某个课件图标即可进入相应的组态监控界面以检验所编写的 PLC 控制程序的正确与否，这给学习者带来很大方便。

全书共 9 章。主要内容包括：常用低压电器、电气控制电路的基本环节和典型应用、可编程序控制器基础、S7 - 200 PLC 的组成原理及编程软件、S7 - 200 PLC 的指令系统、S7 - 200 PLC 的编程及应用、S7 - 200 PLC 的通信与网络、监控组态软件与 PLC 应用综合设计、PLC 控制组态虚拟仿真实验及附录。本书可满足 PLC 课程 40 ~ 80 学时的教学要求。

本书的第 3、9 章由周美兰编写，第 1、2、5 章由夏云彦编写，第 4、7 章和附录由张宇编写，第 6 章由夏云彦和周美兰共同编写，第 8 章由周美兰和张宇共同编写。全书由周美兰统稿、定稿。

哈尔滨理工大学的温嘉斌教授审阅了全书，提出了许多宝贵意见，在此表示衷心的感谢。

在本书的编写过程中，王文宝、宋雨轩在材料的收集与整理、程序的编写与调试上做了一定的工作；研究生杨明亮、陈麒龙和刘洋在教学演示课件的录制、PLC 控制组态虚拟仿真系统的开发与调试过程中做了大量的工作，在此深表谢意。

在本书 8.1 节的编写和组态项目的开发、调试及软件的定制过程中，北京三维力控科技有限公司的韩杨给予了大力的帮助和支持，在此一并致谢。

　　在编写过程中编者参考了很多优秀教材和著作，在此向收录于参考文献中的各位作者表示真诚的谢意。

　　在本书的编写过程中，虽然编者已做了很多努力，但由于水平有限，书中一定会有不少疏漏之处，恳切希望读者提出宝贵意见，以便进一步修正。联系信箱：zhoumeilan001@163.com。

编　者

目　录

第 1 章
常用低压电器

本章知识要点：
(1) 低压电器的电磁机构及执行机构
(2) 接触器及各类继电器的结构、工作原理及符号表示
(3) 熔断器、断路器及主令开关的结构、工作原理及符号表示

1.1　概述

继电-接触器控制系统价格低廉、控制方式简单、直观，在当今的电气控制系统中应用十分广泛。同时，它也是掌握现代先进电气控制技术的基础，可编程逻辑控制器（PLC）正是在此基础上发展而来的。

继电-接触器控制系统主要靠各类低压电器来实现。在工业意义上，电器是指能根据外界特定的信号和要求，自动或手动地接通电路，断续或连续地改变电路参数，实现对电路或非电对象的切换、控制、保护、检测、变换和调节作用的电气设备。低压电器是指工作在交流额定电压 1200V 以下或直流额定电压 1500V 以下的电路中，起通断、控制、保护和调节作用的电气设备。

低压电器性能的优劣以及维修是否方便直接影响控制系统能否可靠工作。随着电力电子技术、自动控制技术和计算机技术的发展，低压电器的种类越来越多，性能也越来越好。电气控制技术在工业控制系统中依然占有十分重要的地位，因此低压电器的使用也相当普遍。

低压电器种类繁多、功能多样、性能各异，结构和工作原理也各不相同。低压电器分类方法多样，通常按用途可将其分为低压配电电器、低压控制电器、低压保护电器、低压执行电器和低压主令电器等。本章主要介绍电力控制系统中常用的低压电器，如接触器、继电器、主令电器等的基本结构和工作原理。

1.2　低压电器的电磁机构及执行机构

电磁式低压电器是电气控制电路中最典型、使用最广泛的一种电器。各类电磁式低压电器的结构和工作原理基本相同，其感测部分大多是电磁机构，用以接收外界的输入信号，并通过转换、放大、判断，做出有规律的反应，使执行部分进行相应动作，实现控制目的，而执行部分主要是触点。

1.2.1 电磁机构

1. 结构与工作原理

电磁机构由吸引线圈和磁路两部分组成。它的主要作用是将电磁能转换为机械能，带动触点使之断开或闭合。

（1）吸引线圈。吸引线圈完成电能到磁场能的转换。按线圈的连接方式可分为并联（电压线圈）和串联（电流线圈）两种。并联线圈并接在电路中，通常导线较细、匝数多。串联线圈串接在电路中，其导线较粗、匝数少，可用于电流检测。

按通入电流的种类可分为直流线圈和交流线圈两种。直流线圈的铁心不发热，只有线圈发热，一般线圈与铁心直接接触，以利于线圈散热，铁心通常由铸钢、铸铁或软钢制成。采用交流线圈时，铁心中的涡流和磁滞损耗使得铁心也会发热，铁心通常由硅钢片迭压而成，以减小交变磁场在铁心中产生的损耗。

（2）磁路。磁路包括铁心、衔铁、铁轭和空气隙。衔铁在电磁力的作用下与铁心吸合，电磁力消失后衔铁复位。电磁机构按衔铁相对于铁心的动作形式可分为衔铁绕棱角转动、衔铁绕轴转动和衔铁直线运动三种。衔

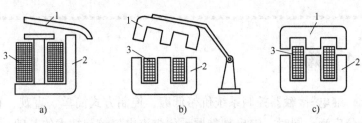

图 1-1 常用电磁机构的形式
1—衔铁 2—铁心 3—吸引线圈

铁绕棱角转动如图 1-1a 所示，这种结构衔铁磨损较小，铁心用软铁，多用于直流接触器、继电器。衔铁绕轴转动如图 1-1b 所示，铁心用硅钢片叠成，铁心形状有 E 形和 U 形两种，多用于交流接触器。衔铁直线运动如图 1-1c 所示，多用于交流接触器和交流继电器。

2. 吸力特性与反力特性

电磁机构的工作情况通常用吸力特性与反力特性来表征。电磁机构的电磁吸力与气隙长度的关系曲线称为吸力特性。它随励磁电流的种类（直流或交流）和线圈连接方式（串联或并联）的不同而有所差异。衔铁受到的反作用力（包括电磁机构转动部分的阻力）与气隙长度之间的关系曲线称为反力特性。

（1）吸力特性。电磁机构的电磁吸力 F 的近似计算公式为

$$F = \frac{1}{2}BHS = \frac{1}{2\mu_0}B^2 S \qquad (1-1)$$

式中，$\mu_0 = 4\pi \times 10^{-7} \text{H/m}$；$B$ 为气隙磁通密度（T）；S 为吸力处的铁心截面积（m^2）。

当 S 为常数时，$F \propto B^2 \propto \Phi^2$。

对于具有电压线圈的直流电磁机构，当外加电压和线路电阻恒定时，流过线圈的电流为常数，与磁路的气隙大小无关。根据磁路定律

$$\Phi = \frac{IN}{R_\text{m}} = \frac{IN\mu_0 S}{\delta} \qquad (1-2)$$

有

$$F \propto \Phi^2 \propto \frac{1}{\delta^2} \qquad (1-3)$$

吸力 F 与气隙 δ 的关系曲线即为吸力特性曲线，故由式(1-3)知吸力特性应为二次曲线形状，如图 1-2 所示，图中 δ_1 为电磁机构气隙的初始值，δ_2 为动、静触点开始接触时的气隙长度。可见，衔铁闭合前后吸力变化很大，气隙越小吸力越大。

对于具有电压线圈的交流电磁机构，其吸力特性有别于直流电磁机构。设外加电压固定，交流吸引线圈的阻抗主要取决于线圈的电抗（电阻相对很小可忽略），则当气隙磁感应强度按正弦规律交变时

$$U \approx E = 4.44 f N \Phi \qquad (1-4)$$

$$\Phi = \frac{U}{4.44 f N} \qquad (1-5)$$

当频率 f、匝数 N 和电压 U 均为常量时，Φ 为常量，则由 $F \propto \Phi^2$ 可知 F 为常数，即 F 与气隙 δ 的大小无关。但实际上由于漏磁通的存在，F 随 δ 的减小略有增加。此时 F 与 δ 的变化关系如图 1-3 所示。根据式(1-2)知，当 Φ、N 均为定值时，吸引线圈的电流 I 与气隙 δ 成正比。若忽略线圈电阻，可近似地认为 I 与 δ 呈线性关系，如图 1-3 中所示。

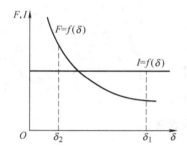

图 1-2　直流电磁机构的吸力特性

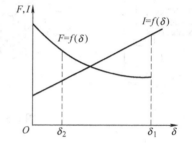

图 1-3　交流电磁机构的吸力特性

对于一般的交流电磁机构，在线圈通电而衔铁尚未吸合的瞬间，电流将达到吸合后额定电流的几倍甚至几十倍。如果衔铁卡住不能可靠吸合或者衔铁频繁动作，就可能烧毁线圈。因此，对于可靠性高或频繁动作的控制系统大都采用直流电磁机构。

（2）反力特性。反力的大小与复位弹簧、摩擦阻力及衔铁的质量有关。欲使接触器衔铁吸合，在整个吸合过程中，吸力需大于反力，这样触点才能可靠动作。反力特性曲线如图 1-4 中曲线 3 所示，直流与交流接触器的吸力特性分别如曲线 1 和 2 所示。在 $\delta_1 - \delta_2$ 的距离内，反力随气隙减小略有增大。到达 δ_2 位置时，动触点开始与静触点接触，触点上的初压力作用到衔铁上，反力骤增，曲线突变。其后在 δ_2 到 0 的距离内，气隙越小，触点压得越紧，反力越大，此段曲线较 $\delta_1 - \delta_2$ 段陡。

为了保证吸合过程中衔铁能正常闭合，吸

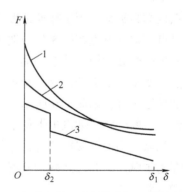

图 1-4　电磁机构吸力特性与反力特性的配合
1—直流吸力特性　2—交流吸力特性
3—反力特性

力在各个位置上必须大于反力，但也不能过大，否则衔铁吸合过程产生的较大冲击力会影响电器的使用寿命。在使用中可以通过调节反力弹簧或触点的初压力来改变反力特性，使之与吸力特性良好配合。

（3）短路环的使用。对于单相交流电磁机构，由于磁通是交变的，当磁通过零时吸力也为零，吸合后的衔铁在反力的作用下将被拉开。磁通过零后吸力增大，当吸力大于反力时，衔铁又吸合。由于交流电源频率的变化，衔铁的吸力随之每个周波过零两次，因而衔铁产生强烈振动与噪声，甚至使铁心松散。

为解决上述问题，交流接触器铁心端面上都安装一个铜制的短路环（分磁环），如图1-5所示。短路环将铁心端面分成 S1 和 S2 两部分，其中 S1 部分穿过短路环。线圈中通入交流电后，短路环中会产生感应电流（涡流），进而产生磁通 Φ_m，Φ_m 的存在使得铁心端面 S1和 S2 分别通过两个在相位上不同的磁通 Φ_1 和 Φ_2（Φ_1 滞后于 Φ_2），相应的电磁吸力分别为 f_1 和 f_2。作用在衔铁上的力为 $f_1 + f_2$。由于两个磁通不同时过零，因此合力总是大于零。只要此合力始终大于反力，衔铁的振动现象就会消除。

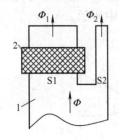 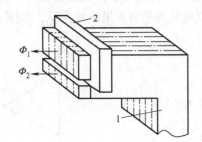 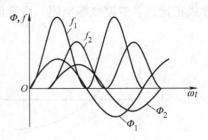

图 1-5　短路环结构及工作原理
1—铁心　2—短路环

1.2.2　执行机构

低压电器的执行机构一般由触点及其灭弧装置构成。

1. 触点

触点也称为触头，用于接通或断开被控制的电路。按照动作特点可将触点分为常开触点和常闭触点。常开触点在线圈失电时处于断开状态，而在线圈得电时处于闭合状态。常闭触点在线圈失电时处于闭合状态，而在线圈得电时处于断开状态。

触点主要由动触点和静触点组成。它的结构形式很多，按其接触形式可分为点接触、线接触和面接触 3 种，如图 1-6 所示。①点接触触点间的接触面小，触点打开时间短，常用于通断电流较小的电路，如继电器触点。②线接触触点间的接触区域为一条直线，这类触点也称为指形触点，为保证接触良好而采用滚动接触的方法，这类触点多用于中等容量电器中，如接触器的主触点。③面接触形式触点间接触面很大，允许通过较大的电流，接触面容易有变形，触点断开慢。

鉴于触点的工作特点，要求其具有良好的导电和导热性能，触点通常由铜制成。但是铜的表面易被氧化生成氧化铜，使接触电阻增大，从而增加触点的损耗，使温度上升。由于银的氧化膜电阻率与纯银接近，因此对于容量较小的电器，触点通常为银质材料。大中容量的

点接触　　　　　线接触　　　　　面接触

图1-6　触点的接触形式

电器常采用铜质触点，并采用滚动接触以去掉氧化膜。

2. 电弧的产生及常用灭弧装置

当触点切断电路时，若被分断电路的电流和电压超过一定的数值，在拉开的两个触点之间会出现强烈的火花，通常称为"电弧"。

电弧是触点间气体在强电场作用下产生的放电现象。气体放电是指气体中有大量的带电粒子作定向运动。触点在分离瞬间，其间隙很小，在触点间形成很强的电场（$E = U/d$，其中 d 为间隙），在强电场作用下，阴极中的自由电子逸出到气隙中并向阳极加速运动。逸出的自由电子在运动中会撞击气体原子，使其分裂成电子和正离子。电子在向阳极运动过程中又会撞击其他原子，这种现象称为撞击电离。撞击电离的正离子向阴极运动，撞击阴极使阴极温度逐渐升高，当温度到达一定程度时，使一部分电子从阴极逸出并参与撞击电离。由于高温使电极发射电子的现象叫热电子发射。当电弧的温度达到 3000℃ 或更高时，触点间的原子以很高的速度作不规则的运动并相互剧烈撞击，结果原子也将产生电离，这种因高温使原子撞击所产生的电离称为热游离。于是，在触点间隙产生大量向阳极飞驰的炙热电子流，使气体导电，即为电弧。

电弧的危害主要是会延长电路的分断时间，烧坏触点，严重时会损坏电器和周围设备，甚至造成火灾。因此，大电流电器必须采取合适的灭弧措施。

在气体分子进行电离的同时，也伴随着正、负带电粒子复合的消电离过程。由电弧的产生过程可知，为使电弧熄灭，应设法降低电弧的温度和电场强度，如增大电弧长度、加大散热面积等。常用的灭弧方法有以下几种。

（1）磁吹式灭弧。这种灭弧的原理是使电弧处于磁场中，利用磁场力"吹"长电弧，使其进入冷却装置，加速电弧的冷却和熄灭。

磁吹灭弧的工作原理如图1-7所示。在触点电路中串入一个吹弧线圈3，触点电流通过吹弧线圈时，在触点周围产生方向向内的磁场。触点分开瞬间电弧所产生的磁场方向如图1-7所示，因此，电弧将受到使其向上运动的力，使电弧被拉长并吹入灭弧罩中。熄弧角6和静触点连接，用以引导电弧向上运动，将热量传递给罩壁，促使电弧熄灭。这种装置是利用电弧电流本身灭弧的，因此电弧电流越大，灭弧能力越强。它广泛应用于直流低压电器中。

（2）灭弧栅灭弧。灭弧栅由一组彼此间相互绝缘、安放在触点上方的镀铜薄钢片组成，

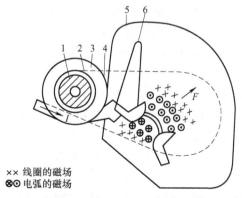

××线圈的磁场
⊙⊙电弧的磁场

图1-7　磁吹灭弧装置的工作原理图
1—铁心　2—绝缘管　3—吹弧线圈
4—导磁颊片　5—灭弧罩　6—熄弧角

其灭弧原理如图1-8所示，片间距离一般为2~3mm。发生电弧时，电弧周围产生磁场，由于栅片的高导磁率，使栅片内部磁密较高，因此，在向上的力的作用下电弧被吸入栅片内。将原来一个较长的电弧分割成多个串联的短电弧，当交流电压过零时电弧自然熄灭，而电弧的重燃需要两栅片间必须有150~250V的电压，电源电压不足以维持电弧。另外，由于栅片具有散热作用，电弧自然熄灭后很难重燃。这种灭弧方式常用于交流灭弧。

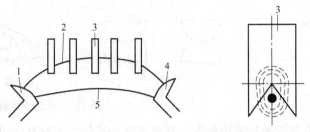

图1-8 灭弧栅灭弧原理图

1—静触点 2—短电弧 3—灭弧删片 4—动触点 5—长电弧

（3）多断点灭弧。在交流电路中可采用桥式触点，如图1-9所示。桥式触点断开时，在一个回路中有两个产生电弧的间隙。由于相邻的两根导体通入相反方向的电流时，两导体互相排斥，因此触点在断开时本身就具有吹弧能力。两侧的电弧在力 F 的作用下向外运动并被拉长，使其迅速穿越冷却介质而加快电弧熄灭。为加强灭弧效果，可将同一电器的两个或多个触点串联起来作一个触点使用，这便形成多断点触点。

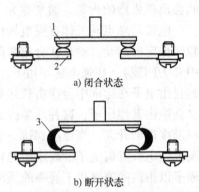

a) 闭合状态

b) 断开状态

图1-9 桥式触点示意图

1—动触点 2—静触点 3—电弧

1.3 接触器

接触器（Contactor）是用来频繁接通和断开电动机或其他负载主电路的一种自动切换电器。它利用电磁吸力及弹簧的反作用力配合动作，使触点闭合或断开，是一种非常典型的电磁式电器。具有价格低廉、结构紧凑、过载能力强、维护方便等特点，能通断负荷电流，但不能切断短路电流，因此常与熔断器、热继电器等配合使用，具有欠电压释放保护功能，是电力拖动控制系统中重要的控制电器之一。

接触器的触点系统按可承担负载电流的大小，可分为主触点和辅助触点，主触点允许通过较大电流，用于通断负载主电路；辅助触点允许通过较小电流，常用在控制电路中。由于触头工作时，需通断额定电流或更大的电流，所以常有电弧产生，因此，大部分接触器都有灭弧装置，与触头共称触头-灭弧系统，额定电流很小时可不设灭弧装置。接触器的图形符号和文字符号如图1-10所示。

按接触器主触点所控制电路的电流种类可分为交流接触器与直流接触器。按主触点的极数又可分为单极、双极、三极、四极和五极等几种。直流接触器一般为单极或双极；交流接触器大多为三极，四极多用于双回路控制，五极多用于多速电动机控制或者自动式自耦减压起动中。

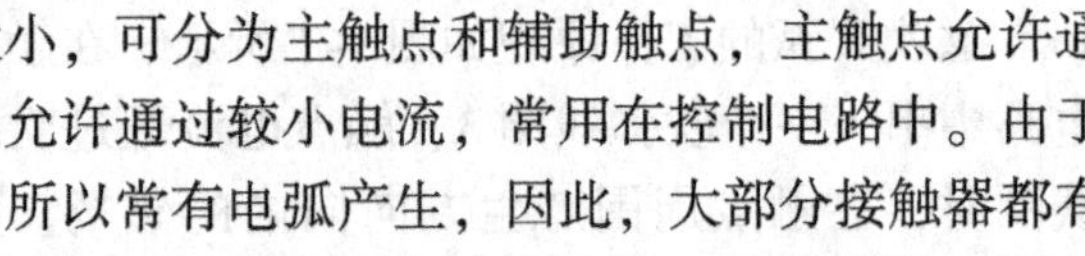

线圈　　主触点　辅助常开触点　辅助常闭触点

图1-10 接触器的图形符号和文字符号

1.3.1　接触器的主要技术参数

1. 额定电压

接触器额定电压是指主触点上的额定电压,一只接触器常规定几个额定电压,同时列出相应的额定电流或控制功率。通常,最大工作电压即为额定电压。常用的额定电压值为

直流接触器:110V,220V,440V,660V。

交流接触器:220V,380V,500V,660V。

按规定,在接触器线圈发热达到稳定时,加上 85% 的额定电压,衔铁应可靠地吸合,反之,如果工作电压过低或者突然消失,衔铁也应可靠地释放。

2. 额定电流

接触器额定电流是指主触点的额定电流,常用的额定电流等级为

直流接触器:25A,40A,60A,80A,100A,150A,250A,400A,600A。

交流接触器:5A,10A,20A,40A,60A,100A,150A,250A,400A,600A。

3. 线圈的额定电压

指接触器正常工作时,吸引线圈上所加的电压值。一般该电压的数值、线圈的匝数和线径等数据均标于线包上,而不是标于接触器外壳铭牌上。一般交流负载用交流接触器,直流负载用直流接触器,但对频繁动作的交流负载也可使用有直流线圈的交流接触器。通常用的电压等级为

直流线圈:24V,48V,110V,220V,440V。

交流线圈:36V,110V,127V,220V,380V。

直流接触器断开时产生的过电压可达 10~20 倍额定电压,所以不宜采用高电压等级。但电压太低可能导致触点动作不可靠,故常采用 110V 和 220V。

4. 通断能力

指接触器主触点在规定条件下能达到的最大接通电流和最大分断电流。最大接通电流是指触点闭合时不会造成触点熔焊的最大电流值;最大分断电流是指触点断开时能可靠灭弧的最大电流。一般通断能力是额定电流的 5~10 倍。另外,这一数值还与断开电路的电压等级有关,电压越高,通断能力越小。

根据接触器使用类别的不同,对主触点通断能力的要求也不同。电力拖动控制系统中常用的接触器使用类别及用途见表 1-1。

表 1-1　常用的接触器使用类别及用途

电流种类	使用类别	用　途
交流 (AC)	AC1 (允许通断额定电流)	无感或微感负载、电阻炉
	AC2 (允许通断 4 倍额定电流)	绕线电动机的起动和停止
	AC3 (允许接通 6 倍额定电流和断开 4 倍额定电流)	笼型电动机的起动和停止
	AC4 (允许通断 6 倍的额定电流)	笼型电动机的起动、反接制动、反向和点动
直流 (DC)	DC1 (允许通断额定电流)	无感或微感负载、电阻炉
	DC3 (允许通断 4 倍额定电流)	并励电动机的起动、反接制动、反向和点动
	DC5 (允许通断 4 倍额定电流)	串励电动机的起动、反接制动、反向和点动

5. 操作频率

指接触器每小时允许的操作次数。操作频率会影响接触器的电气寿命和灭弧罩的工作条件，交流接触器还会影响到线圈的温升。目前交流接触器的最高操作频率一般可达600次/小时，直流接触器最高操作频率可达1200次/小时。

6. 寿命

包括电气寿命和机械寿命。电气寿命是指接触器的主触点在额定负载条件下所允许的极限操作次数。机械寿命是指接触器在不需修理的条件下所能承受的无负载操作次数。目前接触器的机械寿命可达一千万次以上，电气寿命约是机械寿命的5%~10%。

1.3.2 交流接触器

交流接触器（Alternating Current Contactor）主要由电磁系统、触点系统、灭弧装置、复位弹簧、触点压力弹簧、传动机构及外壳等部分组成。其实物图和工作原理示意图如图1-11所示。接触器线圈通电后，在铁心中产生磁通，进而产生电磁吸力。衔铁在电磁吸力的作用下带动触点机构动作，使常开触点闭合、常闭触点打开。当线圈失电或线圈两端电压显著降低时，电磁吸力小于弹簧反力，衔铁被释放，触点系统复位。

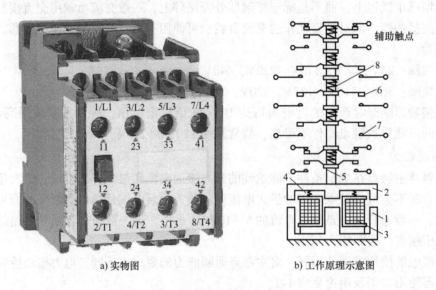

a) 实物图　　　　　　　　b) 工作原理示意图

图1-11　交流接触器的典型结构

1—铁心　2—衔铁　3—线圈　4—复位弹簧　5—绝缘支架　6—动触点　7—静触点　8—触点弹簧

交流接触器的型号含义如图1-12所示。

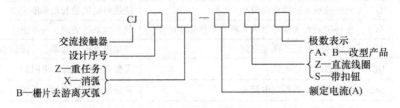

图1-12　交流接触器的型号含义

1.3.3 直流接触器

直流接触器（Direct Current Contactor）是一种通用性很强的电器产品，除用于频繁控制电动机外，还用于各种直流电磁系统中。其结构和工作原理与交流接触器基本相同，主要在电磁机构上有所不同。直流接触器结构如图 1-13 所示。主要由电磁机构、触点系统和灭弧装置等部分组成。由于直流电弧比交流电弧难以熄灭，直流接触器常采用磁吹式灭弧装置。

直流接触器的型号含义如图 1-14 所示。

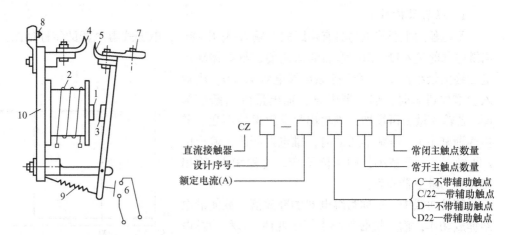

图 1-13 直流接触器的结构原理图
1—铁心 2—线圈 3—衔铁 4—静触点 5—动触点
6—辅助触点 7、8—接线柱 9—反作用弹簧 10—底板

图 1-14 直流接触器的型号含义

目前我国常用的交流接触器主要有 CJ10、CJ12、CJXI、CJX2、CJ20 等系列及其派生系列产品；直流接触器有 CZ18、CZ21、CZ22、CZ10 和 CZ2 等系列。引进的产品应用较多的有德国西门子公司的 3TB 系列和 BBC 公司的 B 系列，法国 TE 公司的 LC1 系列等。

1.4 继电器

继电器是根据某种特定输入信号的变化来接通或断开电路的自动控制电器。与接触器不同，继电器通常触点容量较小，不能用于接通或断开负载主电路，只能用于控制电路中，实现电路的自动控制和保护功能，是电气控制系统中的信号检测元件；而接触器触点容量较大，可直接用于通断主电路，是电气控制系统中的执行元件。

继电器一般由承受机构、中间机构和执行机构三部分组成。承受机构反映继电器的输入量，并传递给中间机构，将其与预定量（整定值）进行比较，当达到整定值时（过量或欠量），中间机构就使执行机构产生输出量，用以控制电路的通和断。继电器的输入参量可以是电压、电流等电气量，也可以是温度、压力、时间、速度等非电气量。其输出是触点的动作或电路参数的变化。

继电器的种类和形式多样，主要有以下分类方法：

（1）按输入量的物理性质分有电压继电器、电流继电器、功率继电器、时间继电器、温度继电器、压力继电器和速度继电器等。

（2）按动作原理分有电磁式继电器、感应式继电器、热继电器、机械式继电器、电动式继电器和电子式继电器等。

（3）按动作时间分有瞬时继电器和延时继电器等。

本章主要介绍控制继电器中的电磁式（电压、电流、中间）继电器、时间继电器、热继电器和速度继电器等。

1.4.1 继电器的特性及参数

1. 继电器特性

继电器的主要特点是具有跳跃式的输入–输出特性，电磁式继电器的特性如图1-15所示。当继电器的输入量 x 由0增加至 x_1 之前，继电器输出量始终为最小值 y_1，对于有触点继电器 $y_1 = 0$。当输入量增加到 x_2 时，继电器吸合，输出量由 y_1 跃变为 y_2。若输入量 x 再增加，则输出量 y 值保持不变。若再逐渐减小 x，当减小到 x_1 时，继电器释放，输出由 y_2 降到 y_1，x 再减小，则 y 值不变。这种输入–输出特性称为继电器特性。

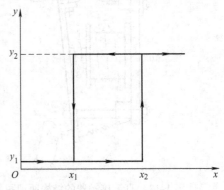

图1-15 继电器特性曲线

特性曲线中，x_1 称为继电器的释放值，欲使继电器释放动作，输入量必须小于等于此值；x_2 称为继电器的吸合值，欲使继电器吸合动作，输入量必须大于此值。

2. 继电器的主要参数

（1）返回系数。是继电器的重要参数之一，其定义为

$$K_f = \frac{x_1}{x_2}$$

对于返回系数，不同场合要求不同的 K_f 值。一般继电器要求较低的返回系数，K_f 值在 0.1～0.4 之间，保证当继电器吸合后，即使输入值波动较大也不致引起误动作，可靠性更好；欠电压继电器则要求较高的返回系数，K_f 值在 0.6 以上，以保证足够的控制精度。设某继电器 $K_f = 0.6$，吸合电压为额定电压的 90%，则电压低于额定电压的 54% 时继电器释放，起到欠电压保护作用。

（2）动作时间。指继电器的吸合时间和释放时间，是继电器的另一个重要参数。吸合时间是指从线圈接受电信号到衔铁完全吸合时所需的时间；释放时间是从线圈失电到衔铁完全释放所需的时间。一般继电器的吸合时间与释放时间为 0.05～0.15s，快速继电器为 0.005～0.05s，它的大小影响着继电器的操作频率。

1.4.2 电磁式继电器

常用的电磁式继电器有电流继电器、电压继电器、中间继电器和时间继电器。其结构和工作原理与接触器相近，主要由铁心、衔铁、线圈、释放弹簧和触点等部分构成，典型结构如图1-16所示。电磁式继电器触点容量较小（一般为5A以下），故不需要灭弧装置。

电磁式继电器的返回系数可以通过调节释放弹簧的松紧程度或调整铁心与衔铁间非磁性

垫片的厚度来达到。如拧紧弹簧时，x_2 与 x_1 同时增大，K_f 也随之增大；放松弹簧时 K_f 减小。非磁性垫片增厚时，x_1 增大，K_f 增大；非磁性垫片减薄时，K_f 减小。

电磁式继电器种类多样，此处主要介绍电压、电流和中间继电器等几种典型的电磁式继电器。

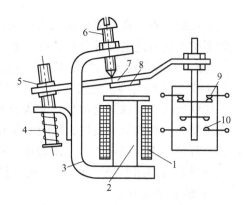

图1-16 电磁式继电器的典型结构

1—线圈 2—铁心 3—磁轭 4—弹簧 5—调节螺母
6—调节螺钉 7—衔铁 8—非磁性垫片
9—常闭触点 10—常开触点

1. 电磁式电压继电器

触点的动作与线圈的电压大小有关的继电器称为电压继电器。其线圈并联于主电路，用于感测主电路的电压；触点接于控制电路，为执行元件。按线圈电流的种类可将电压继电器分为交流和直流电压继电器；按吸合电压的大小可分为过电压继电器、欠电压继电器和零电压继电器。

（1）过电压继电器。用于电路的过电压保护，电路正常工作时，衔铁不动作。只有当线圈电压高于被保护电路的额定电压并达到过电压继电器的吸合整定值时，衔铁才吸合，带动触点机构动作，接通或断开相应的控制电路。直流电路不会产生较大波动的过电压，因此无直流过电压继电器。交流过电压继电器的吸合整定值为被保护电路额定电压的1.05~1.2倍。

（2）欠电压继电器。用于电路的欠电压保护，又称为低电压继电器，被保护电路电压正常时，衔铁可靠吸合。当线圈电压低于被保护电路的额定电压并降至继电器的释放整定值时，衔铁才释放，使触点机构复位，接通或断开相应的控制电路。通常，直流欠电压继电器吸合电压与释放电压的整定值分别为被保护电路额定工作电压的0.3~0.5倍和0.07~0.2倍；交流欠电压继电器吸合电压与释放电压的整定值分别为额定工作电压的0.6~0.85倍和0.1~0.35倍。

（3）零电压继电器。常用于电路的零电压保护（失压保护）。在额定电压下吸合，当电路电压降低至额定电压的0.05~0.25时释放。

电压继电器的图形符号和文字符号如图1-17所示。

过电压继电器线圈   欠电压继电器线圈   常开触点   常闭触点

图1-17 电压继电器的图形符号和文字符号

2. 电磁式电流继电器

触点的动作与线圈电流大小有关的继电器称为电流继电器。电流继电器与电压继电器在结构上的差别主要是线圈不同。电流继电器的线圈与负载串联，用以感测主电路的线路电流，其线圈匝数少而导线粗；而电压继电器的线圈与负载并联，用以反映负载电压，其线圈匝数多而导线细。常用的电流继电器有过电流继电器和欠电流继电器两种。

（1）过电流继电器。电路正常工作时不动作。当线圈电流高于被保护电路电流的额定值并达到过电流继电器的整定值时，衔铁吸合，触点机构动作，接通或断开相应的控制电路。

过电流继电器可在电力拖动系统中发生冲击性过电流现象时及时切断电路，实现电路的过电流保护。交流过电流继电器的吸合电流整定值通常为被保护电路额定工作电流的1.1～4倍，直流过电流继电器的吸合电流整定范围为额定工作电流的0.7～3.5倍。

（2）欠电流继电器。起欠电流保护的作用，也称为低电流继电器，被保护电路正常工作时，衔铁吸合。当线圈电流低于被保护电路额定电流并降至欠电流继电器的释放整定值时，衔铁释放，触点机构复位，接通或断开相应的控制电路。通常，直流欠电流继电器的吸合电流与释放电流为额定工作电流的0.3～0.65倍和0.1～0.2倍。

电流继电器的图形符号和文字符号如图1-18所示。

3. 电磁式中间继电器

中间继电器在结构上是一个电压继电器，它是将一个输入信号变成一个或多个输出信号的继电器。中间继电器的输入是线圈的通电断电信号，输出为触点的动作。其触点数量较多，各触点的额定电流相同，触点能承受的电流较大。中间继电器通常用来放大信号，增加控制电路中控制信号的数量，也可作为信号传递、连锁、转换以及隔离。

中间继电器的图形符号和文字符号如图1-19所示。

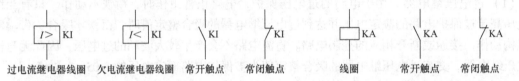

过电流继电器线圈　　欠电流继电器线圈　　常开触点　　常闭触点　　　　线圈　　　常开触点　　常闭触点

图1-18　电流继电器的图形符号和文字符号　　　图1-19　中间继电器的图形符号和文字符号

1.4.3　时间继电器

当检测元件获得信号后，执行元件要延时一段时间才动作的电器叫时间继电器。它是利用电磁原理或机械动作原理实现触点延时闭合或延时断开的自动控制电器，主要适用于需要按时间顺序进行控制的电气控制系统中。根据延时方式的不同，可分为通电延时继电器和断电延时继电器。这里所说的时间继电器的延时时间与继电器本身的动作时间（吸合与释放时间）是两个完全不同的概念。

1. 动作原理

时间继电器的触点可分为延时触点和非延时（瞬动）触点。非延时触点的动作原理与其他一般继电器相同，无论通电延时还是断电延时，当线圈得电时，常开触点闭合，常闭触点断开；线圈断电时，闭合的常开触点断开，断开的常闭触点闭合。触点的动作和输入信号的变化都是瞬时的。

（1）通电延时继电器。当线圈得电后其延时触点需要滞后一段时间才能动作，即延时常开触点延时闭合，延时常闭触点延时断开；线圈断电时，已动作的延时触点瞬时复位，即闭合的延时常开触点断开、断开的延时常闭触点闭合。

（2）断电延时继电器。当线圈得电后其延时触点瞬时动作，即延时常开触点闭合，延时常闭触点断开；当线圈断电时，其动作的延时触点需要滞后一段时间才能复位，即闭合的延时常开触点延时断开、断开的延时常闭触点延时闭合。

2. 符号表示

时间继电器的图形符号和文字符号如图 1-20 所示。

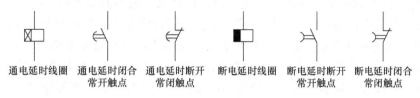

通电延时线圈　　通电延时闭合　　通电延时断开　　断电延时线圈　　断电延时断开　　断电延时闭合
　　　　　　　　常开触点　　　　常闭触点　　　　　　　　　　　常开触点　　　　常闭触点

图 1-20　时间继电器的图形符号和文字符号

3. 分类

时间继电器按工作原理可分为空气阻尼式、电磁式、电动式和电子式等几种类型。空气阻尼式、电磁式和电动式是传统的时间继电器。电子式是新型的时间继电器。由于电子技术的飞速发展，使得电子式时间继电器发展非常迅速，功能得到不断扩展。下面以空气阻尼式和电子式时间继电器为例进行介绍。

（1）空气阻尼式时间继电器。此类继电器又称为气囊式时间继电器，利用电磁原理进行工作，由电磁机构、延时机构和触点系统组成。其电磁机构有交流和直流两种。按延时方式分为通电延时和断电延时时间继电器，此两种继电器的结构和工作原理基本相同，只是电磁铁的安装位置不同。当衔铁位于铁心和延时机构之间时为通电延时型；铁心位于衔铁和延时机构之间时为断电延时型。图 1-21 为国产 JS7－A 系列时间继电器结构。

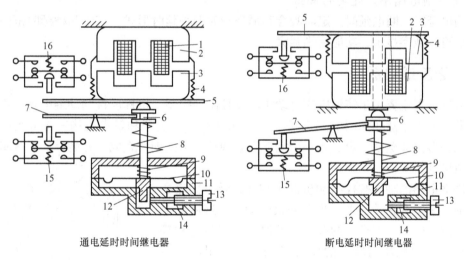

通电延时时间继电器　　　　　　　　　　　　断电延时时间继电器

图 1-21　JS7－A 系列空气阻尼式时间继电器结构图

1—线圈　2—铁心　3—衔铁　4—反力弹簧　5—推板　6—活塞杆　7—杠杆　8—塔型弹簧
9—弱弹簧　10—橡皮膜　11—空气室壁　12—活塞　13—调节螺钉　14—进气孔　15、16—微动开关

对于通电延时时间继电器，当线圈 1 得电后衔铁 3 吸合，活塞杆 6 在弹簧 8 的作用下带动活塞 12 及橡皮膜 10 向上移动。由于橡皮膜下方空气室内的空气十分稀薄，形成负压，活塞杆只能慢慢移动。经过一段延时后，活塞杆通过杠杆 7 压动微动开关 15，使其触点动作，起动通电延时的作用。当线圈断电时，衔铁释放，橡皮膜下方空气室内的空气通过活塞肩部所形成的单向阀迅速排出，使活塞杆、杠杆、微动开关等迅速复位。在线圈通电和断电

时，微动开关 16 在推板 5 的作用下都能瞬时动作，其触点即为时间继电器的非延时触点。

从线圈得电至触点动作的时间即为时间继电器的延时时间，其大小可以通过调节螺钉 13 调节进气孔 14 气隙的大小来改变。空气阻尼式时间继电器的优点是延时范围大、结构简单、寿命长以及价格低廉；缺点是延时精度差，在延时精度要求高的场合不宜使用。

（2）电子式时间继电器。电子式时间继电器采用晶体管或集成电路和电子元件等组成。另外，现在也有采用单片机控制的时间继电器。电子式时间继电器具有延时范围广、精度高、体积小、耐冲击、调节方便及寿命长等优点。电子式时间继电器可分为晶体管式和数字式时间继电器。

晶体管式时间继电器除执行继电器外，均由电子元件组成，无机械运动部件，具有延时范围宽、控制功率小、体积小和经久耐用等优点。它是利用电容对电压变化的阻尼作用作为延时的基础，即时间继电器工作时首先通过电阻对电容充电，待电容上的电压值达到预定值时，驱动电路使执行继电器接通实现延时输出，同时自锁并释放电容上的电荷，为下次工作做准备。其工作原理框图如图 1-22 所示。

数字式时间继电器相比于晶体管时间继电器其延时范围可以成倍增加，定时精度可提高两个数量级以上，控制功率和体积更小，适用于各种需要精确延时的场合以及各种自动化控制电路中。此类时间继

图 1-22　晶体管式时间继电器的原理框图

电器有通电延时、断电延时、定时吸合和循环延时四种延时形式，有十几种延时范围供用户选择，还可以数字显示，功能特别强大。

1.4.4　速度继电器

速度继电器主要用于笼型感应电动机的反接制动控制，也称反接制动继电器。感应式速度继电器的原理示意图如图 1-23 所示。它主要由转子、定子和触点机构三部分组成。转子是一个圆柱形永久磁铁，定子是一个笼形空心圆环，由硅钢片叠成，并装有笼形线圈，其结构与交流电动机类似。

速度继电器的轴与被控电动机的轴相连，转子固定在轴上，而定子空套在转子上。当电动机转动时，速度继电器的转子随之转动，定子内的绕组便切割磁场感生电动势并产生电流，此电流与转子的旋转磁场相互作用产生转矩，于是使定子向轴的转动方向摆动，当转到一定角度时，装在定子轴上的摆锤推动簧片（动触点）动作，使常闭触点分开，常开触点闭合。当电动机转速低于某一值时，定子产生的转矩减小，触点在簧片的作用下复位。

速度继电器有两对常开触点和两对常闭触点，分别对应于被控电动机的正转和反转运行。一般情况下其常闭触点打开时，常开触点未必闭合，而是在常闭触点打开后电动机速度需要继续上升才能使常闭触点闭合。速度继电器

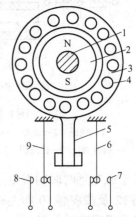

图 1-23　速度继电器结构原理图
1—转轴　2—转子　3—定子　4—线圈
5—摆锤　6、9—簧片　7、8—静触点

可根据电动机的额定转速进行选择。其图形符号和文字符号如图 1-24 所示。

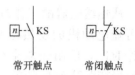

常开触点　　常闭触点

图 1-24　速度继电器的图形
符号和文字符号

常用的速度继电器有 JY1 和 JFZ0 系列。一般速度继电器的动作转速为 120r/min，触点的复位速度在 100r/min 以下。JY1系列可在 700 ~ 3600r/min 的速度范围内可靠工作。JFZ0 系列继电器触点动作速度不受定子摆锤转动快慢的影响，其触点改用微动开关。JFZ0 - 1 型适用于 300 ~ 1000r/min 的转速范围，JFZ0 - 2 型适用于 1000 ~ 3000r/min 的转速范围。

1.4.5　热继电器

1. 结构及工作原理

热继电器是利用电流的热效应原理来工作的保护电器，主要用于电力拖动系统中电动机负载的过载保护。它主要由热元件、双金属片和触点系统组成，使用时将其串接于被保护电路中。

热元件常由发热电阻丝做成，负载电流流过时用以产生热效应。双金属片是热继电器的感测元件，它由两个热膨胀系数不同的金属片压制而成，膨胀系数较高的为主动层，膨胀系数较小的为被动层。因此，这种双金属片在受热后，由于膨胀系数不同而发生变形，并向膨胀系数较小的被动层一面弯曲。

双金属片有直接、间接、复式和互感器式加热方式，如图 1-25 所示。直接加热方式是把双金属片直接作为热元件，让电流直接通过；间接加热是将热元件绕在双金属片上，并要确保二者的绝缘；复式加热是直接加热与间接加热两种加热形式的结合；电流互感器式加热方式的发热元件不直接串接在负载电路中，而是接于电流互感器的二次侧，这种方式多用于负载电流较大的场合，以减小通过发热元件的电流。

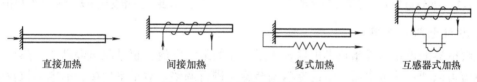

直接加热　　　　间接加热　　　　复式加热　　　互感器式加热

图 1-25　双金属片的加热方式

热继电器的工作原理如图 1-26 所示。作电动机过载保护时，热元件 3 串联在电动机定子绕组中。电动机正常运行时，热元件产生的热量使双金属片 2 发生弯曲，但此时的热量不足以使热继电器动作。当电动机过载时，热元件产生的热量增多，双金属片弯曲程度加大，从而推动导板 4，并通过补偿双金属片 5 与推杆 14 带动触点系统动作，使常闭触点断开。通常热继电器的常闭触点串接于电动机的控制电路中，用于断开控制电路，以实现过载保护。

调节旋钮 11 是一个旋转凸轮，它与支撑件 12 构成一个杠杆，转动凸轮即可改变补偿双金属片 5 与导板 4 的接触距离，从而达到整定热继电器动作电流的目的。复位调节螺钉 8 改变常开触点 7 的位置可使热继电器工作在手动和自动复位两种状态。调试手动复位时，在故障排除后要按下复位按钮 10 才能使触点系统复位。

从热继电器的工作过程可以看出，它可随电动机的发热程度改变触点的动作时间。但由于双金属片从受热到发生形变断开动触点有一个时间过程，因此在电路中不能做短路保护或瞬时的过载保护。

2. 符号表示及分类

热继电器的图形符号和文字符号如图 1-27 所示。

热继电器按工作电源的相数或热元件的个数可分为单相式、双相式和三相式 3 种类型，每种类型按发热元件的额定电流又有不同的规格和型号；按照保护功能分有不带断相保护和带断相保护两种类型。

电力控制系统中常用的是三相交

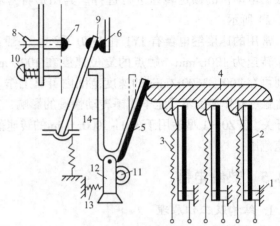

图 1-26　热继电器原理示意图

1—双金属片固定支点　2—主双金属片　3—热元件　4—导板
5—补偿双金属片　6、7—静触点　8—复位调节螺钉
9—动触点　10—复位按钮　11—调节旋钮
12—支撑件　13—弹簧　14—推杆

流电动机，对其进行过载保护时常采用两相式或三相式保护形式，如图 1-28 所示。在条件允许的前提下，应尽可能采用三相保护方式，即电动机的每相绕组均串有热元件。

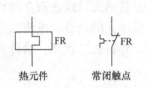

热元件　　　　常闭触点

图 1-27　热继电器的图形符号和文字符号

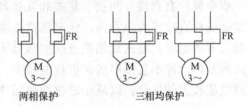

两相保护　　　　三相均保护

图 1-28　三相交流电动机的过载保护

3. 热继电器的选用

热继电器的整定值是指热继电器长久不动作的最大电流，超过此值即动作。热继电器的整定电流可以通过热继电器所带的专门调节旋钮进行调整。对于星形接法的电动机及电源对称性较好的情况可采用两相结构的热继电器。对于三角形接法的电动机或电源对称性不够好的情况则应选用三相结构或带断相保护的三相结构热继电器。重要场合或容量较大的电动机，可选用半导体温度继电器来进行过载保护。

1.5　其他常用电器

1.5.1　低压熔断器

熔断器是一种利用熔体的熔化作用而切断电路的保护电器，适用于交流低压配电系统或直流系统，主要用于电路和电气设备的短路保护，有时对较长时间或较为严重的过载也能起到保护作用。

1. 熔断器的结构和工作原理

熔断器主要由熔体和熔断管组成，熔体为关键部分，它既是检测元件又是执行元件。熔体俗称保险丝，通常由熔点较低的金属材料（如铅、锡、锌、铜、银及其合金等）制成，其形状有丝状、带状、片状或笼状等；熔断管一般由硬质纤维或陶瓷绝缘材料制成，用于安装熔体及在熔体熔断时熄灭电弧，其形状多为管状。

熔断器的熔体串接于被保护的电路中，当通过熔体的电流为正常工作电流时，熔体的温度低于材料的熔点，熔体不熔断；当电路中发生过载或短路故障时，通过熔体的电流增加，熔体的发热量增加使其温度上升，当达到熔体的熔点时，熔体自行熔断，故障电路被分断，实现短路保护及过载保护。熔断器与其他开关电器组合可构成各种熔断器组合电器。

2. 熔断器的分类

熔断器的种类很多，按用途可分为一般工业用熔断器、半导体器件保护用快速熔断器和特殊熔断器（如具有两段保护特性的快慢动作熔断器、自复式熔断器等）；按热惯性（发热时间常数）可分为无热惯性、小热惯性和大热惯性熔断器，热惯性越小，熔体熔断越快；按结构可分为半封闭插入式、螺旋式、无填料密封管式熔断器。

3. 熔断器的安秒特性

熔断器的作用原理可用保护特性或安秒特性来描述。安秒特性是指熔化电流与熔化时间的关系，如图 1-29 所示。

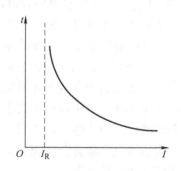

因为熔断器的熔体在熔化和气化的过程中，所需的热量是一定的，所以熔断器的安秒特性曲线具有反时限特性，即熔断器的熔断时间与通过熔体的电流大小有关，电流越大，熔断时间越短。如果被保护电路发生短路现象，熔体将被瞬间熔断，所以熔断器在电路中主要起短路保护作用。

图 1-29　熔断器的安秒特性曲线

从图 1-29 可以看出，当电流值为 I_R 时，熔断器的熔断时间为无穷大，称此电流为最小熔断电流或临界电流。熔断器的最小熔断电流 I_R 必须大于熔断器的额定电流 I_{RN}。最小熔断电流与熔体额定电流之比称为熔断器的熔断系数，即

$$K_R = \frac{I_R}{I_{RN}}$$

熔断系数的大小主要取决于熔体的材料、工作温度和结构。当流过熔体的电流小于 I_R 且高于 I_{RN} 时，电动机或其他电气设备处于过载状态。因此 K_R 值越小越有利于小倍数的过载保护。但 K_R 的值也不能过小，当 K_R 接近 1 时，熔体在额定状态下的工作温度会过高，工作时间较长时有可能发生熔断现象，影响熔断器工作的可靠性。

4. 熔断器的选用

（1）熔体额定电流的选择。熔断器额定电流的选择需根据负载的形式而定。

1）对无起动过程的平稳负载，如照明电路和电热设备等阻性负载电路，由于电流比较平稳，熔体的额定电流可稍大于或等于负载的额定电流 I_N，即

$$I_{RN} \geq I_N$$

2）对于单台长期工作的电动机，熔体电流的选取必须考虑电动机起动时熔丝不能熔断，可按下式选取：

$$I_{RN} = (1.5 \sim 2.5)I_N$$

此处 I_N 指电动机的额定电流。对于轻载起动或起动时间较短时，I_N 所乘系数可取小些；而重载起动或起动时间较长时，相应系数可取大些。

3）对于频繁起动的电动机（或供电支线），可按下式选择：

$$I_{RN} = (3 \sim 3.5)I_N$$

4）对于降压起动的电动机，可按下式选择：

$$I_{RN} = (1.5 \sim 2.0)I_N$$

5）对于多台长期工作的电动机（或供电支线），应保证在出现电流尖峰时熔体不会熔断，可按下式选择：

$$I_{RN} = (1.5 \sim 2.5)I_{Nmax} + \Sigma I_N$$

式中，I_{Nmax} 为多台电动机中容量最大电动机的额定电流；ΣI_N 为其余电动机的额定电流之和。

为防止发生越级熔断，需考虑供电上下级（即供电干线和支线）熔断器之间的良好配合。选用时应使上级熔断器的熔体额定电流比下级大 1~2 个级差。

（2）额定电压及类型的选择。熔断器的额定电压和额定电流应大于被保护电路或电气设备的额定电压和所装熔体的额定电流。熔断器的类型主要根据负载的保护特性和短路电流的大小来选择。对于容量小的电动机和照明线路，熔断器作为过载及短路保护，因此熔体的熔断系数可适当小些；对于较大容量的电动机和照明电路，应重点考虑短路保护和分断能力，常选用具有较高分断能力熔断器；当短路电流很大时，宜采用具有限流作用的熔断器。

5. 熔断器的图形符号、文字符号及型号意义

熔断器的图形符号和文字符号如图1-30所示。

熔断器的型号意义如下：

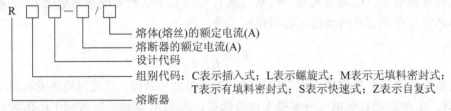

图1-30　熔断器的图形
符号和文字符号

熔断器的额定电流分为熔断管的额定电流和熔体熔断电流。通常熔断管的额定电流等级比较少，而熔体的额定电流等级比较多，所以生产厂家为减少熔断管额定电流的规格，可在一个额定电流等级的熔断管中安装多个额定电流等级的熔体，但熔体的额定电流不能超过熔断管的额定电流。

1.5.2　低压断路器

低压断路器又称为自动空气开关，可用在不频繁操作的低压配电线路或开关柜中作为电压开关使用，并可以起保护作用，当发生严重过电流、过载、短路、断相、欠电压及漏电等

故障时，能自动切断电路。另外，低压断路器还可作为不频繁起动电动机的控制和保护电器。

与低压熔断器相比，断路器具有保护方式多样化、可重复使用和恢复供电快等优点，但有结构复杂和价格高等缺点。

1. 结构及工作原理

低压断路器通常具有闸刀开关、熔断器、热继电器和欠电压继电器的功能，是一种自动切断电路故障用的保护电器。其工作原理如图 1-31 所示。

当电路发生短路或严重过载时，过电流脱扣器的衔铁吸合，使自由脱扣机构动作，主触点断开电路；当电路过载时，热脱扣器的热元件发热使金属片向上弯曲，推动自由脱扣机构动作；当电路欠电压时，欠电压脱扣器的衔铁释放，同样使自由脱扣机构动作。

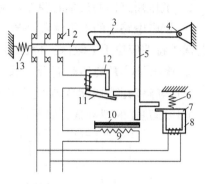

图 1-31　断路器原理图
1—主触点　2、3、4—自由脱扣机构
5—杠杆　6、13—弹簧　7、11—衔铁
8—欠电压脱扣器　9—热脱扣器
10—双金属片　12—过电流脱扣器

2. 低压断路器的分类

低压断路器按结构形式可分为敞开式和装置式两种。敞开式又称为框架式或万能式，装置式又可称为塑料壳式。另外，常用的典型产品还有智能化断路器和剩余电流保护器（漏电保护断路器）。

1）敞开式低压断路器其容量较大，具有较高的电路分断能力和较高的稳定性，适用于交流频率为50Hz，额定电压为 380V 的配电网络中作为配电干线的保护。目前我国常用的有DW15、ME、AE、AH 等系列的敞开式低压断路器。

2）装置式低压断路器有绝缘塑料外壳，内有触点系统、灭弧室及脱扣机构等，可手动或电动合闸，具有较高的分断能力和稳定性，有较完善的选择性保护功能。目前常用的有DZ15、DZ20、DZX19 和 C65N 等系列产品。

3）智能化断路器。目前国内生产的智能化断路器有框架式和塑料壳式两种，其中，框架式主要作为智能化自动配电系统中的主断路器；塑料壳式主要用作配电网络中分配电能和作为线路及电源设备的控制与保护，同时也可作为三相笼型感应电动机的控制。智能化断路器采用微处理器或单片机作为核心，使其具备实时显示、在线监视、自行调节、测量、试验、自诊断和通信等功能。还能够对各种保护功能的动作参数进行显示、设定和修改，保护电路动作时的故障参数能够存储在存储器中以便查询。

3. 低压断路器的选择

1）低压断路器的额定电流和额定电压应大于或等于电路、电气设备的正常工作电压和工作电流。

2）低压断路器欠电压脱扣器的额定电压应等于被保护电路的额定电压，其过电流脱扣器的额定电流应大于或等于被保护电路的计算电流。

3）低压断路器的极限分断能力应大于电路的最大短路电流有效值。分断能力指在规定条件下低压断路器能够接通和分断的短路电流值，常采用额定极限短路分断能力和额定运行短路分断能力两种表示方法。

4）低压断路器的长延时脱扣电流应小于导线允许的持续电流。

5）配电电路中的上下级断路器的保护特性应协调配合，下级的保护特性应位于上级保护特性的下方且不相交。

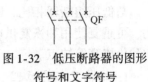

图1-32　低压断路器的图形
符号和文字符号

4. 低压断路器的图形符号、文字符号及型号意义

低压断路器的图形符号和文字符号如图1-32所示。

低压断路器的型号意义如下：

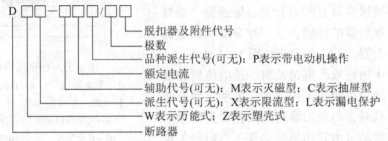

1.5.3　主令电器

主令电器是电气控制系统中用于发布控制指令的非自动切换的小电流开关电器，它直接或通过电磁式电器间接作用于控制电路，不允许分断负载主电路。常用以控制电力拖动系统中电动机的起动、停车、调速、制动以及改变系统的工作状态，如正转与反转。由于它是用于发号施令的电器，故称主令电器。

主令电器的应用十分广泛，种类也很多，常用的有控制按钮、行程开关和万能转换开关等。

1. 控制按钮

控制按钮简称按钮，是一种结构简单、应用广泛的手动主令电器。它通常由按钮帽、复位弹簧、触点系统和外壳等部分组成，其结构如图1-33所示。

当手动按下按钮时，触点系统动作，常闭触点先打开，常开触点后闭合；按钮释放后，在复位弹簧的作用下，触点系统复位，其闭合的常开触点先打开，断开的常闭触点后闭合。

按钮可做成单式（一个按钮）、复式（两个按钮）和三联式（三个按钮）的形式。每个按钮中触点的动作形式和数量可根据需要装配成一常开、一常闭到六常开、六常闭的形式。为了便于识别，避免误操作，通常在按钮帽上用不同标志或不同颜色加以区分，如红色为停止按钮，绿色为起动按钮等。

按钮的图形和文字符号如图1-34所示。

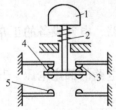

图1-33　按钮结构图

1—按钮帽　2—复位弹簧　3—常闭触点
4—桥式动触点　5—常开触点

图1-34　按钮的图形符号和文字符号

按钮的型号含义如下：

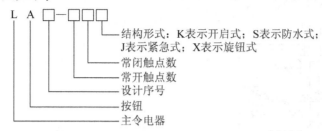

2. 行程开关

行程开关又称限位开关，是一种根据生产机械运动部件的行程位置来发布控制命令、实现电路切换的小电流开关电器。通过其机械结构中可动部分的动作，将机械信号变为电信号，以实现对机械的电气控制。从结构上看，行程开关由操作头、触头系统和外壳三部分组成。操作头为感测部分，用以接受机械结构发出的动作信号，并将此信号传递到触点系统；触点系统为执行部分，它将操作头传来的机械信号变换为电信号，输出到有关的控制回路，使之做出必要的反应。

行程开关的种类很多，按其结构可分为直动式、滚动式和微动式。直动式行程开关的结构原理如图 1-35 所示。直动式行程开关动作原理与按钮相似，但是按钮为手动，而行程开关则是由运动部件的撞块碰撞而动作。当外界运动部件的撞块撞压行程开关的推杆时，使行程开关的触点动作，当运动部件离开后，在复位弹簧的作用下，其触点自动复位。行程开关触点的分合速度取决于生产机械的运动速度。当移动速度低于 0.4m/min 时，触点分断速度过慢，不能瞬时切换电路，触点易受电弧灼烧，此时不宜采用直动式行程开关。

滚动式行程开关结构如图 1-36 所示。滚动式行程开关可分为单滚轮自动复位和双滚轮非自动复位两种，双滚轮行程开关具有两个稳态位置，有"记忆"功能，在某些场合可以简化电路。对于单轮式行程开关，当运动机械的撞块压到行程开关时，传动杠杆连同转轴一同转动，使凸轮推动撞块，当撞块被压到一定位置时，推动微动开关快速动作。当滚轮上的撞块离开后，复位弹簧便使行程开关复位。双滚轮行程开关的不同之处是它一般不能自动复位，而是依靠运动机械反向移动时撞块碰撞另一滚轮将其复位。滚轮式行程开关的分断速度不受运动机械移动速度的影响。

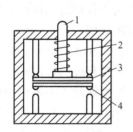

图 1-35　直动式行程开关

1—推杆　2—弹簧　3—常闭触点　4—常开触点

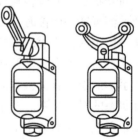

图 1-36　滚动式行程开关

微动式行程开关如图 1-37 所示。微动式行程开关安装了弯形弹簧片，当推杆在很小的范围内移动时，可使触点因簧片的翻转而改变状态。它具有体积小、重量轻、动作灵敏以及动作行程微小等特点，常用于行程控制准确度要求较高的场合。

行程开关的图形和文字符号如图 1-38 所示。

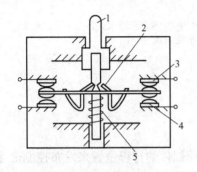

图 1-37　微动式行程开关

1—推杆　2—畸形片状弹簧　3—常闭触点

4—常开触点　5—恢复弹簧

常开触点　　常闭触点

图 1-38　行程开关的图形符号和文字符号

行程开关的型号含义如下：

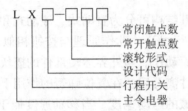

常闭触点数
常开触点数
滚轮形式
设计代码
行程开关
主令电器

3. 万能转换开关

万能转换开关是由多组相同结构的触点组件叠装而成的多档式、多回路的低压控制器。它主要用于各种控制电路工作方式或电气设备工作状态的转换、电压表和电流表的换相测量控制、配电装置线路的转换和遥控等，还可用于直接控制小容量电动机的起动、调速和换相。其结构原理如图 1-39 所示。

万能转换开关是通过凸轮的作用，使各对触点按需要的规律接通和分断。手动操作时，转轴带动凸轮转动，当转至某一档位时，该位置对应的触点在触点弹簧的作用下闭合，而其他触点处于断开状态。万能转换开关按手柄的操作方式可分为自复式和定位式两种。自复式是手动转动手柄至某一档位时，相应触点接通，松手后，手柄会自动返回原位；定位式是手柄被置于某一档位后，松手后手柄不会返回原位，而是停留在该档位。

万能转换开关的触点在电路图中的图形符号（分合图）如图 1-40a 所示。其触点的分合状态与操作手柄的位置有关，因此在电路中除画出触点的图形符号外，还应标记出手柄位置与触点分合状态的对应关系。图中 3 条垂直虚线表示转换开关手柄的 3 个不同操作位置；水平线表示端子引线；各对数字 1－2、3－4 等表示 4 对触点标号；虚线上与水平线对应的实心黑点（·）表示该对触点在此虚线档位时是接通的，否则是断开的。另外，还可以表格的形式（分合表）描述手柄处于不同档位时各触点的分合状态，如图 1-40b 所示。表中通常以"×"表示触点接通，以"－"或空白表示触点断开。

万能转换开关的分合图和分合表是一一对应的，它们可以合在一起组成通断图表。例如，电动机的可逆转开关通断图表如图 1-41 所示，图 a 为触点通断图，图 b 为通断表。

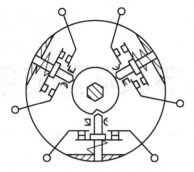

图 1-39　万能转换开关结构原理图

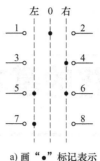

a) 画"●"标记表示

触点	位置		
—	左	0	右
1-2		×	
3-4			×
5-6	×		×
7-8	×		

b) 分合表表示

图 1-40　万能转换开关的图形符号

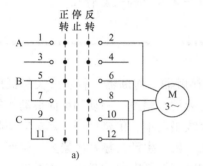

a)

工作状态	手柄位置	触点号					
		1-2	3-4	5-6	7-8	9-10	11-12
正转		×	×	×	—	—	×
停止		—	—	—	—	—	—
反转		×	×	—	×	×	—

b)

图 1-41　电动机可逆转开关通断图表

习　　题

1-1　接触器的作用是什么？根据结构特征，如何区分交、直流接触器？

1-2　交流接触器在衔铁吸合瞬间，为什么在线圈中会产生很大的冲击电流？直流接触器会不会产生同样的现象？为什么？

1-3　什么是继电器的返回系数？将释放弹簧放松或拧紧一些，对电流（或电压）继电器的吸合电流（或电压）与释放电流（或电压）有何影响？

1-4　什么是电弧？常用的灭弧方法有哪些？

1-5　单相交流电磁机构中，短路环的作用是什么？

1-6　某过电压继电器的吸合电压为450V，释放电压为300V，其返回系数为多大？增加衔铁吸合后的气隙时，对电压继电器的吸合电压与释放电压有何影响？

1-7　减小衔铁打开后的气隙时，对电流（或电压）继电器的吸合电流（或电压）与释放电流（或电压）有何影响？

1-8　交流220V的电压继电器误接于直流220V的控制电路上能正常工作吗？为什么？会产生什么现象？

1-9　直流220V的电压继电器误接于交流220V的控制电路上能正常工作吗？为什么？会产生什么现象？

1-10　交流220V的电压继电器误接于交流380V的控制电路上能正常工作吗？为什么？会产生什么现象？

1-11　交流380V的电压继电器误接于交流220V的控制电路上能正常工作吗？为什么？会产生什么现象？

1-12　热继电器与熔断器的作用有何不同？

第2章
电气控制电路的基本环节和典型应用

本章知识要点：

（1）掌握组成电气控制电路的基本环节

（2）明确不同元器件的选择要求、基本控制环节或单元的组成特征

（3）系统电路的分析与设计

继电-接触器电气控制电路是由按钮、继电器、接触器、熔断器、行程开关等低压控制电器组成的电器控制电路，可实现对电力拖动系统的起动、调速、制动和反向等动作的控制和保护，以满足生产工艺对拖动控制的要求。它具有线路简单、价格低廉、调试方便和便于掌握等优点，在各种生产机械的控制中有广泛的应用。虽然生产机械种类繁多，生产工艺要求各异，但其控制原理和设计方法类似，千变万化的电气控制电路均是由一些基本环节组合而成。本章学习一些控制电路的典型应用，以期达到独立完成机电接触系统电气控制电路的设计与分析。

2.1 电气控制电路的绘制

2.1.1 常用电气图形及文字符号

电气控制系统图中用来表示某个电器设备的图形符号称为电气图形符号；为了区分不同的或相同的电气设备和电气元器件，在相应的图形和标记旁所标注的文字称为文字符号。为了提高电气控制系统图的通用性，电气控制系统图的绘制需要符合国家标准，统一文字及图形符号，以便于设计及维修人员识别。

国家标准局参照国际电工委员会（IEC）颁布的有关文件，制定了我国电气设备的有关国家标准：GB4728—1984《电气图用图形符号》、GB5465—1985《电气设备用图形符号、绘制原则》、GB6988—1986《电气制图》、GB5094—1985《电气技术中的项目代号》和GB7159—1987《电气技术中的文字符号制定通则》等。目前，国家标准参考国际电工委员会（IEC）和国际标准化组织（ISO）所颁布的标准，制定了新的电气图形符号和文字符号的标准，但国内大部分企业的工作人员仍使用旧符号，因此本书电气控制电路图中的文字符号及图形符号均按旧标准来绘制。

常用的电气图形符号和文字符号见表2-1。

表 2-1　常用电气图形和文字符号表

名　称		图形符号	文字符号	名　称		图形符号	文字符号
一般三相电源开关			QK	中间继电器线圈			KA
位置（行程）开关	常开触点		SQ	继电器	欠电压继电器线圈	$U<$	KV
	常闭触点				欠电流继电器线圈	$I<$	KI
	复合触点				过电流继电器线圈	$I>$	KI
接触器	线圈		KM		常开触点		相应继电器符号
	主触点				常闭触点		
	常开辅助触点			低压断路器			QF
	常闭辅助触点			按钮	起动（常开）	E-\	SB
速度继电器	常开触点	n	KS		停止（常闭）	E-\	
	常闭触点	n			复合按钮	E-\	
热继电器	热元件		FR	时间继电器	线圈	通电延时　断电延时	KT
	常闭触点				通电延时闭合的常开触点	或	

（续）

名　称		图 形 符 号	文 字 符 号	名　称	图 形 符 号	文 字 符 号
时间继电器	断电延时打开的常开触点	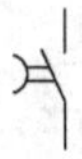 或 	KT	电磁离合器		
	通电延时断开的常闭触点	 或 		保护接地		PE
	断电延时闭合的常闭触点	 或 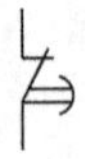		桥式整流装置	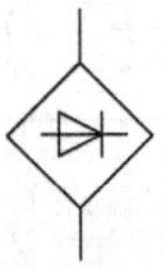	VC
熔断器			FU	照明灯	⊗	EL
				信号灯	⊗	HL
旋转开关			SA	直流电动机	Ⓜ	M
				交流电动机	 M 3～	M

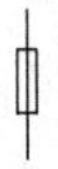

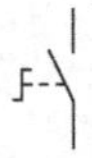

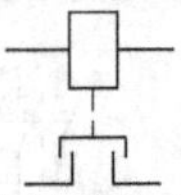

2.1.2　电气控制原理图的绘制原则

绘制电气原理图的目的是便于阅读和分析电路，因此电路的设计应简明、清晰和易懂。绘制电气控制原理图一般应遵循以下原则：

（1）电气原理图应按照国家标准统一规定的图形符号和文字符号来表示。当标准中给出多种形式时，选择符号应遵循以下原则：

1）应尽可能采用优选形式。

2）在满足需要的前提下，应尽量采用最简单的形式。

3）在同一图号的电路图中，相同的电器元件符号应采用相同的形式。

（2）电气原理图一般分为主电路、控制电路和辅助电路。主电路是设备的驱动电路，是从电源到负载的大电流通过的路径；控制电路是由接触器、继电器线圈和各种电器的触点组成的逻辑电路，实现所要求的控制功能；辅助电路包括信号、照明和保护等电路。

原理图可水平或垂直布置。垂直布置时主电路的电源电路用水平线绘制，受电电路及其保护电器支路应垂直于电源电路画出。控制电路和辅助电路应垂直地绘于两条水平电源线之间，耗能元件（如线圈、电磁铁和信号灯等）的一端应直接连接在接地的水平电源线上，控制触点连接在上方水平线与耗能元件之间。

（3）电气元器件的布局应按便于阅读的原则安排。一般主电路画在左边或上方；控制电路和辅助电路画在右边或下方。主电路、控制电路和辅助电路中各元器件位置都应按操作顺序自上而下或自左而右绘制，同一电气元器件的各个部件可以不画在一起，但必须采用同一文字符号标明。

（4）如果电路中包含多个同一种类的电器，则可在文字符号后加上数字序号以示区分。

（5）图中所有电器触点，都按没有通电和外力作用时的状态画出。对于继电器和接触器的触点，按吸引线圈不通电状态画出；控制器按手柄位于零位时的状态画出；按钮和行程开关等触点按不受外力作用时的状态画出。

（6）原理图中有直接电联系的交叉导线连接点用实心黑圆点表示；可拆卸或测试点用空心圆点表示；无直接电联系的交叉点不画圆点。绘制图形时应尽可能减少线条数目，并尽量避免线条折弯和交叉。

（7）对非电气控制和人工操作的电器，需要在原理图上用相应的图形符号表示其操作方式及工作状态。由同一机构操作的所有触点，应用机械连杆表示其联动关系。各个触点的运动方向和状态必须与操作件的动作方向和位置协调一致。

（8）为便于检索电气线路，方便阅读电气原理图，应将图面划分为若干个区域。图区的编号一般写在图的下部，图的上方设有用途栏，用文字注明该栏所对应电路的功能，如图 2-1 所示。

（9）在接触器、继电器线圈的下方画出其触点的索引表，以说明线圈和触点的从属关系，阅读时通过索引可以快速地在相应的图区找到其触点。

接触器索引表的写法为：

左　栏	中　栏	右　栏
主触点所在图区号	辅助常开触点所在图区号	辅助常闭触点所在图区号

继电器索引表的写法为：

左　栏	右　栏
常开触点所在图区号	常闭触点所在图区号

2.2　基本电气控制方法

2.2.1　三相感应电动机简单的起、停、保护电气控制电路

生产过程中的大部分电器设备均由电动机拖动，电气控制电路主要是对开关量进行控制，因此电气控制系统大多是对电动机的起动和停止进行控制。三相感应电动机的直接起动、停止和保护电气控制电路是应用最广泛的，也是最基本的控制电路。其实现的功能是按下按钮后电动机通电起动运转，松开按钮后电动机仍继续运行，只有按下停止按钮，电动机才失电直至停转，因此也称为单向全压起动连续运行控制（长动控制）电路，其原理图如图 2-1 所示。

图 2-1 中包含主电路和控制电路，其中主电路由电源开关 QS、熔断器 FU1、接触器 KM 的主触点、热继电器 FR 以及三相感应电动机 M 组成；而控制电路由熔断器 FU2、热继电器触点、起动按钮 SB2、停止按钮 SB1 以及接触器 KM 的线圈和常开触点组成。

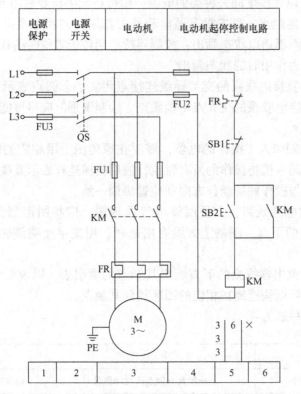

图 2-1 异步电动机的直接起动、停止和保护电路

电路工作过程为：

起动：合上 QS→按下 SB2→KM 线圈得电→$\begin{cases} \text{KM 主触点闭合→M 起动} \\ \text{KM 辅助常开触点闭合→自锁→M 长动} \end{cases}$

停止：按下 SB1→KM 线圈失电→$\begin{cases} \text{KM 主触点断开} \\ \text{KM 辅助常开触点断开} \end{cases}$→M 停机并解除自锁

　　其中自锁环节如图 2-2 所示，它是依靠接触器自身的辅助触点闭合来保证线圈继续通电的现象。按下按钮开关 SB 的瞬间，线圈 KM 得电，与此同时其常开触点 KM 闭合，当松开按钮开关 SB 后，KM 线圈通过其常开触点导通，维持 KM 线圈处于得电状态。此时，接触器 KM 具有利用器件自身的辅助触点维持器件线圈持续得电工作的记忆功能。

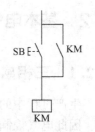

图 2-2 自锁环节

　　图 2-1 中电动机的起动采用了全压起动，一般仅适用于小容量电动机的起动控制。与采用刀闸开关直接起动的控制电路相比，图 2-1 具有了较完善的控制与保护功能，此线路的保护环节主要有：

　　短路保护：用电电路发生相间或对地短路时通过熔断器 FU1 和 FU2 的熔断功能分别切断主电路和控制电路，使电动机停转，达到保护电动机的作用。短路保护主要实现了对生产设备的控制功能。控制电路电流相对于主电路电流较小时，FU3 可以省略。

　　过载保护：通过热继电器 FR 实现。当主电路中工作电流大于额定电流而没有达到短路保护程度时，FR 的感测部件开始受热变形，经过一定时间后，控制电路中 FR 的常闭触点断开，切断控制电路，接触器 KM 线圈失电，主电路中接触器 KM 主触点断开，电动机停转。

零压（失压）保护：通过控制电路中的自锁环节（如图 2-2 所示）实现。当电源电压消失或电源电压严重降低时，接触器 KM 由于铁心吸力消失或减小而释放，这时电动机停转并失去自锁。再次供电时，设备不能够自行起动，以确保操作人员和设备的安全。

通过以上电路的分析可以看出，电气控制的基本方法是通过按钮发布命令信号，而由接触器执行对电路的控制；继电器用以测量和反映控制过程中各个量的变化，并在适当时候发出控制信号使接触器实现对主电路的各种必要的控制。

2.2.2 多地点控制

多地点控制是指在多个不同的地方均能实现对电动机的控制。特别是在一些大型的控制系统中，为了操作的方便和安全，一般采用多地点控制方式。根据不同的工作要求，多地点控制方式有不同的实施方法。

如果在多地点中的任意位置发出指令，均可实现对电动机的起动和停止控制，可采用如图 2-3a 所示的电气控制电路。此控制电路能够实现 3 地的起停控制，通过按下起动按钮 SB4、SB5 或 SB6 可以分别实现电动机的起动控制，如需停止电动机，则需按下 SB1、SB2 以及 SB3 中的任意一个。有些大型设备需要几个操作人员在不同位置工作，为了操作者的安全，常需要所有操作人员都发出起动信号后才能起动电动机，此时可将安装在不同位置的起动按钮串联

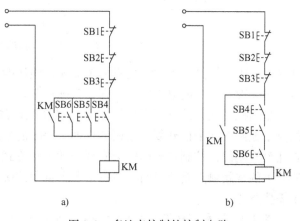

图 2-3 多地点控制的控制电路

连接，如图 2-3b 所示，当 SB4、SB5 以及 SB6 所在的多个地点均按下按钮开关电动机才能够起动。

可见，对于多地点控制，如果任意位置均可实现对电动机的控制，则将起动按钮并联连接。如果需要联动控制电动机的起动，则将不同地点处的按钮开关串联连接。

2.2.3 长动（连续工作）与点动控制

某些生产机械要求既能实现长时间的连续运行，又能实现调整时的点动控制。点动控制是指按下起动按钮时电动机得电起动运行，松开起动按钮时电动机失电停机。长动可用自锁电路实现，将自锁部分解除便是点动。长动与点动控制方式的主电路与图 2-1 中主电路相同，其几种控制电路原理图如图 2-4 所示。

图 2-4a 是利用复合按钮 SB3 来实现点动和长动的电路，其工作原理为：

长动：按下 SB2→KM 线圈得电→KM 常开触点闭合→自锁→电动机长动

点动：按下 SB3→$\begin{cases} \text{SB3 常闭按钮断开→解除自锁} \\ \text{SB3 常开按钮闭合→KM 线圈通电} \end{cases}$→电动机点动

长动时，松开按钮 SB2，接触器线圈 KM 通过自锁环节实现长动工作方式。点动时，当松开按钮 SB3 后，此时常闭的复合按钮 SB3 还没有复位，接触器线圈处于失电状态，其常

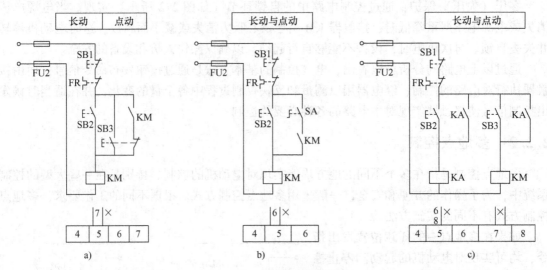

图 2-4　长动与点动控制电路

开触点 KM 也复位，此时该线路无法实现自锁功能。由此可以看出，长动与点动工作方式能否实现关键在于控制电路中是否存在自锁环节。

采用机械式器件进行系统控制时，器件触点的闭合存在一个机械动作时间。在图 2-4a 的点动控制中如果松开复合按钮 SB3 时，SB3 的常闭触点快速复位，而此时接触器的常开触点还没有复位，控制系统同样会实现长动工作方式。因此，常开触点 KM 复位时间与复合按钮开关的常闭触点复位时间存在一个逻辑竞争的关系，这一现象称为触点竞争，在实际使用中需要避免。

图 2-4b 是利用转换开关 SA 实现点动和长动转换控制的电路，当 SA 闭合时，按下 SB2，接触器 KM 得电并能够实现自锁，从而实现长动；当 SA 断开时，由于接触器 KM 的自锁电路被切断，所以此时按下 SB2 只能实现点动控制。这种控制电路避免了"触点竞争"的问题，但借助转换开关改变电路连接，操作上不够方便。

图 2-4c 为利用中间继电器实现点动与长动控制的电路。按下 SB2，中间继电器 KA 得电并自锁，此时实现长动控制；按下按钮 SB3，此时电路不能自锁，从而可靠地实现点动工作。这种控制方法避免了图 2-4a、b 中的缺点，但需借助中间继电器，所以成本有所增加。

2.2.4　三相感应电动机的正、反向运行控制电路

在实际应用中，生产机械的工作部件常需要做两个相反方向的运动，例如车床工作台进给与后退的往复运行、吊车设备的上升与下降等。这些大都要靠电动机的正反转来实现。根据电机学基本原理可知，只要把接入电动机的三相电源中的任意两相的相序进行调换，即可实现电动机的反向转动控制。采用按钮实现的三相感应电动机的正反转控制典型电路如图 2-5 所示。

主电路中两个接触器 KM1 以及 KM2 的主触点接法不同，分别实现电动机的正转控制和反转控制。在控制电路中，SB2 和 SB3 分别为正、反转控制按钮，SB1 为停止按钮。

在图 2-5a 中电动机正反转控制的基本过程为：闭合电源开关 QS，按下控制正转按钮 SB2，接触器 KM1 得电，其主触点闭合，常闭触点断开与接触器 KM2 线圈电路形成互锁，

常开触点闭合形成自锁,电动机正向起动并运行。此时若按下按钮 SB3,由于此条线路中 KM1 的常闭触点已断开,因此 KM2 不能得电。需要反转时,按下停止按钮 SB1,控制电路失电,接触器所有控制触点复位,再按下反转控制按钮开关 SB3,接触器 KM2 得电自锁,并与接触器 KM1 线圈电路形成互锁,主电路中 KM2 主触点闭合,电动机切换到反转状态运行。如果再切换到正向运行,其操作原理相同。

所谓互锁环节是防止接触器 KM1 和 KM2 同时接通,在它们各自的线圈电路中串联接入对方的常闭触点,保证 KM1 和 KM2 不能同时得电的现象。将 KM1 和 KM2 的这种关系称为互锁,KM1 和 KM2 的触点称为互锁触点。

采用图 2-5a 的方法对电动机进行正反转控制时,需要先按下停止按钮 SB1,然后再按下反向控制按钮开关,将电动机切换到反转状态运行,这在实际操作上不方便,正反转控制操作越频繁,对电动机造成的冲击越大。

图 2-5b 中控制电路采用复合按钮代替单按钮触点,并将复合按钮的常闭触点分别串接在对方接触器控制电路中,这样在接通一条电路的同时可以切断另一条电路,形成互锁。例如,在电动机处于正转时,按下反转控制复合按钮 SB3,其常闭按钮断开,切断接触器 KM1 线圈电路,常开按钮闭合,接触器 KM2 得电自锁,同时主电路中 KM2 主触点闭合,此时可不用通过停止按钮而使电动机直接切换到反转状态运行,按下 SB3 而直接切换至反转状态。但这种采用按钮直接控制电动机正反转的电路仅适用于小容量电动机以及拖动的机械装置转动惯量较小的场合。

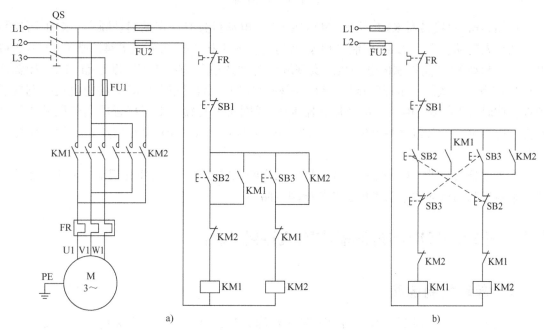

图 2-5　电动机正反转控制电路

2.2.5　多台电动机的顺序控制电路

在生产实践中,常要求多个设备能够按照一定的顺序进行工作。例如某些车床要求油泵先给齿轮箱供给润滑油后主轴电动机才允许起动,这就属于控制对象对控制电路提出了按顺序工作的联锁控制要求。这种需要多台电动机按照一定的顺序起动，按照一定的顺序停止的问题属于顺序控制的问题，两台电动机按顺序起动控制电路如图2-6所示。

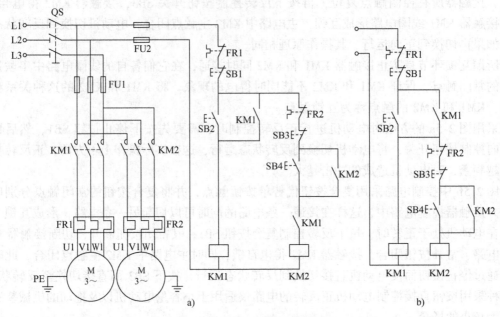

图2-6　顺序控制

在图2-6a中接触器KM1以及KM2所控制的电动机具有一定的起动顺序，KM1所控制的电动机先起动，而后KM2控制的电动机起动。如果按下按钮开关SB4，则KM2不能得电，无法起动KM2所控制的电动机。实现顺序起动的过程为：按下起动按钮SB2，接触器KM1线圈得电，接触器常开触点均闭合，在构成自锁环节的同时为KM2的得电运行创造了条件，此时按下按钮SB4，才能使接触器KM2线圈得电自锁。由于接触器属于机械式控制器件，应尽量减少对器件触点的使用，图2-6b为仅用一个KM1常开触点实现的顺序控制电路。

由上述分析可见，如果需要实现不同电动机的顺序起动，只要将先起动电动机接触器的常开触点串联到后起动电动机接触器的线圈电路中。

2.3　三相感应电动机的基本电气控制电路

2.3.1　起动控制电路

三相感应电动机需要根据不同的工况（电源容量、负载性质以及起动频繁程度等）采用相应的起动方式，以改善其起动性能。交流三相感应电动机一般有直接起动和减压起动两种方式。

电动机的直接起动控制最为简单，属于全压起动。对于不经常起动的三相感应电动机，其容量不超过电源容量的30%；对于频繁起动的三相感应电动机，其容量不超过电源容量的20%时，可以直接起动。若动力和照明共用一台变压器，则允许直接起动的电动机容量以当它起动时电网压降不超过其额定电压的 5% 为原则。

对于冷却泵、台钻等小型电气设备，可以通过刀开关、转换开关、自动开关或组合开关来控制电动机与电源的连接，图 2-7 为电动机的直接起动电路。在电路中仅需要采用三相刀开关即可实现，同时利用熔断器实现了对电动机的短路保护。由于只有主电路而没有控制电路，无法实现对电动机的自动控制，仅适用于不频繁起动的小容量电动机。

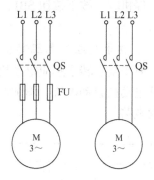

图 2-7　电动机的直接起动电路

如果电源容量不允许直接起动，可以采用减压起动。电动机减压起动方式主要有：定子绕组串电阻（电抗器）减压起动、转子绕组串电阻（对于绕线转子异步电动机）减压起动、星形-三角形（丫-△）减压起动以及自耦变压器减压起动。串电阻和丫-△减压起动方式降低起动电流的同时，也会降低起动转矩，因此一般只适用于空载或轻载情况下起动。

1. 定子绕组串电阻（或电抗器）减压起动

定子绕组串电阻（电抗器）减压起动是指在电动机起动时在三相定子绕组与电源之间串入电阻（电抗器），降低电动机定子绕组上的起动电压，从而限制起动电流，待电动机转速上升到一定值时，再将电阻（电抗器）切除，使电动机在额定电压下稳定运行。图 2-8 为定子串电阻减压起动控制电路。

合上电源开关 QS 后起动过程的动作为：

$$\text{按下 SB2} \rightarrow \begin{cases} \text{KM1 线圈得电，其主触点闭合} \\ \text{KM1 辅助常开触点闭合，自锁} \\ \text{KT 线圈得电，开始计时} \end{cases} \rightarrow \text{电动机串电阻 } R \text{ 起动} \xrightarrow{\text{KT 计时时间到}} ①$$

①→KT 延时闭合常开触点闭合→KM2 线圈得电→KM2 主触点闭合→短接电阻 R，电动机全压运行。

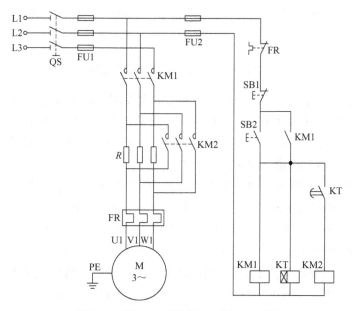

图 2-8　定子串电阻减压起动控制电路

停机时，按下按钮 SB1，接触器和时间继电器的线圈失电，所有触点复位，电动机断电停机。

2. 转子绕组串电阻起动

对于绕线转子感应电动机的起动，可以在电动机转子回路中串接电阻或者频敏变阻器来降低电动机起动电流，增加起动转矩，达到良好的起动特性。图 2‑9 为转子绕组串电阻起动控制电路。

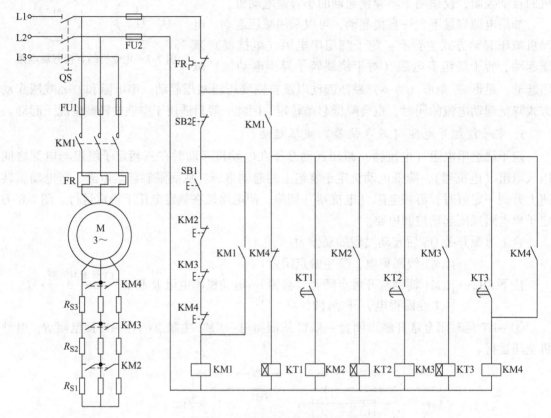

图 2‑9 转子串电阻起动控制电路

转子绕线式感应电动机采用转子串电阻的方式起动时，转子绕组一般为星形联结，起动开始时将起动电阻全部接入转子回路，有效地降低了电动机的起动电流，随着电动机运行速度的提升，采用时间继电器的延时效果将串接在转子绕组中的电阻逐段切除，起动结束后，起动电阻全部切除，电动机进入稳定运行状态。

图 2‑9 采用转子串电阻起动的控制过程如下：闭合电源开关 QS，按下按钮 SB1，接触器 KM1 线圈得电，接触器的主触点闭合，接通主电路，电动机转子接入全部起动电阻起动，接触器 KM1 的常开触点均闭合形成自锁环节和顺序控制，通电延时时间继电器 KT1 得电计时开始。随着电动机转速的上升，通电延时时间继电器 KT1 计时结束，KT1 常开延时触点闭合，接触器 KM2 线圈得电，主电路中的 KM2 主触点闭合，切除一级电阻 R_{S1}，同时接触器 KM2 的常开触点闭合，通电延时时间继电器 KT2 得电计时开始，KT2 延时时间结束后其延时闭合触点 KT2 闭合，接触器 KM3 线圈得电，KM3 主触点闭合切除另外一级电阻 R_{S2}，

相同的工作方式，最后接触器 KM4 得电运行，切除最后一级电阻 R_{S3}，接触器 KM4 常闭触点断开，使得时间继电器 KT1、KT2、KT3 以及接触器 KM2、KM3 断电释放或断开，为下次起动做好准备，至此电动机进入稳态运行，起动控制结束。

3. 星形–三角形（丫–△）减压起动控制电路

对于正常运行时为三角形（△）联结且功率较大的电动机可以采用星形–三角形（丫–△）减压起动。电动机起动时，将电动机定子绕组联结成星形，此时每相绕组的起动电压为三角形联结的 $1/\sqrt{3}$，起动电流和起动转矩均下降到三角形直接起动时的 $1/3$，降低了电动机的起动电流。当电机转速上升到一定数值后，再将定子绕组由星形恢复到三角形联结，电动机进入全压正常运行。电动机采用星形–三角形（丫–△）减压起动控制电路如图 2-10 所示，其工作过程为：

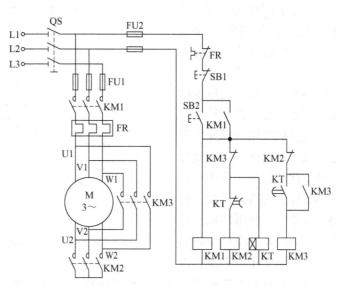

图 2-10　电动机星形–三角形（丫–△）减压起动控制电路

起动：按下 SB2 →
$\begin{cases} \text{KM1 线圈得电} \begin{cases} \text{KM1 辅助常开触点闭合，自锁} \\ \text{KM1 主触点闭合} \end{cases} \\ \text{KM2 线圈得电} \begin{cases} \text{KM2 辅助闭合触点断开，与 KM3 形成互锁} \\ \text{KM2 主触点闭合} \end{cases} → ① \\ \text{KT 线圈得电，开始计时} \end{cases}$

① → 电动机丫联结起动运行 $\xrightarrow{\text{KT 计时时间到}}$ $\begin{cases} \text{KT 常闭触点断开→KM2 失电，其触点复位} \\ \text{KT 常开触点闭合} \end{cases}$ → ②

② → KM3 线圈得电 $\begin{cases} \text{KM3 辅助常闭触点断开，与 KM2 互锁} \\ \text{KM3 辅助常开触点闭合，自锁} \\ \text{KM3 主触点闭合} \end{cases}$ → 电动机三角形联结运行

在控制电路中为避免触点竞争使 KM3 不能可靠长时通电的现象出现，时间继电器 KT 的常开触点需具有缓慢释放功能。

4. 自耦变压器减压起动控制电路

前文所述的减压起动控制电路虽然降低了起动电流，但同时也降低了起动转矩，对于带有一定负载的设备宜采用自耦变压器减压起动方式，利用不同抽头的电压比得到不同的起动电压和起动转矩。

采用自耦变压器实现的起动控制电路是在电动机起动开始时，将电源电压连接到自耦变压器的一次绕组上，而自耦变压器的二次绕组与电动机定子绕组相连接，当电动机运行速度接近稳定速度时，将自耦变压器切除，电动机定子绕组直接与电源连接，电动机在全压条件

下稳定运行。采用自耦变压
器实现的减压起动控制电路
如图 2-11 所示，其设计思
想与丫－△减压起动电路相
同，也是利用时间原则，采
用时间继电器完成按时动
作，其控制过程请读者自行
分析，此处不再赘述。时间
继电器 KT 延时的长短根据
起动过程所需时间来整定。

电动机采用自耦变压器
进行减压起动区别于其他形
式减压起动方式，适用于负
载容量较大的拖动系统，自
耦变压器二次绕组的输出电
压可以通过调节变压器的电
压比，获取适用的电压，改

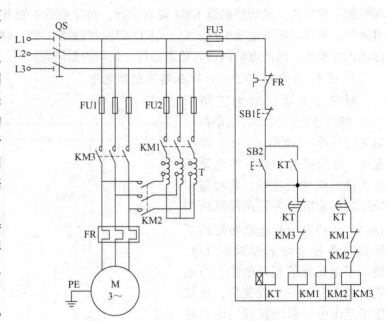

图 2-11 采用自耦变压器减压起动的控制电路

善电动机的起动电流和起动转矩。但是采用自耦变压器进行减压起动的电路中增加了硬件设
备，所以投资费用较高，一般应用于特殊场合或者起动大型的电动机。

2.3.2 制动电路

三相感应电动机从切除电压到停转有一个时间过程。例如在图 2-1 所示电路中，需要停
机时，按下停止按钮 SB1 后，系统的控制电路失电，主电路中接触器 KM 主触点断开，电动
机在转子阻力作用下缓慢停转。这一制动方式称为电动机的自由制动。由于电动机自由制动
比较缓慢，适用于控制要求不高、无精确停机定位的工况。当要求停车时精确定位，或者要
求尽量缩短停车时间，必须采取停车制动措施。

停车制动的方式主要有电气制动和机械制动两类。电气制动是利用电动机电磁原
理，使电动机产生一个与转子转动方向相反的电磁转矩，使电动机转速迅速下降并停
止。常用的电气制动方法有反接制动和能耗制动；机械制动是利用电磁铁操纵机械进
行制动。

1. 反接制动控制电路

反接制动是将运动中的电动机电源中任意两相相序调换，产生与电动机原转向相反的旋
转磁场，转子受到与原旋转方向相反的制动力矩而迅速停转。使用速度继电器 KS 实现的反
接制动控制电路如图 2-12 所示。速度继电器 KS 与电动机同轴连接，一般当电动机转子转速
达到 120r/min 以上时，KS 常开触点闭合，当转速小于 100r/min 时，KS 触点复位。

图 2-12a 为单向运行反接制动电路，闭合电源开关 QS 后，其工作过程为：

起动：按下 SB2→KM1 线圈得电→自锁长动，并与 KM2 互锁→电动机起动$\xrightarrow{n > 120\text{r/min}}$
KS 常开触点闭合→为反接制动做准备。

停机：按下 SB1→KM1 线圈失电，其触点复位→KM2 线圈得电，其相应触点动作→主电路电源相序改变 $\xrightarrow{\text{反向旋转磁场}}$ 反接制动→转速下降 $\xrightarrow{n<100\text{r/min}}$ KS 常开触点断开→KM2 线圈失电→KM2 触点复位→电动机脱离电源→制动结束。

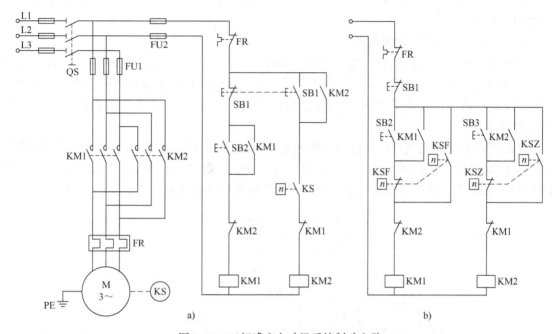

图 2-12　三相感应电动机反接制动电路

需要注意的是：复合按钮在使用的过程中必须按压到位，当按压较轻时，可能使其常闭触点断开，但常开触点未闭合。对于图 2-12a 的反接制动电路，将导致制动电路未能通电，而使电动机自由停车。

图 2-12a 的控制电路中仅能实现单向运行及相应的反接制动，无法实现电动机的双向起动运行功能。图 2-12b 为电动机可逆运行的反接制动电路，图中 KSZ 以及 KSF 分别为速度继电器的正向、反向反接制动触点。下面以一个方向运行为例说明其工作过程，闭合电源开关 QS 后，其正向运行及制动的工作过程为：

起动：按下 SB2→KM1 线圈得电→自锁长动，并与 KM2 互锁→电动机正向起动运行→KSZ 常闭触点断开（避免反向起动），常开触点闭合→为制动做准备。

制动：按下停止按钮 SB1→控制电路失电→松开 SB1→KM2 线圈得电→利用 KSZ 常开触点形成自锁（电动机仍高速运行，KSZ 触点未复位），并与 KM1 互锁→KM2 主触点闭合→电动机反接制动 $\xrightarrow{n<\text{KS 的整定值}}$ KSZ 常开触点复位→KM2 线圈断电→制动结束。

当速度继电器的常开触点 KSZ 复位时，其常闭触点依然处于断开状态，亦即在接触器 KM2 的线圈电路中，因此 KM2 无法通过自身的常开触点 KM2 形成自锁环节，保证电动机无法进入到反转运行状态。电动机反转的起动和制动过程与上述正转工作过程类似。

三相感应电动机的反接电气制动为采用速度原则进行控制，电动机反接制动时，电源更换相序后产生的旋转磁场与转子的相对速度接近两倍的同步转速，因此制动力矩大，制动迅速，效果好。但是反接时在电动机定子绕组中产生的反接制动电流较大，对设备的冲击大，因此通常仅适用于 10kW 以下的小容量电动机。为减小制动电流，通常在电动机定子制动电路中串接一定的电阻，称为反接制动电阻。串入电阻限制了制动电流，但同时也限制了制动转矩。

反接制动主要用于不频繁起动和制动，并对停车位置无准确要求、传动机构能承受较大冲击的设备中。

2. 电动机能耗制动控制电路

能耗制动是指电动机切断交流电源后，立即在定子绕组任意两相中接入直流电源，在转子上产生制动力矩使电动机快速停转。由于转子切割固定磁场产生制动力矩，使电动机的动能转化为电能并消耗在转子制动上，因此称为能耗制动。当转速为零后，应切除直流电源，制动过程结束。

采用时间控制原则实现的能耗制动控制电路如图 2-13 所示。主电路中设置了可调整流器。接触器 KM1 主触点闭合时电动机正向运行，KM2 主触点闭合时电动机反向运行，接触器 KM3 主触点闭合时电动机接入直流电源，用于电动机的能耗制动。

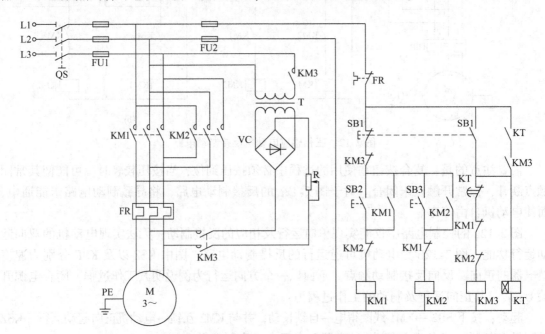

图 2-13　采用时间继电器的电动机能耗制动电路

起动时，按下起动按钮 SB2，接触器 KM1 线圈得电自锁，KM1 常闭触点断开与接触器 KM2 和 KM3 形成互锁环节，KM1 常开触点闭合形成自锁，主电路中接触器 KM1 主触点闭合，电动机正向起动运行。

制动时，按下按钮 SB1，接触器 KM1 线圈失电，KM1 主触点断开，接触器 KM3 线圈得电，同时时间继电器 KT 得电自锁并计时开始，主电路中 KM3 主触点闭合，电动机通过整流器将可调直流电源接入三相绕组中的任意两相，转子绕组切割直流电源建立的固定磁场，产生与转子运动方向相反的制动力矩，电动机制动运行，待时间继电器到达整定时间，KT 延时打开常闭触点断开，接触器 KM3 失电，主电路中接触器 KM3 主触点断开，电动机已停机或进入自由制动状态。

采用时间继电器对电动机进行控制的能耗制动系统是采用时间原则进行控制，一般而言时间继电器的整定时间设置略长，以利于电动机完全停机后切断系统电源。按照时间原则进行控制的电动机直流能耗制动，时间继电器的设置时间是关键环节。如果时间继电器 KT 设置时间过短，电动机还以较高速度运行，时间继电器自动切断电源后，电动机自由制动时间较长，不能达到快速制动或精确制动的要求。如果时间继电器整定时间设置过长，则可能电动机早已经制动结束，通过整流器接入电动机的直流电源依然供电，造成不必要的能量浪费。因此，可以采用速度继电器对电动机进行能耗制动控制，其控制电路如图 2-14 所示，此时，制动时间的长短取决于速度继电器的整定值，其控制过程请读者自行分析。

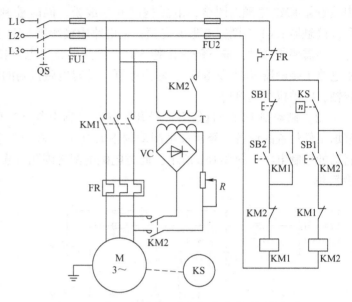

图 2-14　采用速度继电器的电动机能耗制动电路

能耗制动性能强弱与通过整流器接入电动机的直流电流大小以及电动机开始制动时的速度有关。电流越大、速度越快，能耗制动的能力越强。图 2-13 及图 2-14 的主电路中接入了变阻器，可以根据制动性能要求的不同调整输入电动机的直流电流量值。在低速时制动不太迅速。

相比于电气反接制动，能耗制动具有缓和、平稳、准确和功耗小等优点。但是无论是采用时间原则还是速度原则对电动机进行能耗制动，均增加了一套整流设备，增加了设备投资费用，控制电路以及主电路也相对复杂。因此，能耗制动适用于容量较大、要求制动性能平稳以及频繁起动、制动的电动机制动场合。

3. 电磁抱闸制动控制电路

切断电动机的电源后，利用机械装置使电动机快速停机的制动方式称为机械制动。一般机械制动装置有电磁抱闸和电磁离合器两种，两者的原理基本相同。机械制动又可以分为断电制动和通电制动两种。电磁抱闸制动原理图如图 2-15 所示。

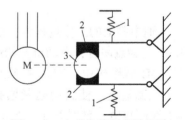

图 2-15　电磁抱闸制动原理图
1—弹簧　2—闸片
3—制动轮（与电动机同轴安装）

（1）制动闸平时一直处于"抱住"状态（断电制动）的控制电路。电梯、吊车和卷扬机等设备，为了不使因电源中断和电气电路故障而使制动的安全性和可靠性受影响，一律采用制动闸平时处于"抱住"状态的制动装置。电磁抱闸断电制动的电气控制电路图如图 2-16a 所示。

主电路中的 YA 为电磁抱闸的线圈，在常态下，闸瓦在弹簧的作用下将电动机转轴紧紧抱住，电动机处于制动状态。在此状态下电动机无法正常起动。为避免发生堵转，如果需要起动电动机，则需要先将电磁抱闸松开，即电磁抱闸松开和电动机起动存在一个顺序控制的问题。

电磁抱闸断电制动的工作过程为：按下起动按钮 SB2，接触器 KM2 线圈得电，主电路中接触器 KM2 主触点闭合，电磁抱闸开始放松，同时控制电路中接触器 KM2 常开触点闭合，接触器 KM1 线圈得电形成自锁，主电路中接触器 KM1 主触点闭合，电动机开始起动运行。当需要制动时，按下停止按钮 SB1，控制电路失电，接触器 KM1 及 KM2 线圈均失电，主电路中接触器 KM1 及 KM2 主触点断开，此时电磁抱闸的闸瓦在弹簧的作用下抱住电动机转轴，电动机快速停转。

（2）制动闸平时一直处于"松开"状态（通电制动）的控制电路。机床等需要经常调整加工件位置的设备，经常采用制动闸平时处于"松开"状态的制动装置。电磁抱闸通电制动的控制电路如图 2-16b 所示，此时电磁抱闸的闸瓦一直处于放松的状态，电动机可以直接起动。

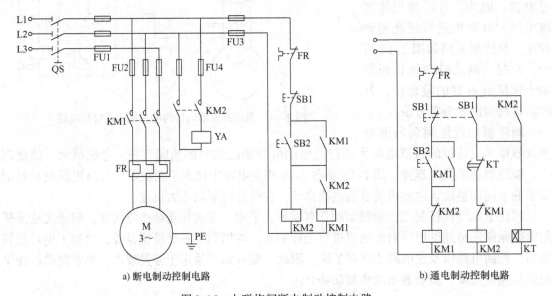

a) 断电制动控制电路　　　　　b) 通电制动控制电路

图 2-16　电磁抱闸断电制动控制电路

通电制动的工作过程为：按下起动按钮 SB2，接触器 KM1 线圈得电，主电路中接触器 KM1 主触点闭合，电动机开始起动运行。当需要制动电动机时，按下复合按钮 SB1，接触器 KM1 线圈失电，KM1 主触点断开，接触器 KM2 线圈得电，主电路中接触器 KM2 闭合，YA 线圈通电，使制动闸紧紧抱住制动轮，电动机迅速制动。同时通电延时时间继电器 KT 线圈得电，计时开始。当电动机停转后，时间继电器计时时间结束，其延时断开常闭触点断开，控制电路失电，主电路中接触器 KM2 主触点断开，YA 线圈断电，电磁抱闸机构状态复位。

其中通电延时时间继电器的整定时间需要长于电动机通过电磁抱闸制动的制动时间，否则延时时间结束后，电动机进入自由制动状态。有些情况下可以将电磁抱闸制动和能耗制动同时使用，以弥补能耗制动转矩小的缺点。电磁抱闸制动装置体积较大，对于空间布置较紧凑的设备较少使用。

2.3.3 双速三相感应电动机调速控制电路

为了更有效地满足生产工艺和控制的要求，常需要三相感应电动机的速度具有可调性。三相感应电动机的转速可表示为

$$n = n_0(1-s) = \frac{60f_1(1-s)}{p}$$

式中，n_0 为电动机同步转速，p 为电动机的极对数；s 为转差率；f_1 为电源频率。

可见，感应电动机的调速方式有三种：改变极对数 p 的变极调速、改变转差率 s 的降压调速和改变电源频率 f_1 的变频调速。在电气控制电路中，对于笼型交流电动机常采用变极调速。变极调速时通过改变定子绕组的联结方式来改变笼型电动机的定子极对数，从而达到调速的目的。这种调速方法只能一级一级地改变转速，而不能平滑地调速。这种自身可调速的电动机称为多速电动机，多速电动机有双速电动机、三速电动机和四速电动机，较为常用的是双速和三速两种。

双速电动机定子绕组的连接形式有△-丫丫和丫-丫丫两种。

1. 丫-丫丫接法调速

图 2-17a 为电动机定子绕组丫联结，图 2-17b 为将图 2-17a 改变为丫丫联结。当端子 1、2、3 接电源，4、5、6 空时为丫接法，以 U 相为例，此时电流流向为 U1→U2→U3→U4，磁场形式如图 2-18a 所示，电动机为 4 极，同步转速为 1500r/min；当端子 4、5、6 接电源，1、2、3 接一起时电动机为丫丫接法，以 U 相为例，此时电流流向为 U2→U1 与 U3→U4，两条支路并联，磁场

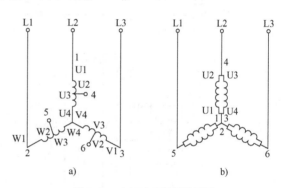

图 2-17 丫-丫丫接线原理图

形式如图 2-18b所示，电动机为 2 极，同步转速为 3000r/min。当电动机转速增加一倍时，输出功率也增加一倍，属于恒转矩调速。

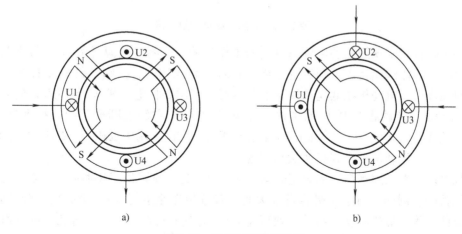

图 2-18 丫-丫丫接线极对数

2. △-丫丫接法调速

图 2-19a 为电动机定子绕组△联结，图 2-19b 为将图 2-17a 改变为丫丫联结。此时，当端子 1、2、3 接电源，4、5、6 空时为△接法，电动机为 4 极，同步转速为 1500r/min；当端子 4、5、6 接电源，1、2、3 接一起时电动机为丫丫接法，电动机为 2 极，同步转速为 3000r/min。其磁场分布情况亦如 2－18 所示。△接法和丫丫接法的功率近似相等，属于恒功率调速。

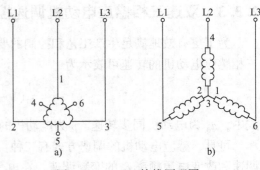

图 2-19　△-丫丫接线原理图

△-丫丫接法的双速电动机控制电路如图 2-20 所示。主电路中，当 KM1 得电时，绕组为△接法，电动机低速运转；KM2 和 KM3 得电时，绕组为丫丫接法，电动机高速运转。

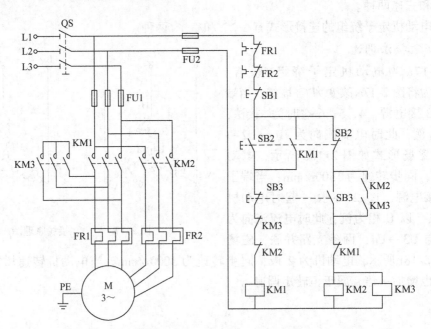

图 2-20　双速电动机控制电路

利用复合按钮实现的电动机调速控制的工作过程为：闭合电源开关 QS，按下起动按钮 SB2，接触器 KM1 线圈得电，同时主电路中 KM1 主触点闭合，控制电路中 KM1 常开触点闭合形成自锁环节，电动机在低速条件下起动运行。当需要将电动机运行速度转换为高速时，按下按钮 SB3，接触器 KM1 线圈失电，主电路中 KM1 主触点断开，同时接触器 KM2 和 KM3 线圈得电，主电路中 KM2 和 KM3 主触点闭合，控制电路中 KM2 和 KM3 常开触点闭合形成自锁环节，电动机转换到高速状态下运行。

如果电动机在低速运行后的固定时间内转换为高速，则可以采用时间继电器的延时功能实现控制目的。例如，当电动机容量较大时，若直接高速运行（丫丫接法），则起动电流较大，这时便可采用低速起动，再转换到高速运行的控制方式。图 2-21 即为用时间继电器自动实现低速到高速转换的控制电路，其主电路与图 2-20 中主电路相同。

按下按钮 SB2，接触器 KM1 线圈得电，形成自锁环节，主电路中 KM1 主触点闭合，电动机低速起动运行。接触器 KM1 得电的同时通电延时时间继电器 KT 线圈接通电源，其瞬动常开触点闭合形成自锁环节，计时开始，待延时时间到时，时间继电器 KT 的延时断开常闭触点断开，延时闭合常开触点闭合，切断接触器 KM1 线圈电路，接触器 KM2 和 KM3 线圈得电形成自锁环节，主电路中 KM1 主触点断开，接触器 KM2 和 KM3 主触点闭合，电动机转换为高速工况下运行。

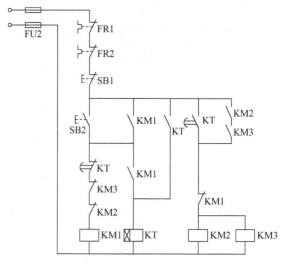

图 2-21　双速电动机自动控制电路

2.3.4　位置控制电路

在电气控制系统中，一些机械设备经常需要在某个位置之间做往复运动，例如工作台的前进与后退，电梯的上升和下降。这种控制电路一般由电动机正反转控制电路配合行程开关来实现。某工作台往复运行的工作示意图如图 2-22 所示，SQ1、SQ2 为两端的行程开关，撞块 A、B 固定

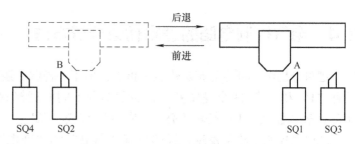

图 2-22　工作台自动往复运动示意图

在被控设备的运动部件上，当运动部件的撞块压下相应的行程开关后，会改变电路的接通状态，从而实现电动机正转和反转之间的转化，使系统进入自动往复循环控制过程中。其中，SQ3 和 SQ4 分别为正、反向极限位置保护用行程开关，其控制电路如图 2-23 所示。

图 2-23 所示控制电路的工作为：按下正向起动按钮开关 SB2，接触器 KM1 线圈得电并自锁，主电路中 KM1 的主触点闭合，电动机起动正向前进，当工作台前进到 B 位置时，装设在运动部件上的撞块压动行程开关 SQ2，SQ2 的常开触点闭合，常闭触点断开，接触器 KM1 线圈失电，其主触点断开，电动机停止正向运行。接触器 KM2 线圈得电并自锁，主电路中 KM2 的主触点闭合，电动机反向运转，带动工作台后退。而当工作台达到 A 位置后，撞块压下行程开关 SQ1，接触器 KM2 失电而 KM1 得电，主电路中 KM1 主触点闭合，电动机恢复正向运行，工作台再次前进工作，如此往复循环工作。当按下停止按钮 SB1 时，控制电路失电，接触器 KM1 和 KM2 线圈均失电，其相应的主触点断开，电动机停转。

在工作台往复运行控制中，SQ3 和 SQ4 用作极限位置保护，防止 SQ1 和 SQ2 由于某些原因失效而引起事故，即使工作台停留在极限位置内。行程开关 SQ3 和 SQ4 称为极限位置保护开关。在自动循环往复控制过程中，电动机在每个自动循环过程中要进行两次反接控制，电动机在转向切换过程中的电流冲击和机械冲击对电动机会造成较大影响。因此，该控制电路适用于电动机容量小，循环周期较长的拖动系统中。

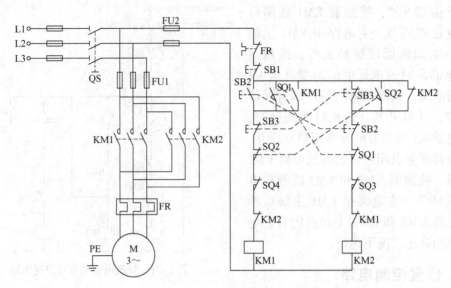

图 2-23 工作台自动循环控制电路

2.4 电气控制电路的逻辑代数分析方法

逻辑分析法又可称为布尔代数分析法，属于一种解决逻辑问题的数学方法。逻辑代数中只有 "1" 和 "0" 两个逻辑变量，表示两种不同的逻辑状态，如果 "1" 代表 "真"，则 "0" 代表 "假"；"1" 代表 "高"，则 "0" 代表 "低"。

从电气控制电路可发现，线圈只有 "通电" 和 "断电" 两种状态，继电器、接触器的辅助触点以及主触点也只有 "接通" 和 "断开" 两种状态。而电气控制电路的通、断都是通过继电器、接触器等元器件的触点来实现的，控制电路的功能必定取决于这些触点的断开、闭合两种状态。所以，继电器-接触器电气控制电路的本质是逻辑电路。

逻辑分析法不仅可以对电气控制电路的某些环节进行性能校核、触点及结构的优化，还能直接对电气控制电路进行设计，或者结合经验设计法共同完成和优化线路设计。

1. 电路的逻辑表示及分析

在电气控制电路的布尔代数分析或设计中，线圈和触点的常开状态用原变量表示，如 KM、KA 或 SQ 等。而线圈和触点的常闭状态用反变量表示，如 $\overline{KM}$、$\overline{KA}$ 或 $\overline{SQ}$ 等。

电路中，触点的串联关系可用逻辑 "与" 的关系表示，即逻辑乘（·）；触点的并联用逻辑 "或" 的关系表示，即逻辑加（+）。图 2-24 为基本的逻辑电路，依据电路的基本特征以及布尔代数的表达形式，可以将图 2-24 中三种逻辑电路依次表达成如下的逻辑函数。

$$f(KM) = \overline{KA}; \quad f(KM) = KA1 \cdot KA2; \quad f(KM) = KA1 + KA2$$

在采用逻辑法对电路的分析中，也可以采用真值表的形式对控制性能进行分析，读者可以参看相关的资料，自行进行分析。

2. 电路简化

逻辑法不仅可以用于电气控制系统的分析，还可以用于控制系统的设计。采用逻辑分析法往往可以有效地实现控制电路的优化。图 2-25a 为采用经验设计法设计出的电气控制系统。

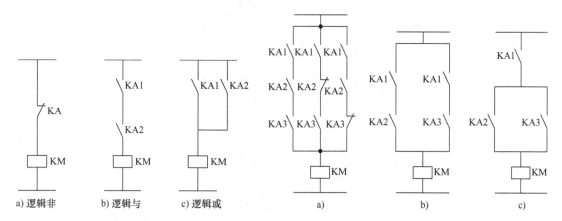

a) 逻辑非　　b) 逻辑与　　c) 逻辑或

图 2-24　基本的逻辑电路　　　　图 2-25　逻辑法优化电路结构

采用逻辑法对图 2-25a 进行分析，依据图中电器元件的类型以及连接方式，可以写出其逻辑表达式为：

$$f(\mathrm{KM}) = \mathrm{KA1} \cdot \mathrm{KA2} \cdot \mathrm{KA3} + \mathrm{KA1} \cdot \overline{\mathrm{KA2}} \cdot \mathrm{KA3} + \mathrm{KA1} \cdot \mathrm{KA2} \cdot \overline{\mathrm{KA3}} \qquad (2\text{-}1)$$

采用布尔代数的基本特性，对式(2-1) 逻辑函数进行化简如下：

$$
\begin{aligned}
f(\mathrm{KM}) &= \mathrm{KA1} \cdot \mathrm{KA2} \cdot \mathrm{KA3} + \mathrm{KA1} \cdot \overline{\mathrm{KA2}} \cdot \mathrm{KA3} + \mathrm{KA1} \cdot \mathrm{KA2} \cdot \overline{\mathrm{KA3}} \\
&= \mathrm{KA1} \cdot \mathrm{KA3} + \mathrm{KA1} \cdot \mathrm{KA2} \cdot \overline{\mathrm{KA3}} \\
&= \mathrm{KA1} \cdot (\mathrm{KA3} + \mathrm{KA2} \cdot \overline{\mathrm{KA3}}) \\
&= \mathrm{KA1} \cdot (\mathrm{KA2} + \mathrm{KA3}) \\
&= \mathrm{KA1} \cdot \mathrm{KA2} + \mathrm{KA1} \cdot \mathrm{KA3} \qquad (2\text{-}2)
\end{aligned}
$$

从式(2-2) 最后的表达式可以看出最简结果，根据最简单结果可以画出与式(2-1) 具有相同控制功能的等效电路，如图 2-25b 所示。从图 2-25b 可以看出，可以再进行一个同类触点的合并，则最终的等效控制电路如图 2-25c 所示。

从上述的分析过程可以看出，逻辑法作为一种有效的分析方法，采用逻辑法对电气控制进行分析，不仅精简了控制电路的结果类型，而且有效地减少了同类触点的使用数量，得到了简单、明晰的电气控制系统。

习　　题

2-1　绘制和分析电气原理图的一般原则是什么？

2-2　为什么电动机要设零电压和欠电压保护？

2-3　在电动机的主电路中，既然装有熔断器，为什么还要装热继电器？它们各起什么作用？

2-4　读图 2-13 所示的能耗控制电路并分析：①电路中电动机有哪几种工作状态？分别由哪些控制电器通电控制？②详细列出电路中所有的保护电器、保护环节并说明其实现了何种保护？③电动机起动工作后，若按下 SB1 太轻，电路将可能出现什么现象？

2-5　图 2-26 为三相异步电动机正反转控制电路，图中有错，请标出并改正之。

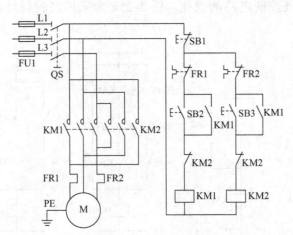

图 2-26　习题 2-5 图

2-6　试设计可以从两地控制一台电动机，实现点动工作和连续运转工作的控制电路。

2-7　有两台笼型三相异步电动机 M1 和 M2。要求：①M1 起动后 M2 才能起动；②M2 停车后 M1 才能停车；③M2 能实现正反转；④电路具有短路、过载及失压保护；试设计主电路和控制电路。

2-8　由两台电动机控制一台机械设备，设计满足下列条件的电气控制电路（包括主电路和控制电路）：①M1、M2 电动机均单向运转；②M1 电动机起动工作后，M2 电动机才能起动工作；③M1、M2 电动机同时停机，若其中一台电动机过载，另一台电动机也应停机；④具有短路、过载和零电压（失压）保护。

2-9　试设计一工作台自动循环控制电路，工作台在原位（位置 1）起动，运行到位置 2 后立即返回，循环往复，直至按下停止按钮。

第3章

可编程序控制器基础

本章知识要点：

(1) PLC 的主要特点与分类

(2) PLC 的基本结构与各部分作用

(3) PLC 的工作原理与技术性能

(4) PLC 的几种编程语言

3.1 可编程序控制器的产生

可编程序控制器问世于 1969 年。20 世纪 60 年代末期，美国的汽车制造工业已经非常发达，竞争也十分激烈，各生产厂家为适应市场需求不断更新汽车型号，这必然要求相应的加工生产线亦随之改变，整个继电–接触器控制系统也就必须重新设计和配置。这样不但造成设备的极大浪费，而且新系统的接线也十分费时。在这种情况下，仍采用继电器控制就显得效率很低。正是从汽车制造业开始了对传统继电器控制的挑战。1968 年美国通用汽车公司（GM）为了适应产品品种的不断更新、减少更换控制系统的费用与周期，要求制造商为其装配线提供一种新型的通用程序控制器，并提出 10 项招标指标：

1）编程简单，可在现场修改程序；

2）维护方便，最好是插件式；

3）可靠性高于继电器控制柜；

4）体积小于继电器控制柜；

5）可将数据直接送入管理计算机；

6）在成本上可与继电器控制柜竞争；

7）可直接用交流 115V 输入；

8）输出为交流 115V、2A 以上，能直接驱动电磁阀、交流接触器等；

9）在扩展时，原系统只需很小变更；

10）用户程序存储器容量至少能扩展到 4KB。

这就是著名的 GM 10 条。如果说各种电控制器、电子计算机技术的发展是可编程序控制器出现的物质基础，那么 GM 10 条就是可编程序控制器出现的直接原因。

1969 年，美国数据设备公司（DEC）研制出世界上第一台可编程序控制器，并成功地应用在 GM 公司的生产线上。其后日本、西德等相继引入，使其迅速发展起来。但这一时期的可编程序控制器主要用于顺序控制，虽然也采用了计算机的设计思想，但当时只能进行逻辑运算，故称为可编程逻辑控制器，简称 PLC（Programmable Logic Controller）。

20 世纪 70 年代初期诞生的微处理器和微型计算机，经过不断地开发和改进，软、硬件资源和技术已经十分完善，价格也很低廉，因而渗透到各个领域。可编程序控制器的设计和制造者及时吸收了微型计算机的优点，引入了微处理器和其他大规模集成电路，诞生了新一代的可编程序控制器。70 年代后期，随着微电子技术和计算机技术的迅猛发展，使 PLC 从开关量的逻辑控制扩展到数字控制及生产过程控制领域，真正成为一种电子计算机工业控制装置，故称为可编程序控制器，简称 PC（Programmable Controller）。但由于 PC 容易和个人计算机（Personal Computer）相混淆，故人们仍习惯地用 PLC 作为可编程序控制器的缩写。

1985 年 1 月国际电工委员会（IEC）对可编程序控制器给出如下定义："可编程序控制器是一种数字运算的电子系统，专为工业环境下应用而设计。它采用可编程序的存储器，用来在内部存储执行逻辑运算、顺序控制、定时、计数和算术运算等操作的指令，并通过数字式、模拟式的输入和输出，控制各种类型的机械或生产过程。可编程序控制器及其有关设备，都应按易于与工业控制系统联成一个整体，易于扩充的原则设计"。

3.2　PLC 的主要特点及分类

3.2.1　PLC 的主要特点

1. 可靠性高、抗干扰能力强

为保证 PLC 能在工业环境下可靠工作，在设计和生产过程中采取了一系列硬件和软件的抗干扰措施，主要有以下几个方面：

1）隔离，这是抗干扰的主要措施之一。PLC 的输入、输出接口电路一般采用光耦合器来传递信号。这种光隔离措施，使外部电路与内部电路之间避免了电的联系，可有效地抑制外部干扰源对 PLC 的影响，同时防止外部高电压串入，从而减少故障和误动作。

2）滤波，这是抗干扰的另一个主要措施。在 PLC 的电源电路和输入/输出电路中设置了多种滤波电路，用以对高频干扰信号进行有效抑制。

3）对 PLC 的内部电源还采取了屏蔽、稳压、保护等措施，以减少外界干扰，保证供电质量。另外使输入/输出接口电路的电源彼此独立，以避免电源之间的干扰。

4）内部设置了联锁、环境检测与诊断、Watchdog（"看门狗"）等电路，一旦发现故障或程序循环执行时间超过了警戒时钟 WDT 规定时间（预示程序进入了死循环），立即报警，以保证 CPU 可靠工作。

5）利用系统软件定期进行系统状态、用户程序、工作环境和故障检测，并采取信息保护和恢复措施。

6）对用户程序及动态工作数据进行电池备份，以保障停电后有关状态或信息不丢失。

7）采用密封、防尘、抗振的外壳封装结构，以适应工作现场的恶劣环境。

8）以集成电路为基本元件，内部处理过程不依赖于机械触点，以保障高可靠性。而采用循环扫描的工作方式，也提高了抗干扰能力。

通过以上措施，保证了 PLC 能在恶劣的环境中可靠地工作，使平均故障间隔时间（MTBF）指标高，故障修复时间短。目前，MTBF 一般已达到 $(4 \sim 5) \times 10^4 h$。

2. 可实现三电一体化

三电是指电控、电仪、电传。根据工业自动化系统的分类,对于开关量的控制,即逻辑控制系统、继电-接触器控制装置为电控装置。对于慢的连续控制,即过程控制系统,采用电动仪表控制,为电仪装置。对于快的连续控制,即运动控制系统,采用的是电传装置。PLC 集电控、电仪和电传于一体。一台控制装置既有逻辑控制功能,又有过程控制功能,还有运动控制功能,可以方便、灵活地适应各种工业控制的需要。

3. 与传统的继电器相比 PLC 的优点

1) 由于采用了大规模集成电路和计算机技术,因此可靠性高、逻辑功能强,且体积小。

2) 在需要大量中间继电器、时间继电器及计数继电器的场合,PLC 无需增加硬设备,利用微处理器及存储器的功能,就可以很容易地完成这些逻辑组合和运算,大大降低了控制成本。

3) 由于 PLC 采用软件编制程序来完成控制任务,所以随着要求的变更对程序进行修改显得十分方便,具有很好的柔性。继电器线路则是通过许多真正的"硬"继电器和它们之间的硬接线达到的,要想改变控制功能,必须变更硬接线,重新配置,灵活性差。

4) 新一代 PLC 除具有远程通信功能以及易于与计算机接口实现群控外,还可通过附加高性能模块对模拟量进行处理,实现各种复杂的控制功能,这对于布线逻辑的继电器控制系统是无法办到的。

4. 与工业控制计算机相比 PLC 的特点

1) PLC 继承了继电器系统的基本格式和习惯,以继电器逻辑梯形图为编程语言,梯形图符号和定义与常规继电器展开图完全一致,可以视为继电器系统的超集,所以,对于有继电器系统方面知识和经验的人来说,尤其是现场的技术人员,学习起来十分方便。

2) PLC 是从针对工业顺序控制并扩大应用而发展起来的,一般是由电气控制器的制造厂家研制生产,其硬件结构专用,标准化程度低,各厂家的产品不通用。工业控制计算机(简称工控机)是由通用计算机推广应用发展起来的,一般由微型计算机厂、芯片及板卡制造厂开发生产。它在硬件结构方面的突出优点是总线标准化程度高,产品兼容性强,并能在恶劣的工业环境中可靠运行。

3) PLC 的运行方式与工控机不同,它对逻辑顺序控制很适应,虽也能完成数据运算、PID 调节等功能,但微型计算机的许多软件还不能直接使用,须经过二次开发。工控机可使用通用微型计算机的各种编程语言,对要求快速、实时性强、模型复杂的工业对象的控制占有优势。

4) PLC 和工控机都是专为工业现场应用环境而设计的。PLC 在结构上采取整体密封或插件组合,并采取了一系列的抗干扰措施,使其具有很高的可靠性。工控机对各种模板的电气和机械性能也有严格的考虑,因而可靠性也较高。

5) PLC 一般具有模块结构,可以针对不同的对象进行组合和扩展,其结构紧密、体积小巧,易于装入机械设备内部,是实现机电一体化的理想控制设备。

3.2.2　PLC 的分类

目前 PLC 生产厂家的产品种类众多,型号规格也不统一,其分类也没有统一的标准,通常可按如下三种形式分类。

1. 按结构形式分类

根据结构形式不同 PLC 可分为整体式、模块式两种。

1) 整体式是把 PLC 的各组成部件，如 I/O 模块、CPU 模块、存储器等，并连同电源一起紧凑地安装在一个标准的机壳内，称为主机。输入、输出接线端子及电源进线分别在机箱的上、下两侧，并有相应的发光二极管显示输入/输出状态。主机上通常有编程接口和扩展接口，前者用于连接编程器，后者用于连接扩展单元。通常小型和超小型 PLC 常采用这种结构，如西门子公司的 S7-200 系列 PLC。

2) 模块式是把 PLC 的各基本组成部分做成独立的模块，如 CPU 模块、输入/输出模块、电源模块及其他各种智能模块和特殊功能模块。用户可根据需要灵活方便地将各种功能模块及扩展单元插入机架底板的插槽中，以组合成不同功能的 PLC 控制系统。通常中型或大型 PLC 常采用这种结构，如西门子公司的 S7-300 和 S7-400 系列 PLC。此种结构的 PLC 具有组装灵活、对现场的应变能力强、便于扩展和维修方便等优点。

2. 按功能分类

按 PLC 所具有的功能不同，可分为高、中、低三档。

1) 低档机具有逻辑运算、定时、计数、移位及自诊断、监控等基本功能。有些还有少量模拟量输入/输出（即 A/D、D/A 转换）、算术运算、数据传送、远程 I/O 和通信等功能。常用于开关量控制、定时/计数控制、顺序控制及少量模拟量控制等场合。由于其价格低廉、实用，是 PLC 中量大而面广的产品。

2) 中档机除具有低档机的功能外，还有较强的模拟量输入/输出、算术运算、数据传送与比较、数制转换、子程序调用、远程 I/O 以及通信联网等功能，有些还具有中断控制、PID 回路控制等功能。适用于既有开关量又有模拟量的较为复杂的控制系统，如过程控制、位置控制等。

3) 高档机除了进一步增加以上功能外，还具有较强的数据处理、模拟调节、特殊功能的函数运算、监视、记录、打印等功能，以及更强的通信联网、中断控制、智能控制、过程控制等功能。可用于更大规模的过程控制系统，构成分布式控制系统，形成整个工厂的自动化网络。高档 PLC 因其外部设备配置齐全，可与计算机系统结为一体，可采用梯形图、流程图及高级语言等多种方式编程。它是集管理和控制于一体，实现工厂高度自动化的重要设备。

3. 按 I/O 点数分类

PLC 按 I/O 点数可分为小型机、中型机和大型机 3 类，见表 3-1。I/O 点数小于 64 点的为超小型机，I/O 点数超过 8192 点的为超大型机。

在实际中，一般 PLC 功能的强弱与其 I/O 点数的多少是相互关联的，即 PLC 的功能越强，可配置的 I/O 点数就越多。

上述标准主要是基于习惯，但 PLC 的发展趋势总是在不断地突破人们的习惯，所以上述的划分并不严格，其目的是便于用户在选型时有一个数量级别的概念，从而便于选择，尽量使控制系统的性价比达到最优。

表 3-1　PLC 按 I/O 点数分类

分　类	I/O 点数
小型机	<256
中型机	256~2048
大型机	>2048

3.3 PLC 的应用场合和发展趋势

3.3.1 PLC 的应用场合

随着微电子技术的快速发展，PLC 的制造成本不断下降，而其功能却大大增强。目前在先进工业国家中 PLC 已成为工业控制的标准设备，应用面几乎覆盖了所有工业领域，诸如钢铁、冶金、采矿、水泥、石油、化工、轻工、电力、机械制造、汽车、装卸、造纸、纺织、环保、交通、建筑、食品、娱乐等各行各业。特别是在轻工行业中，因生产门类多，加工方式多变，产品更新换代快，所以 PLC 广泛应用在组合机床自动线、专用机床、塑料机械、包装机械、灌装机械、电镀自动线、电梯等电气设备中。PLC 日益跃居工业生产自动化三大支柱〔即 PLC，机器人（ROBOT）和计算机辅助设计/制造（CAD/CAM）〕的首位。

PLC 所具有的功能，使它既可用于开关量控制，又可用于模拟量控制；既可用于单机控制，又可用于组成多级控制系统；既可控制简单系统，又可控制复杂系统。它的应用可大致归纳为如下几类。

1. 逻辑控制

PLC 在开关逻辑控制方面得到了最广泛的应用。用 PLC 可取代传统继电器系统和顺序控制器，实现单机控制、多机控制及生产自动线控制，如各种机床、自动电梯、高炉上料、注塑机械、包装机械、印刷机械、纺织机械、装配生产线、电镀流水线、货物的存取、运输和检测等的控制。

2. 运动控制

运动控制是通过配合 PLC 使用的专用智能模块，可以对步进电动机或伺服电动机的单轴或多轴系统实现位置控制，从而使运动部件能以适当的速度或加速度实现平滑的直线运动或圆弧运动。可用于精密金属切削机床、成型机械、装配机械、机械手、机器人等设备的控制。

3. 过程控制

过程控制是通过配用 A/D、D/A 转换模块及智能 PID 模块实现对生产过程中的温度、压力、流量、速度等连续变化的模拟量进行单回路或多回路闭环调节控制，使这些物理参数保持在设定值上。在各种加热炉、锅炉等的控制以及化工、轻工、食品、制药、建材等许多领域的生产过程中有着广泛的应用。

4. 机械加工的数字控制

PLC 和计算机数控（CNC）装置组合成一体，可以实现数值控制，组成数控机床。现代的 PLC 具有数字运算、数据传输、转换、排序、查表和位操作等功能，可以完成数据的采集、分析和处理。预计今后几年 CNC 系统将变成以 PLC 为主体的控制和管理系统。

5. 机器人控制

随着工厂自动化网络的形成，使用机器人的领域将越来越广泛，应用 PLC 可实现对机器人的控制。德国西门子公司制造的机器人就是采用该公司生产的 16 位 PLC 组成的控制装置进行控制的。一台控制设备可对具有 3~6 轴的机器人进行控制。

6. 多级控制

多级控制是指利用 PLC 的网络通信功能模块及远程 I/O 控制模块实现多台 PLC 之间的链接、PLC 与上位计算机的链接，以达到上位计算机与 PLC 之间及 PLC 与 PLC 之间的指令下达、数据交换和数据共享，这种由 PLC 进行分散控制、计算机进行集中管理的方式，能够完成较大规模的复杂控制，甚至实现整个工厂生产的自动化。

3.3.2 PLC 的发展趋势

PLC 从诞生至今，其发展大体经历了三个阶段：从 20 世纪 70 年代至 80 年代中期，以单机为主发展硬件技术，为取代传统的继电-接触器控制系统而设计了各种 PLC 的基本型号。到 80 年代末期，为适应柔性制造系统（FMS）的发展，在提高单机功能的同时，加强软件的开发，提高通信能力。90 年代以来，为适应计算机集成制造系统（CIMS）的发展，采用多 CPU 的 PLC 系统，不断提高运算速度和数据处理能力。当前，PLC 在国际市场上已成为最受欢迎的工业控制产品，用 PLC 设计自动控制系统已成为世界潮流。

目前 PLC 技术发展总的趋势是系列化、通用化和高性能化，主要表现在：

1. 在系统构成规模上向大、小两个方向发展

发展小型（超小型）化、专用化、模块化、低成本 PLC 以真正替代最小的继电器系统；发展大容量、高速度、多功能、高性价比的 PLC，以满足现代化企业中大规模、复杂系统自动化的需要。

2. 功能不断增强，各种应用模块不断推出

大力加强过程控制和数据处理功能，提高组网和通信能力，开发多种功能模块，以使各种规模的自动化系统功能更强、更可靠，组成和维护更加灵活方便，使 PLC 应用范围更广。

3. 产品更加规范化、标准化

PLC 厂家在使硬件及编程工具换代频繁、丰富多样、功能提高的同时，日益向 MAP（制造自动化协议）靠拢，并使 PLC 基本部件，如输入/输出模块、接线端子、通信协议、编程语言和工具等方面的技术规格规范化、标准化，使不同产品间能相互兼容、易于组网，以方便用户真正利用 PLC 来实现工厂生产的自动化。

3.4 PLC 的基本结构

3.4.1 PLC 的系统结构

目前 PLC 种类繁多，功能和指令系统也都各不相同，但实质上是一种为工业控制而设计的专用计算机，所以其结构和工作原理都大致相同，硬件结构与微型计算机相似。主要包括中央处理单元 CPU（Central Processing Unit）、存储器 RAM 和 ROM、输入/输出接口电路、电源、I/O 扩展接口、外部设备接口等，其内部也是采用总线结构来进行数据和指令的传输。

如图 3-1 所示，PLC 控制系统由输入量—PLC—输出量组成，外部的各种开关信号、模拟信号、传感器检测的各种信号均作为 PLC 的输入量，它们经 PLC 外部输入端子输入到内

部寄存器中，经 PLC 内部逻辑运算或其他各种运算处理后送到输出端子，作为 PLC 的输出量对外部设备进行各种控制。由此可见，PLC 的基本结构由控制部分、输入和输出部分组成。

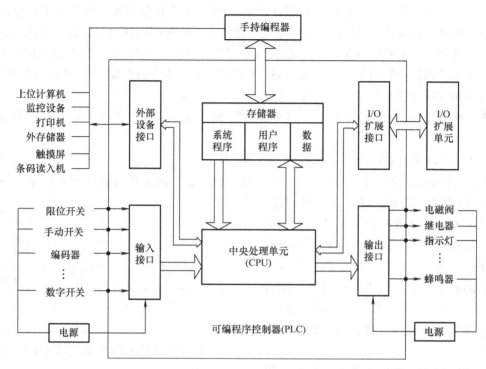

图 3-1 PLC 硬件结构图

3.4.2 PLC 各部分的作用

1. 中央处理器（CPU）

CPU 是由控制器和运算器组成的。运算器也称为算术逻辑单元，它的功能就是进行算术运算和逻辑运算。控制器的作用是控制整个计算机的各个部件有条不紊地工作，它的基本功能就是从内存中取指令和执行指令。可见 CPU 作为整个 PLC 的核心起着总指挥的作用，是 PLC 的运算和控制中心。其主要功能如下：

1）诊断 PLC 电源、内部电路的工作状态及编制程序中的语法错误。

2）采集由现场输入装置送来的状态或数据，并送入 PLC 的寄存器中。

3）读取用户程序指令，进行编译解释后，按指令规定的任务完成各种运算和操作。

4）将存于寄存器中的处理结果送至输出端。

5）响应各种外部设备的工作请求。

目前 PLC 中所用的 CPU 多为单片机，其发展趋势是芯片的工作速度越来越快，位数越来越多（由 8 位、16 位、32 位至 48 位），RAM 的容量越来越大，集成度越来越高，并采用多 CPU 系统来简化软件的设计，进一步提高其工作速度。

2. 存储器

PLC 的存储器分为两个部分：系统程序存储器和用户程序存储器。

（1）系统程序存储器。用以存放系统管理程序、监控程序及系统内部数据。系统程序根据 PLC 功能的不同而不同。生产厂家在 PLC 出厂前已将其固化在只读存储器 ROM 或 PROM 中，用户不能更改，CPU 只能从中读取而不能写入。

（2）用户程序存储器。包括用户程序存储区和工作数据存储区。其中的用户程序存储区主要存放用户已编制好或正在调试的应用程序。工作数据存储区存放的是程序执行过程中所需要的或者所产生的中间数据，包括输入/输出过程映射、定时器/计数器的设定值和经过值等。这类存储器一般由低功耗的 CMOS-RAM 构成，其中的存储内容可读出并可更改，用户程序存储器容量的大小才是我们真正关心的。

注：PLC 产品手册中给出的"存储器类型"和"程序容量"是针对用户程序存储器而言的。

3. 输入/输出（I/O）接口电路

PLC 通过输入/输出接口电路实现与外部设备的连接。输入接口通过 PLC 的输入端子接受现场输入设备（如限位开关、手动开关、编码器、数字开关和温度开关等）的控制信号，并将这些信号转换成 CPU 所能接受和处理的数字信号。图 3-2 是 PLC 的输入接口电路示意图。从图中可以看到，输入信号是通过光耦合器件传送给内部电路的，通过这种隔离措施可以防止现场干扰串入 PLC。

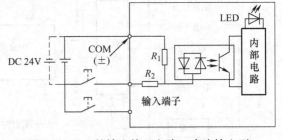

图 3-2　PLC 的输入接口电路（直流输入型）

经 CPU 处理过的输出数字信号通过输出接口电路转换成现场需要的强电信号输出，以驱动接触器、电磁阀、指示灯和电动机等被控设备的通断电。通常 PLC 的输出接口类型有三种：继电器输出型、晶闸管输出型和晶体管输出型，分别如图 3-3a、b、c、d 所示。

其中继电器输出型为有触点输出方式，可用于接通或断开开关频率较低的直流负载或交流负载回路，这种方式存在继电器触点的电气寿命和机械寿命问题；晶闸管输出型和晶体管输出型皆为无触点输出方式，开关动作快、寿命长，可用于接通或断开开关频率较高的负载回路，其中晶闸管输出型常用于带交流电源负载，晶体管输出型则用于带直流电源负载。

输入/输出接口电路在整个 PLC 控制系统中起着十分重要的作用。为提高 PLC 的工作可靠性，增强抗干扰能力，PLC 的输入/输出接口电路均采用光耦合电路，这样可以有效地防止现场的强电干扰，保证 PLC 能在恶劣的工作环境下可靠地工作。

4. 电源

PLC 的电源是指将外部输入的交流电经过整流、滤波、稳压等处理后转换成满足 PLC 的 CPU、存储器、输入/输出接口等内部电路工作需要的直流电源或电源模块。为避免或减小电源间干扰，输入/输出接口电路的电源彼此相互独立。现在许多 PLC 的直流电源采用直流开关稳压电源，这种电源稳压性能好、抗干扰能力强，不仅可提供多路独立的电压供内部电路使用，而且还可为输入设备提供标准电源。

5. 输入/输出（I/O）扩展接口

除上述一般的 I/O 接口之外，PLC 上还备有和各种外部设备配接的接口，均用插座引出

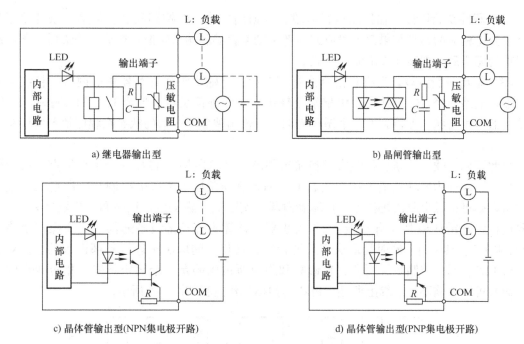

a) 继电器输出型　　　　　　　　　　　　b) 晶闸管输出型

c) 晶体管输出型(NPN集电极开路)　　　　　d) 晶体管输出型(PNP集电极开路)

图 3-3　PLC 输出接口电路

到外壳上，可配接编程器、计算机、打印机及各种智能单元。若主机单元的 I/O 点数不能满足输入/输出设备点数需要时，可通过扩展接口用扁平电缆线将 I/O 扩展单元与主机单元相连，以增加 I/O 点数。A/D、D/A 单元一般也通过该接口与主机单元相接。PLC 的最大扩展能力主要受 CPU 寻址能力和主机驱动能力的限制。

3.5　PLC 的工作原理及技术性能

3.5.1　PLC 的基本工作原理

由于 PLC 以微处理器为核心，故具有微型计算机的许多特点，但它的工作方式却与微型计算机有很大不同。微型计算机一般采用等待命令的工作方式，如常见的键盘扫描方式或 I/O 扫描方式，若有键按下或有 I/O 变化，则转入相应的子程序，若无则继续扫描等待。

PLC 则是采用循环扫描的工作方式。对每个程序，CPU 从第一条指令开始执行，按指令步序号作周期性的程序循环扫描，如果无跳转指令，则从第一条指令开始逐条顺序执行用户程序，直至遇到结束符后又返回第一条指令，如此周而复始不断循环，每一个循环称为一个扫描周期。

扫描周期的长短取决于以下几个因素：一是 CPU 执行指令的速度；二是执行每条指令占用的时间；三是程序中指令条数的多少。一个循环扫描周期主要可分为三个阶段。

（1）输入刷新阶段。在输入刷新阶段，CPU 扫描全部输入端口，读取其状态并写入输入映像寄存器。完成输入端刷新工作后，将关闭输入端口，转入程序执行阶段。在程序执行期间即使输入端状态发生变化，输入映像寄存器的内容也不会改变，而这些变化必须等到下一工作周期的输入刷新阶段才能被读入。

（2）程序执行阶段。在程序执行阶段，根据用户输入的控制程序，从第一条开始逐条执行，并将相应的运算结果存入对应的内部辅助寄存器和输出映像寄存器。当最后一条控制程序执行完毕后，即转入输出刷新阶段。

（3）输出刷新阶段。当所有指令执行完毕后，将输出映像寄存器中的内容，依次送到输出锁存电路，经过输出接口、输出端子输出，驱动外部负载，形成 PLC 的实际输出。输出锁存器一直将状态保持到下一个循环周期，而输出映像寄存器的状态在程序执行阶段是动态的。

由此可见，输入刷新、程序执行和输出刷新三个阶段构成 PLC 一个工作周期，由此循环往复，因此称为循环扫描工作方式。由于输入刷新阶段是紧接输出刷新阶段后马上进行的，所以亦将这两个阶段统称为 I/O 刷新阶段。实际上，除了执行程序和 I/O 刷新外，PLC 还要进行各种错误检测（自诊断），与编程器、计算机等外部设备通信，这些操作统称为"监视服务"。其中自诊断时间取决于系统程序，通信时间取决于连接外部设备的量。对于同一台 PLC、同一控制系统而言，自诊断和通信所占用的是一个固定不变、相对较小的时间，通常可以忽略不计。综上所述，PLC 的扫描工作过程如图 3-4 所示。

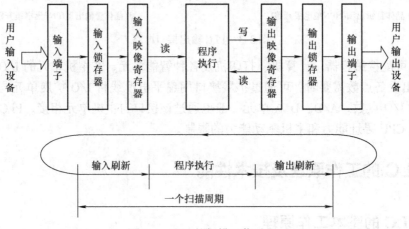

图 3-4　PLC 的扫描工作过程

显然，扫描周期的长短主要取决于程序的长短。扫描周期越长，响应速度越慢。由于每一个扫描周期只进行一次 I/O 刷新，即每一个扫描周期 PLC 只对输入、输出映像寄存器更新一次，故使系统存在输入、输出滞后现象，这在一定程度上降低了系统的响应速度。由此可见，若输入变量在 I/O 刷新期间状态发生变化，则本次扫描期间输出会相应地发生变化。反之，若在本次刷新之后输入变量才发生变化，则本次扫描输出不变，而要到下一次扫描的 I/O 刷新期间输出才会发生变化。这对于一般的开关量控制系统来说是完全允许的，不但不会造成影响，反而可以增强系统的抗干扰能力。这是因为输入采样仅在输入刷新阶段进行，PLC 在一个工作周期的大部分时间里实际上是与外设隔离的。而工业现场的干扰常常是脉冲式的、短时的，由于系统响应较慢，往往要几个扫描周期才响应一次，而多次扫描后，因瞬间干扰而引起的误动作将会大大减少，从而提高了系统的抗干扰能力。但是对于控制时间要求较严格、响应速度要求较快的系统，就需要精心编制程序，必要时采用一些特殊功能，以减少因扫描周期造成的响应滞后等不良影响。

总之，采用循环扫描的工作方式是 PLC 区别于微型计算机和其他控制设备的最大特点，在使用中应引起特别的注意。

3.5.2 PLC 的主要技术指标

PLC 的一些基本的技术性能，通常可用以下几种指标进行描述。

1. 输入/输出点数（I/O 点数）

输入/输出点数指 PLC 外部的输入、输出端子数，这是一项很重要的技术指标，因为在选用 PLC 时，要根据控制对象的 I/O 点数要求确定机型。主机的 I/O 点数不够时可接扩展 I/O 模块，但因为扩展模块内一般只有接口电路和驱动电路而没有 CPU，它通过总线电缆与主机相连，由主机的 CPU 进行寻址，因此最大扩展点数受 CPU 的 I/O 寻址能力的限制。

2. 存储容量

一般以 PLC 所能存放用户程序的多少来衡量内存容量。在 PLC 中程序指令是按"步"存放的（一条指令少则一"步"，多则十几"步"），一"步"占一个地址单元，一个地址单元一般占 2B。例如，一个内存容量为 1000 步的 PLC，可推知其内存为 2KB。

注意："内存容量"实际是指用户程序容量，不包括系统程序存储器的容量，程序容量和最大 I/O 点数大体成正比。

3. 扫描速度

扫描速度是衡量 PLC 执行程序快慢的指标，常用执行 1000 步指令所需要的时间来表示，单位为 ms/k。有时也用执行一步指令所需的时间计，单位为 μs/步。

4. 指令系统

PLC 具有的指令种类越多，说明其软件功能越强，所以拥有的指令种类和数量是衡量 PLC 功能强弱的重要指标。PLC 指令一般分为基本指令和高级指令两部分。

5. 内部寄存器

PLC 内部有许多寄存器，用以存放变量状态、中间结果和数据等。同时还有许多具有特殊功能的辅助寄存器，如定时器、计数器、系统寄存器、索引寄存器等。通过使用它们，可使用户编程方便灵活，以简化整个系统的设计。因此内部寄存器的配置情况常是衡量 PLC 硬件功能的一个指标。

6. 高级模块

主控模块可实现基本控制功能，高级模块的配置则可实现一些特殊的专门功能。因此，高级模块的配置反映了 PLC 的功能强弱，是衡量 PLC 产品档次高低的一个重要标志。主要有：A/D 和 D/A 转换模块、高速计数模块、位置控制模块、PID 控制模块、速度控制模块、温度控制模块、远程通信模块、高级语言编辑模块以及各种物理量转换模块等。这些高级模块不但能使 PLC 进行开关量顺序控制，而且能进行模拟量控制、定位控制和速度控制等。特别是网络通信模块的迅速发展，实现了 PLC 之间、PLC 与计算机的通信，使得 PLC 可以充分利用计算机和互联网的资源，实现远程监控。

7. 可扩展能力

PLC 的可扩展能力包括 I/O 点数的扩展、存储容量的扩展、联网功能的扩展、各种功能模块的扩展等。在选择 PLC 时，经常需要考虑 PLC 的可扩展能力。

3.5.3 PLC 的内存分配

在使用 PLC 之前, 深入了解 PLC 内部继电器和寄存器的配置和功能, 以及 I/O 分配情况对使用者是至关重要的。下面介绍一般 PLC 产品的内部寄存器区的划分情况, 每个区分配一定数量的内存单元, 并按不同的区命名编号。

1. I/O 继电器区

I/O 区的寄存器可直接与 PLC 外部的输入、输出端子传递信息。这些 I/O 寄存器在 PLC 中具有 "继电器" 的功能, 即它们有自己的 "线圈" 和 "触点"。故在 PLC 中又常称这一寄存器区为 "I/O 继电器区"。每个 I/O 寄存器由一个字 (16 位) 组成, 每位对应 PLC 的一个外部端子, 称作一个 I/O 点。I/O 寄存器的个数乘以 16 等于 PLC 总的 I/O 点数, 如某 PLC 有 10 个 I/O 寄存器, 则该 PLC 共有 160 个 I/O 点。不同型号的 PLC 配置不同数量的 I/O 点, 一般小型的 PLC 主机有十几至几十个 I/O 点。

2. 内部通用继电器区

这个区的寄存器与 I/O 区结构相同, 即能以字为单位使用, 也能以位为单位使用。不同之处在于它们只能在 PLC 内部使用, 而不能直接进行输入/输出控制。其作用与中间继电器相似, 在程序控制中可存放中间变量。

3. 数据寄存器区

这个区的寄存器只能按字使用, 不能按位使用。一般只用来存放各种数据。

4. 特殊继电器、寄存器区

这两个区中的继电器和寄存器的结构并无特殊之处, 也是以字或位为一个单元。但它们都被系统内部占用, 专门用于某些特殊目的, 如存放各种标志、标准时钟脉冲、计数器和定时器的设定值和经过值、自诊断的错误信息等。这些区的继电器和寄存器一般不能由用户任意占用。

5. 系统寄存器区

系统寄存器区一般用来存放各种重要信息和参数, 如各种故障检测信息、各种特殊功能的控制参数以及 PLC 产品出厂时的设定值。这些信息和参数保证 PLC 的正常工作。这些信息有的可以进行修改, 有的是不能修改的。当需要修改系统寄存器时, 必须使用特殊的命令, 这些命令的使用方法见有关使用手册。而通过用户程序, 不能读取和修改系统寄存器的内容。

上面介绍了 PLC 的内部寄存器及 I/O 点的概念, 至于具体的寄存器及 I/O 编号和分配使用情况, 将在第 4 章结合具体机型进行介绍。

3.6 PLC 的几种编程语言和硬件配置

PLC 的编程语言, 因各生产厂家和机型的不同而各不同。目前由于没有统一的通用语言, 即便同一种编程语言也因为生产厂家不同而有所不同。国际电工委员会 (IEC) 于 1994 年公布了 PLC 标准 (IEC61131), 标准定义了 5 种 PLC 编程语言: 梯形图 (Ladder Diagram, LAD)、语句表 (Statement List, STL)、功能块图 (Function Block Diagram, FBD)、顺序功能图 (Sequential Function Chart, SFC)、结构化文本 (Structured Text, ST)。

3.6.1　梯形图

PLC 的梯形图（LAD）是在原继电-接触器控制系统的电路图基础上演变而来的一种图形语言。它将 PLC 内部的各种编程元件（如继电器的触点、线圈、定时器、计数器等）和各种具有特定功能的命令用专用图形符号、标号定义，并按逻辑要求及连接规律组合和排列，从而构成了表示 PLC 输入、输出之间控制关系的图形。由于它在传统电气控制系统的基础上加进了许多功能强大、使用灵活的指令，并将计算机的特点结合进去，使逻辑关系清晰直观、编程容易、可读性强，所实现的功能大大超过传统的继电-接触器控制电路，所以很受用户欢迎。它是目前用得最多的 PLC 编程语言。图 3-5 是一段用西门子 PLC 梯形图语言编制的程序。

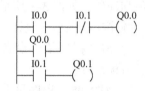

图 3-5　梯形图程序

在梯形图中，分别用符号 ┤├、┤/├ 表示 PLC 编程元件（软继电器）的常开触点和常闭触点，用符号 —（　）表示其线圈。应当注意的是它们并非是物理实体，而是"软继电器"。每个"软继电器"仅对应 PLC 存储单元中的一位。该位状态为"1"时，对应的继电器线圈接通，其常开触点闭合、常闭触点断开；状态为"0"时，对应的继电器线圈不通，其常开、常闭触点保持原态。还应注意 PLC 梯形图表示的并不是一个实际电路而只是一个控制程序，其间的连线表示的是它们之间的逻辑关系，即所谓"软接线"。

3.6.2　语句表

PLC 语句表（STL）类似于计算机汇编语言，但是比汇编语言更容易掌握，它用一些简洁易记的文字符号表达 PLC 的各种指令。对于同一厂家的 PLC 产品，其语句表与梯形图程序是相互对应的，可互相转换。语句表常用在与 PLC 配套的手持编程器中，因其显示屏幕小，不便输入和显示梯形图。特别是在生产现场编制、调试程序时，经常使用手持编程器。而梯形图程序则多用于计算机编程环境中。图 3-6 是与图 3-5 所示的梯形图相对应的语句表程序。

```
LD    I0.0
O     Q0.0
AN    I0.1
=     Q0.0
LD    I0.1
=     Q0.1
```

图 3-6　语句表程序

3.6.3　功能块图

功能块图（FBD）编程语言实际上是以逻辑功能符号组成的功能块来表达命令的图形语言，与数字电路中的逻辑图一样，它极易表现条件与结果之间的逻辑功能。这种编程语言只有少量 PLC 机型采用。例如，西门子公司的 S7 系列 PLC 采用 STEP 编程语言，就有功能块图编程法。功能块图使用类似"与门""或门"的方框来表示逻辑运算关系。框图左侧为输入量，右侧为输出变量，输入/输出端的小圆圈表示"非"运算，方框由导线连接，信号沿着导线自左向右传输，如图 3-7 所示。

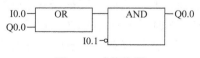

图 3-7　功能块图

3.6.4　顺序功能图

顺序功能图（SFC）是一种新颖的、按着工艺流程图进行编程的图形编程语言，用它可以进一步绘制出梯形图程序。SFC 是 IEC 推荐的首选编程语言，近年来在 PLC 编程中得到了应用和推广。它的主要元素是步、连线、转换条件和动作，如图 3-8 所示。

顺序功能图程序设计的特点是：

1）SFC 程序按着设备的动作顺序进行编写，条理清晰，可读性好。

2）对大型的程序可分工设计，采用较为灵活的程序结构，可节省程序设计时间和调试时间，更容易找出故障所在的位置。

3）常用于规模较大的系统，程序关系较复杂的场合。

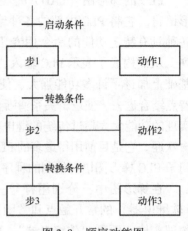

图 3-8　顺序功能图

3.6.5　结构化文本

结构化文本（ST）是一种文本性的编程语言，但却是一种高级编程语言。虽然表面上与 PASCAL 语言很相似，但它是一个专门为工业控制应用开发的编程语言，具有很强的编程能力，通常用来编写一些需要实现复杂运算的程序。所编写的程序具有结构简单、紧凑等特点。

综上所述，虽然目前 IEC 只定义了 5 种 PLC 编程语言，但就某个厂家生产的某种型号 PLC 来说，可能只能使用其中的几种编程语言。当前，主要的 PLC 编程语言是梯形图和语句表。因此，本书将在后面的章节中详细介绍这两种编程语言。

3.6.6　PLC 系统硬件配置

PLC 的品种繁多，其结构形式、性能、容量、指令系统和编程方法等各具特色，适用场合也各有侧重。从硬件选型的角度，首先需要考虑设备容量与性能是否与任务要求相适应，其次要看 PLC 运行速度是否能够满足实时控制的要求。

设备容量主要是指系统 I/O 点数的多少及扩充能力。对于纯开关量控制的应用系统，如果对控制速度的要求不高，比如单台机械的自动控制，可选用小型一体化 PLC，如松下公司的 FP0 系列和三菱公司的 FX_{2N} 系列 PLC。这种类型的 PLC 体积小，安装方便，主机加扩展单元基本能够满足小规模系统的要求。

对于以开关量控制为主，带有部分模拟量控制的应用系统，如工业中常遇到的温度、压力、流量和液位等，应配备模拟量 I/O（AI/AO）模块，并且选择运算功能较强的小型 PLC，如西门子公司的 S7-200 系列 PLC。

对于比较复杂、控制功能要求较高的系统，比如需要 PID 调节、位置控制、高速计数、通信连网等功能时，应当选用中、大型 PLC。这一类 PLC 多为模块式结构，除了基本的模块外，还提供专用的特殊功能模块。当系统的各个部分分布在不同的地域时，可以利用远程 I/O 组成分布式控制系统，适合这一类型的产品有西门子公司的 S7-300/400 系列 PLC 等。

此外，PLC 的输出控制相对于输入的变化总是有滞后的，最多可滞后 2~3 个循环周期，这对于一般的工业控制是允许的。但有些系统的实时性要求较高，不允许有较大的滞后时间。在这种要求比较高的场合，必须格外重视 PLC 的指令执行速度指标，选择高性能、模块式结构的 PLC 较为理想。例如，西门子公司 S7－300/400PLC，浮点运算指令的执行时间可达到微秒级，还可以配备专用的智能模块，这些模块都自带 CPU 独立完成操作，可大大提高控制系统的实时性。

关于电源问题，一体化机型的 PLC 将电源部件集成在主机内，只需从电网引入外界电源即可，扩展单元的用电通过扩展电缆馈送。模块式 PLC 通常需要专用的电源模块，在选择电源模块时要考虑功率问题。可以通过查阅《模块技术手册》得到各个模块的功耗，其总和加上裕量就是选择电源模块的依据。

习　　题

3-1　PLC 的定义是什么？PLC 产生的原因是什么？

3-2　与传统的继电器相比，PLC 主要有哪些优点？

3-3　与工业控制计算机相比，PLC 主要有哪些优缺点？

3-4　为什么说工业控制领域中，PLC 技术将成为主流技术？

3-5　PLC 主要由哪几个部分组成？简述各部分的主要作用。

3-6　PLC 常用的存储器有哪几种？各有什么特点？用户存储器主要用来存储什么信息？

3-7　PLC 的三种输出电路分别适用于什么类型的负载？

3-8　PLC 与微型计算机的工作方式有什么区别？

3-9　影响 PLC 扫描周期长短的因素有哪几个？其中哪一个是主要因素？

3-10　PLC 的工作方式为何能提高其抗干扰能力？

3-11　什么是 PLC 的滞后现象？它主要是由什么原因引起的？

3-12　PLC 有哪几项主要的技术指标？

3-13　大型、中型和小型 PLC 分类的主要依据是什么？

3-14　为提高 PLC 的抗干扰能力和工作可靠性，从硬件结构和工作方式上主要采取了哪些措施？

3-15　PLC 有哪几种编程语言，其中使用较多的是哪两种？

3-16　填空题：

(1) PLC 的控制组件主要由_____和_____组成。

(2) PLC 给出的"存储器类型"和"程序容量"是针对_____存储器而言的，它的容量一般和_____成正比。

(3) 高速、大功率的交流负载，应选用_____输出的输出接口电路。

(4) 手持编程器一般采用_____语言编辑。

(5) PLC 的"扫描速度"一般指_____的时间，其单位为_____。

第 **4** 章
S7-200 PLC 的组成原理及编程软件

> **本章知识要点：**
> （1） S7-200 PLC 的硬件结构
> （2） S7-200 PLC 的外部接线
> （3） S7-200 PLC 技术性能指标
> （4） S7-200 PLC 元件功能和地址分配
> （5） S7-200 编程软件的使用

4.1 硬件组成

20 世纪 80 年代，随着计算机技术的发展，PLC 采用通用微处理器为核心，功能扩展到各种算术运算，过程控制也可以与上位机通信并实现远程控制。德国西门子公司生产的 SIMATIC 可编程序控制器在欧洲处于领先地位，其第一代可编程序控制器是于 1975 年投放市场的 SIMATIC S3 系列控制系统。1979 年微处理器技术被应用于可编程序控制器后，产生了 SIMATIC S5 系列，随后在 20 世纪末又推出了 S7 系列产品。

S7-200 系列 PLC 是德国西门子公司生产的小型 PLC，属于西门子 S7-200/300/400PLC 家族中功能最精简，I/O 点数最少的产品，其结构功能强大。S7-200 主要应用于与自动检测、自动化控制有关的工业及民用领域，如各种机床、机械、电力设施、民用设施及环保设备等，是一种集微电子技术、自动化技术、计算机技术、通信技术于一体，以工业自动化控制为目标的新型控制装置。

4.1.1 基本单元

从 CPU 模块的功能来看，SIMATIC S7-200 系列小型可编程序控制器的发展，大致经历了两代：

第一代产品其 CPU 模块为 CPU 21X，主机都可进行扩展，它具有四种不同结构配置的 CPU 单元：CPU212、CPU214、CPU215 和 CPU216。

第二代产品其 CPU 模块为 CPU 22X，是在 21 世纪初投放市场的，运算速度快，具有很强的通信能力。它具有四种不同结构配置的 CPU 单元：CPU 221、CPU 222、CPU 224 和 CPU 226，除 CPU221 之外，其他都可加扩展模块。其中型号中加 CN 表示"中国制造"。

S7-200 系列包括 CPU 221、CPU 222、CPU 224、CPU 224XP 和 CPU 226 共 5 种型号的基本单元，其主要技术指标见表 4-1。

表 4-1　S7 - 200 CPU 主要技术指标

特　性	CPU 221	CPU 222	CPU 224	CPU 224XP	CPU 226
外形尺寸 （长/mm×宽/mm×高/mm）	90×80×62	90×80×62	125×80×62	125×80×62	190×80×62
数据存储器	2048	2048	8192	10240	10240
本机数字量 I/O	6 入/4 出	8 入/6 出	14 入/10 出	14 入/10 出	24 入/16 出
本机模拟量 I/O	—	—	—	2 入/1 出	—
扩展模块数量		2	7	7	7
高速计数器个数	4	4	6	6	6
单相高速计数器	4 路 30kHz	4 路 30kHz	6 路 30kHz	4 路 30kHz 或 2 路 200kHz	4 路 30kHz
双相高速计数器	2 路 20kHz	2 路 20kHz	4 路 20kHz	3 路 20kHz 或 1 路 100kHz	2 路 20kHz
高速脉冲输出	2 路 20kHz	2 路 20kHz	2 路 20kHz	2 路 100kHz	2 路 20kHz
RS - 485 通信口	1 个	1 个	1 个	2 个	2 个
支持的通信协议	PPI/MPI/自由口	PPI/MPI/自由口/PROFIBUS - DP			

注：表中"—"表示"无"；"入"表示"输入"；"出"表示"输出"。

CPU 224 主机的外形面板结构如图 4-1 所示。其中包括工作方式拨码开关，模拟量调整电位器，模拟量 AI/AO 扩展接口，工作状态指示，I/O 接线端子排及发光指示等。另外还有 RS - 232/485 通信端口以及用于连接扩展电缆或其他 EM 扩展模块的接口等。

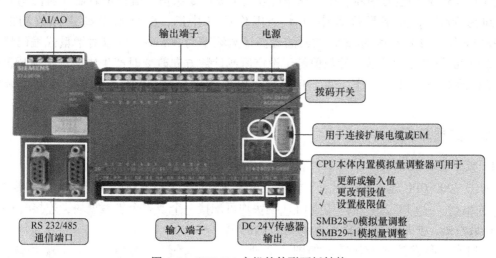

图 4-1　CPU 224 主机的外形面板结构

CPU221 为整体式固定 I/O 结构，无扩展功能，属于微型控制器。其余四种（CPU 222、CPU 224、CPU 224XP 和 CPU 226）均为基本单元加扩展的结构，其中 CPU 224XP 是 S7 - 200 系列的升级产品，它另外集成有 2 路模拟量输入（10 位，±DC10V），1 路模拟量输出（10 位，DC 0～10V 或 0～20mA），有 2 个 RS - 485 通信接口，高速脉冲输出频率提高到 100kHz，高速计数器频率提高到 200kHz，有 PID 自整定功能。CPU 224XP 增强了 S7 - 200

在运动控制、工程控制、位置控制、数据监视和采集（远程终端应用）以及通信方面的功能。CPU 226 适用于复杂的小型控制系统，理论上可扩展到 256 点数字量和 64 路模拟量，有 2 个 RS－485 通信接口。各主机 CPU 类型见表4-2，S7－200 PLC 的 CPU 模块均集成有一定数量的输入点和输出点，输入点内部带有双向光耦合输入元件。当采用 CPU 模块为 DC 电源输入时，输出采用直流晶体管驱动；当采用 CPU 模块为 AC 电源输入时，输出采用继电器触点驱动，输出均带有公共端，但点数不一。

表 4-2　S7－200 PLC 主机 CPU 类型

CPU	类　　型	电源电压	输入电压	输出电压	输出电流
CPU 221	DC 输出 DC 输入	DC 24V	DC 24V	DC 24V	0.75A，晶体管
	继电器输出 DC 输入	AC 85~264V	DC 24V	DC 24V AC 24~230V	2A，继电器
CPU 222 CPU 224 CPU 226	DC 输出 （DC 输入）	DC 24V	DC 24V	DC 24V	0.75A，晶体管
	继电器输出 （DC 输入）	AC 85~264V	DC 24V	DC 24V AC 24~230V	2A，继电器

　　S7－200 CPU 的指令功能强，有基本逻辑指令、定时器与计数器指令、比较指令、数据处理指令、数据运算指令、程序控制指令、中断指令、高速计数与高速脉冲输出指令、PID 控制指令、位置控制指令等。采用主程序、最多 8 级子程序和中断程序的程序结构，用户可以使用 1~255ms 的定时中断。用户程序可以设 4 级口令保护，监控定时器（看门狗）的定时时间为 300ms。数字量输入中有 4 个用作硬件中断，6 个用于高速计数功能。除 CPU224XP 外，32 位高速加/减计数器的最高计数频率为 30kHz，可以对增量式编码器的两个互差 90°的脉冲序列计数，计数值等于设定值或计数方向改变时产生中断，在中断程序中可以及时地对输出进行操作。两个高速输出可以输出最高 20kHz、频率和宽度可调的脉冲列。

4.1.2　扩展单元

1. 数字量扩展模块

　　在 S7－200 CPU 输入或输出点不能满足系统需要时，可以通过数字量 I/O 扩展模块扩展输入/输出点。除 CPU 221 外，其他 CPU 模块均可配接一个或多个扩展模块，连接时 CPU 模块放在最左侧，扩展模块用扁平电缆与左侧的模块依次相连，形成扩展 I/O 链，如图 4-2 所示。在扩展模块的连接过程中，控制模块依次连接的顺序不受位置限制，但各扩展 I/O 模块端口地址是按其 I/O 扩展链中的顺序由 CPU 进行统一编址的。

　　S7－200 PLC 提供了多种类型的数字量扩展模块，包括 EM221、EM222、EM223 扩展单元，可

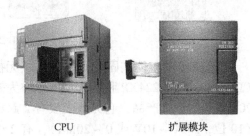

CPU　　　　　扩展模块

图 4-2　扩展模块外形图

提供 8 点、16 点、32 点和 64 点的数字量输入/输出模块，方便用户灵活选择，以完善 CPU 的功能，满足不同的控制需要。这些扩展模块有直流输入模块和交流输入模块；有直流输出模块、交流输出模块和继电器输出模块。具体数字量扩展模块见表 4-3，其中扩展模块的每一个 I/O 点与 S7 - 200 CPU 的 I/O 点统一按字节序列编址，便于用户编程。

表 4-3　数字量扩展模块

型　　号	各组输入点数	各组输出点数
EM221 8 点，DC 24V 输入	4，4	—
EM221 8 点，AC 230V 输入	8 点互相独立	—
EM221 16 点，DC 24V 输入	4，4，4，4	—
EM222 4 点，DC 24V/5A 输出	—	4 点互相独立
EM222 4 点，10A 继电器输出	—	4 点互相独立
EM222 8 点，DC 24V 输出	—	4，4
EM222 8 点，继电器输出	—	4，4
EM222 8 点，AC 230V 输出	—	8 点互相独立
EM223 4 输入/4 输出，DC 24V	4	4
EM223 DC 24V 4 输入/继电器 4 输出	4	4
EM223 DC 24V 8 输入/继电器 8 输出	4，4	4，4
EM223 8 输入/8 输出，DC 24V	4，4	4，4
EM223 16 输入/16 输出，DC 24V	8，8	4，4，8
EM223 DC 24V 16 输入/继电器 16 输出	8，8	4，4，4，4

2. 模拟量扩展模块

（1）PLC 对模拟量的处理。在工业控制过程中，常需要对一些模拟量（连续变化的物理量）实现输入或输出控制，如温度、压力、流量等都是模拟输入量，某些执行机构（如电动调节阀、晶闸管调速装置和变频器等）也要求 PLC 输出模拟信号。由于 CPU 直接处理的只能是数字信号，在模拟信号输入时，必须将模拟信号转换为 CPU 能够接收的数字信号，即进行模/数（A/D）转换；在模拟信号输出时，必须将 CPU 输出的数字信号转换为模拟信号，即进行数/模（D/A）转换。

例如，在温度闭环控制系统中，炉温用热电偶或热电阻检测，温度变送器将温度转换为标准量程的电流或电压后送给模拟量输入模块，经 A/D 转换后得到与温度成正比的数字量，CPU 将它与温度设定值比较，并按某种控制规律对差值进行运算，将运算结果（数字量）送给模拟量输出模块，经 D/A 转换后变为电流信号或电压信号，用来调节电动调节阀的开度，通过它控制加热用的天然气流量，实现对温度的闭环控制。D/A 转换器和 A/D 转换器的二进制位数反映了它们的分辨率，位数越多，分辨率越高。模拟量输入/输出模块的另一个重要指标是转换时间。

在 PLC 的 CPU 不能满足模拟信号输入/输出通道数量要求时，可以使用模拟量扩展模块来实现 A/D 转换（模拟量输入）和 D/A 转换（模拟量输出）。在 S7 - 200 CPU 系列中，仅 CPU224XP 自带 2 输入/1 输出模拟量端口。S7 - 200 配备了 9 种模拟量扩展模块，其技术数

据见表4-4，对于同一种型号的 EM231、EM232、EM235 也有不同的输入/输出点，其中
RTD 是热电阻的简称。

表 4-4 模拟量扩展模块

型 号	点 数
EM231	模拟量输入，4 输入
EM231	模拟量输入，8 输入
EM231	模拟量输入热电偶，4 输入
EM231	模拟量输入热电偶，8 输入
EM231	模拟量输入 RTD，2 输入
EM231	模拟量输入 RTD，4 输入
EM232	模拟量输出，2 输出
EM232	模拟量输出，4 输出
EM235	模拟量组合，4 输入/1 输出

（2）模拟量输入模块。模拟量输入模块有多种量程，用户可以用模块上的 DIP 开关来
设置，如图4-3 所示。EM231 CN 模拟量输入模块有 5 档量程，（DC 0~10V、0~5V、0~
20mA、-2.5V~+2.5V、-5V~+5V），EM235 CN 模块的输入信号有 16 档量程。

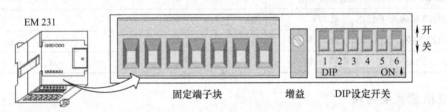

图 4-3 EM231 配置 DIP 开关

模拟量输入模块的分辨率为 12 位，模拟量转换为数字量的数据格式如图4-4 所示。在
单极性格式中，最低三个位均为 0，即 A/D 转换有效数据位每变化一个最小位，数字量则以
8 位单位变化，相当于 12 位数据 $\times 8 = 2^{12} \times 8 = 32768$，因此，取全量程范围的数字量输出对
应为 0~32000；在双极性格式中，最低四个位均为 0，即 A/D 转换有效数据位每变化一个
最小位，数字量则以 16 位单位变化，相当于 12 位数据 $\times 16$，由于含一位双极性符号位，全
量程范围的数字量输出相当于 -32000~32000。EM231 电压输入时输入阻抗 $\geqslant 10M\Omega$；电流
输入时输入电阻为 250 Ω；A/D 转换时间 $<250\mu s$；模拟量输入的阶跃响应时间为 1.5ms
（达到稳态值的 95% 时）。

（3）模拟量输出模块。EM232 模拟量输出模块可以实现 2 路和 4 路模拟量输出，EM232
的数字量数据格式如图4-5 所示。满量程时电压输出和电流输出的分辨率分别为 12 位和 11
位。其输出模拟信号范围有 ±10V 和 0~20mA 两种。当输出信号为 ±10V 时，全量程范围
的数字量输入相当于 -32000~+32000；当输出信号为 0~20mA 时，全量程范围的数字量
输入相当于 0~+32000。满量程时电压输出和电流输出的稳定时间分别为 100μs 和 2ms。

EM232 模拟量输出模块 25℃ 时的转换精度为 ±0.5%；电压输出的响应时间为 100μs、
其负载电阻 $\geqslant 5k\Omega$；电流输出的响应时间为 2ms，负载电阻 $\leqslant 500 \Omega$。

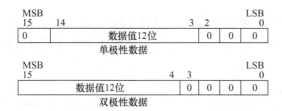

图 4-4　模拟量转换为数字量格式　　　　图 4-5　EM232 数字量格式

（4）热电偶扩展模块。在工业过程控制系统中，热电偶和热电阻通常用来实现对温度物理量的检测，热电偶（传感器）工作原理是基于两种不同的金属导体两端分别焊接在一起，当一端温度固定（冷端），回路电势会随着另一端温度（热端）的变化而变化，通过对回路电势的测量实现对温度的测量。一般情况回路电势通过断开冷端接点作为热电偶的输出。由于不同金属材料产生的回路电势也不同，适用场合也不同。与 S7-200PLC 热电偶扩展模块配套使用的热电偶分度号为：J 型、K 型、E 型、N 型、S 型、T 型和 R 型，每种类型热电偶对应有标准分度表（温度-电势值对照），便于用户使用。

S7-200 PLC 的 EM231 热电偶扩展模块直接以热电偶输出的电势作为输入信号，进行 A/D 转换后输入给 PLC，可以实现 4 路热电偶输入。该模块具有冷端补偿电路，可用于 J、K、E、N、S 和 R 型热电偶，用模块上的 DIP 开关来选择热电偶的类型，如图 4-6 所示。如果需要使用热电偶冷端补偿功能，可使 SW8 为 OFF。所有连接到扩展模块上的热电偶必须是同一类型。

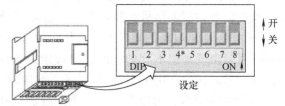

图 4-6　EM231 热电偶扩展模块 DIP 开关

（5）热电阻扩展模块。热电阻（传感器）工作原理是基于金属导体在不同温度下有着不同的电阻值，通过对电阻值的测量实现对温度的测量。由于不同金属材料的电阻值不同，适用场合也不同。与 S7-200PLC 热电阻扩展模块配套常使用的热电阻分度号为 Pt100 或 Cu。每种类型热电阻对应有标准分度表（温度-电势值对照），便于用户使用。

EM231 热电阻输入扩展模块提供了与多种热电阻的连接口，2 路输入热电阻模块 EM231 可以通过 DIP 开关来选择热电阻的类型、接线方式、测量单位和开路故障的方向。热电阻传感器与 EM231 热电阻控制模块连接方式有 2 线、3 线、4 线三种，后两种主要是为了消除连接导线引起的测量误差，4 线方式精度最高，一般情况下使用 3 线方式即可满足测量要求。可以通过 DIP 开关 SW8（OFF 为 3 线、ON 为 2 线或 4 线）设置热电阻连接方式。

4.1.3　电源模块

外部提供给 PLC 的电源，有 DC24V、AC220V 两种，根据型号不同有所变化。S7-200 的 CPU 单元有一个内部电源模块，与 CPU 封装在一起，通过连接总线为 CPU 模块和扩展模块提供 5V 的直流电源，如果容量许可，还可提供给外部 24V 的直流电源，供本机输入点和扩展模块继电器线圈使用。通常根据下面的原则来确定 I/O 电源的配置。

（1）有扩展模块连接时，如果扩展模块对 DC5V 电源的需求超过 CPU 的 5V 电源模块的容量，则必须减少扩展模块的数量。

（2）当＋24V 直流电源的容量不满足要求时，可以增加一个外部 24V 直流电源给扩展模块供电。此时外部电源不能与 S7－200 的传感器电源并联使用，但两个电源的公共端（M）应连接在一起。I/O 电源的具体参数可以参见表 4-5。

表 4-5　电源的技术指标

特　　性	24V 电源	AC 电源
电压允许范围	20.4 ~ 28.8V	85 ~ 264V，47 ~ 63Hz
冲击电流	10A，28.8V	20A，254V

4.2　外部接线

PLC 是通过 I/O 点与外界建立联系的，用户必须灵活掌握 I/O 点与外部设备的连接关系和配电要求。正确和规范的 PLC 外部接线是 PLC 实现项目运行的基础，PLC 的外部接线主要有工作电源线、接地线、输入端接线和输出端接线。

S7－200 采用 0.5 ~ 1.5mm² 的导线，导线要尽量成对使用，应将电流大且变化迅速的直流线及交流线与弱电信号线分隔开，干扰较严重时应设置浪涌抑制设备。CPU 的直流电源的 0V 是它的供电电路的参考点，将相距较远的参考点连接在一起时，由于各参考点的电位不同，可能出现预想不到的电流，导致逻辑错误或损坏设备。所有的地线端子集中在一起后，在最近的接地点用 1.5mm² 的导线一点接地。S7－200 的交流电源线和 I/O 点之间的隔离电压为 AC1500V，可以作为交流电源线和低压电路之间的安全隔离。将几个具有不同地电位的 CPU 连接到一个 PPI 通信网络时，应使用隔离的 RS－485 继电器。

4.2.1　端子排

图 4-7 所示为 CPU224 DC/DC/DC 型号的 PLC。CPU 工作电源为直流 24V，L＋接电源正极、M 接电源负极；机内自带 24V 内部电源，可以直接用于传感器和执行机构供电。

图 4-7 下侧 0.0 ~ 0.7 和 1.0 ~ 1.5 为输入端子，1M 为输入端子 0.0 ~ 0.7 的公共端子，2M 为输入端子 1.0 ~ 1.5 的公共端子。上侧的 0.0 ~ 0.7 和 1.0 ~ 1.1 为输出端子，1M 和

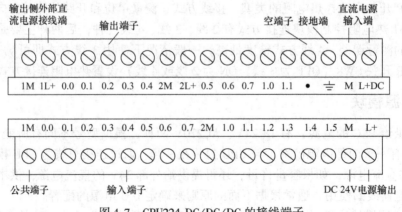

图 4-7　CPU224 DC/DC/DC 的接线端子

1L + 为 0.0 ~ 0.4 输出端子提供 DC24V 电源的端子，2M 和 2L + 为 0.5 ~ 0.7 和 1.0 ~ 1.1 输出端子提供 DC24V 电源的端子。

4.2.2 漏型输入和源型输入

西门子 S7 - 200 PLC 和三菱 FX$_{2N}$PLC 的关于漏型输入和源型输入电路的划分正好相反。对于 S7 - 200 PLC 来说，漏型输入是指电流是从 PLC 的输入端流进，而从公共端流出；源型输入是指电流从 PLC 公共端流进，而从输入端流出。S7 - 200 PLC 的 DC 输入端子在接线时可以按漏型输入连接，也可以按源型输入连接，连接图如图 4-8 和图 4-9 所示。

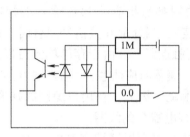

图 4-8　漏型输入

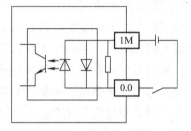

图 4-9　源型输入

4.2.3 漏型输出和源型输出

S7 - 200 PLC 和 FX$_{2N}$PLC 的漏型输出和源型输出的定义相同，对于 S7 - 200 PLC 来说一般采用源型集电极开路输出，如图 4-10 所示。

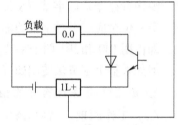

图 4-10　源型集电极开路输出

4.2.4 模块外部接线实例

以 CPU224 DC/DC/DC 型 PLC 为例，如图 4-11 所示，在 PLC 的输入端接入一个按钮 SB1、一个限位开关 SQ1 和一个接近开关 SQ2；输出为一个电磁阀 YV1。

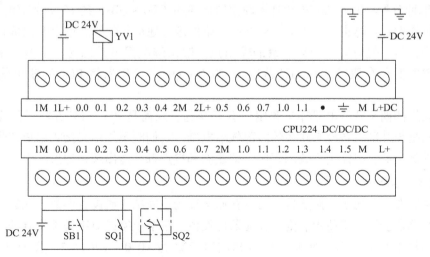

图 4-11　CPU224 DC/ DC/ DC 外部接线图

4.3 内部组成

4.3.1 元件功能及地址分配

1. 输入映像寄存器（输入继电器）I

（1）输入映像寄存器的工作原理。输入继电器是 PLC 用来接收用户设备输入信号的接口。PLC 中的"继电器"与传统继电器控制系统中的继电器有本质性的差别，是"软继电器"，它实质是存储单元。每一个"输入继电器"线圈都与相应的 PLC 输入端相连（如"输入继电器"I0.0 的线圈与 PLC 的输入端子 0.0 相连），当外部开关信号闭合时，则"输入继电器线圈得电"，在程序中其常开触点闭合，常闭触点断开。由于存储单元可以无限次的读取，所以有无数对常开、常闭触点供编程时使用。编程时应注意，"输入继电器"的线圈只能由外部信号来驱动，不能在程序内部用指令来驱动。因此，在用户编制的梯形图中，只应出现"输入继电器"的触点，而不应出现"输入继电器"的线圈。

（2）输入映像寄存器的地址分配。S7-200 输入映像寄存器区域有 IB0～IB15 共 16 个字节的存储单元，编址范围为 I0.0～I15.7，数据可以按位、字节、字长、双字操作。系统对输入映像寄存器是以字节（8 位）为单位进行地址分配的。输入映像寄存器可以按位进行操作，每一位对应一个数字量的输入点，如 CPU224 的基本单元输入为 14 点，需占用 $2 \times 8 = 16$ 位，即占用 IB0 和 IB1 两个字节。而 I1.6、I1.7 因没有实际输入而未使用，用户程序中不可使用。但如果整个字节未使用如（IB3～IB15），则可作为内部标志位（M）使用。

2. 输出映像寄存器（输出继电器）Q

（1）工作原理。"输出继电器"是用来将输出信号传送到负载的接口，每一个"输出继电器"线圈都与相应的 PLC 输出相连，并有无数对常开和常闭触点供编程时使用。除此之外，还有一对常开触点与相应 PLC 输出端相连用于驱动负载。输出继电器线圈的通断状态只能在程序内部用指令驱动。

（2）地址分配。S7-200 输出映像寄存器区域有 QB0～QB15 共 16 个字节的存储单元。系统对输出映像寄存器也是以字节（8 位）为单位进行地址分配的。输出映像寄存器可以按位进行操作，每一位对应一个数字量的输出点。输出继电器可采用位、字节、字、双字操作。输出继电器位存取的地址编址范围为 Q0.0～Q15.7，用来将 PLC 的输出信号传递给负载。

以上介绍的两种软继电器都是和用户有联系的，因而是 PLC 与外部联系的窗口。下面所介绍的则是与外部设备没有联系的内部软继电器。它们既不能用来接收用户信号，也不能用来驱动外部负载，只能用于编制程序，即线圈和接点都只能出现在梯形图中。

3. 变量存储器 V

变量存储器主要用于存储变量。可以存储运算的中间结果或设置参数，在进行数据处理时，变量存储器会被经常使用。变量存储器可按位、字节、字或双字为单位寻址，其位存取的编号范围根据 CPU 的型号有所不同，CPU 221/222 为 V0.0～V2047.7，共 2KB 存储容量；CPU 224/226 为 V0.0～V5119.7，共 5KB 存储空间。

4. 内部标志位存储器（中间继电器）M

内部标志位存储器作为控制继电器也称中间继电器，用来存储中间操作数或其他控制信息，其作用相当于传统继电器控制系统中的中间继电器，内部标志位存储器在 PLC 中没有输入/输出端与之对应，其线圈的通断状态只能在程序内部用指令驱动，其触点不能直接驱动外部负载，只能在程序内部驱动输出继电器的线圈，再用输出继电器的触点去驱动外部负载。

内部标志位存储器的编址范围为 M0.0 ~ M31.7，共 32 个字节，可以按位、字节、字或双字存取数据。

5. 顺序控制继电器（状态元件）S

顺序控制继电器也称为状态元件，是实现顺序控制和步进控制的重要状态元件，通常与步进指令一起使用，以实现顺序功能流程图的编程。编址范围为 S0.0 ~ S31.7，可以按位、字节、字或双字存取数据。

6. 特殊标志位存储器 SM

特殊标志位存储器提供大量的状态和控制功能，用来在 CPU 和用户程序之间交换信息，特殊标志位存储器可以按位、字节、字或双字存取数据，CPU 224 的 SM 位编址范围为 SM0.0 ~ SM179.7，共 180 个字节。其中 SM0.0 ~ SM29.7 的 30 个字节为只读型区域。

常用的特殊存储器的用途如下：

SM0.0— 状态监控，PLC 在运行（RUN）状态，该位始终为"1"。

SM0.1—初始化脉冲。每当 PLC 的程序开始运行时，SM0.1 线圈接通一个扫描周期，因此 SM0.1 的触点常用于调用初始化程序。

SM0.3—开机进入 RUN 时，接通一个扫描周期，可用在启动操作之前，给设备提前预热。

SM0.4、SM0.5—占空比为 50% 的时钟脉冲。当 PLC 处于运行状态时，SM0.4 产生周期为 1min 的时钟脉冲，SM0.5 产生周期为 1s 的时钟脉冲。若将时钟脉冲信号送入计数器作为计数信号，可起到定时器的作用。

SM0.6—扫描时钟，一个扫描周期为 ON（高电平），另一个扫描周期为 OFF，循环交替。

SM0.7—工作方式开关位置指示，0 为 TERM 位置，1 为 RUN 位置。

7. 局部变量存储器 L

局部变量存储器 L 用来存放局部变量，其与变量存储器 V 十分相似，主要区别在于全局变量是全局有效，即同一个变量可以被任何程序（主程序、子程序和中断程序）访问。而局部变量只是局部有效，即变量只和特定的程序相关联。

S7 - 200 有 64 个字节的局部存储器，编址范围为 LB0.0 ~ LB63.7，其中 60 个字节可以用作暂时存储器或者给子程序传递参数，最后 4 个字节为系统保留字节。

8. 定时器 T

PLC 所提供的定时器作用相当于传统继电器控制系统中的时间继电器。每个定时器可提供无数对常开和常闭触点供编程使用，其设定时间由程序设置。每个定时器有一个 16 位的当前值寄存器，用于存储定时器累计的时基增量值（1 ~ 32767），另有一个状态位表示定时

器的状态。若当前值寄存器累计的时基增量值大于等于设定值时，定时器的状态位被置
"1"，该定时器的常开触点闭合。定时器的定时精度分为 1ms、10ms 和 100ms 三种，
CPU222、CPU224 及 CPU226 的定时器编址范围为 T0～T225。

9. 计数器 C

计数器主要用来累计输入脉冲个数（即计数输入端接收到的由断开到接通的脉冲个
数）。计数器可提供无数对常开和常闭触点供编程使用，其设定值由程序赋予。计数器的结
构与定时器基本相同，每个计数器有一个 16 位的当前值寄存器用于存储计数器累计的脉冲
数，另外有一个状态位表示计数器的状态，若当前值寄存器累计的脉冲数大于等于设定值
时，计数器的状态位被置 "1"，该计数器的常开触点闭合，常闭触点断开。计数器的编址
范围为 C0～C255。

10. 高速计数器 HC

一般计数器的计数频率受扫描周期的影响，不能太高，而高速计数器的最高频率为
30kHz，可用来累计比 CPU 扫描速率更快的事件。CPU 224/226 提供了 6 个高速计数器
HC0～HC5。高速计数器的当前值为双字长的符号整数，且为只读值。

11. 累加器 AC

累加器是用来暂存数据的寄存器，它可以用来存放运算数据、中间数据和结果。S7-
200 PLC 提供了 4 个 32 位累加器，其地址编号为 AC0～AC3。累加器支持字节（B）、字
（W）和双字（D）的存取。

12. 模拟量输入/输出映像寄存器（AI/AQ）

模拟量输入电路将外部输入的模拟量（如温度、电压等）转换成 1 个字长（16 位）的
数字量，存入模拟量输入映像寄存器区域，区域标识符为 AI；模拟量输出电路是将模拟量
输出映像寄存器区域的 1 个字长（16 位）数值转换为模拟电流或电压输出，区域标识符
为 AQ。

在 PLC 内的数字量字长为 16 位，即两个字节，故其地址均以偶数表示，如 AIW0，
AIW2…；AQW0，AQW2…。

对模拟量输入/输出是以两个字（W）为单位分配地址的，每路模拟量输入/输出占用
一个字。如有 3 路模拟量输入，需分配 4 个字（AIW0、AIW2、AIW4、AIW6），其中没有被
使用的字 AIW6，不可被占用或分配给后续模块。如果有 1 路模拟量输出，需分配 2 个字
（AQW0、AQW2），其中没有被使用的字 AQW2，不可被占用或者分配给后续模块。

4.3.2　数据储存类型

1. 数据的长度

数据类型定义了数据的长度（位数）和表示方法。S7-200 的指令对操作数的数据类型
有严格的要求，S7-200 在寻址时，可以使用不同的数据长度。不同的数据长度表示的数值
范围不同，S7-200 指令也分别需要不同的数据长度。在计算机中使用的都是二进制数，其
最基本的存储单位是位（bit），8 位二进制数组成 1 个字节（byte），其中的第 0 位为最低位
（LSB），第 7 位为最高位（MSB），如图 4-12 所示。把位、字节、字和双字占用的连续位数
称为长度。

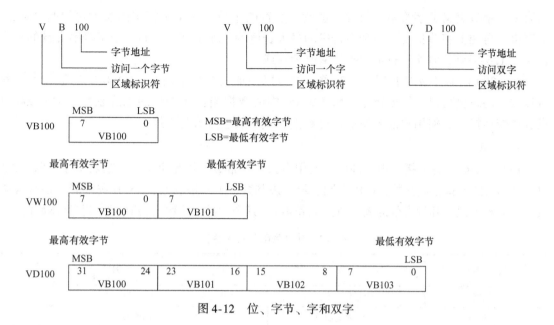

图 4-12　位、字节、字和双字

二进制的"位"只有 0 和 1 两种取值，开关量（或数字量）也只有两种不同的状态，如触点的断开和接通、线圈的得电和失电等。在 S7-200 梯形图中，可用"位"描述它们，如果该位为 1，则表示对应的线圈为得电状态，触点为转换状态（常开触点闭合、常闭触点断开）；如果该位为 0，则表示对应线圈以及触点的状态与前者相反。

2. 数据类型和数据范围

S7-200 系列 PLC 的数据类型可以是字符串、布尔型（0 或 1）、整数型和实数型（浮点数）。布尔型数据指字节型无符号整数；整数型数据包括 16 位符号整数（INT）和 32 位符号整数（DINT）。实数型数据采用 32 位单精度数来表示。数据类型、长度及数据范围见表 4-6。

表 4-6　数据类型、长度及数据范围

数据类型	数 据 长 度		
	字节（8 位值）	字（16 位值）	双字（32 位值）
无符号整数	0 ~ 255 0 ~ FF	0 ~ 65535 0 ~ FFFF	0 ~ 4294967295 0 ~ FFFF FFFF
有符号整数	−128 ~ +127 80 ~ 7F	−32768 ~ +32767 8000 ~ 7FFF	−217483648 ~ +2147483647 8000 0000 ~ 7FFF FFFF
实数 IEEE32 位浮点数			+1.175495E+38 ~ +3.402823E+38（正数） −1.175495E−38 ~ −3.402823E+38（负数）

（1）实数的格式。实数（浮点数）由 32 位单精度数表示，其格式按照 ANSI/IEEE 754-1985 标准中所描述的形式。实数按照双字长度来存取。对于 S7-200 来说，浮点数精确到小数点后第六位。因而当使用一个浮点数常数时，最多可以指定到小数点后第六位。在计算中涉及非常大和非常小的数，则有可能导致计算结果不精确。

（2）字符串的格式。字符串指的是一系列字符，每个字符以字节的形式存储。字符串的第一个字节定义了字符串的长度，也就是字符的个数。一个字符串的长度可以是 0～254 个字符，再加上字节长度，一个字符串的最大长度为 255 个字节。而一个字符串常量的最大长度为 126 字节。另外，布尔型数据取值为 0 或 1。

S7-200 CPU 不支持数据类型检测，如可以在加法指令中使用 VW100 中的值作为有符号整数，同时也可以在异或指令中将 VW100 中的数据当作无符号的二进制数。S7-200 提供各种变换指令，使用户能方便地进行数据制式及表达方式的变换。

3. 常数

在 S7-200 的许多指令中，都可以使用常数值，常数可以是字节、字或者双字。S7-200 以二进制数的形式存储常数，可以分别表示十进制数、十六进制数、ASCII 码或者实数（浮点数）等多种形式。几种常数的表示方法见表4-7，其中"#"用来间隔进制类型和具体数值。

表 4-7 几种常数的表示方法

进　制	书 写 格 式	举　例
十进制	十进制数值	1234
十六进制	16#十六进制值	16#9A8D
二进制	2#十六进制值	2#1110-0011-1101-1001
ASCII 码	ASCII 码文本	'Show teminals'
实数	ANSI/IEEE 754—1985 标准	（正数）1.175495E-38 到 3.402823E+38
		（负数）-1.175495E-38 到 -3.402823E+38

4.3.3　编址方式

编址方法是同样类型输入或输出点的模块在链中按所处的位置而递增，这种递增是按字节进行的，如果 CPU 或模块在为物理 I/O 点分配地址时未用完一个字节，那些未用的位也不能分配给 I/O 链中的后续模块。存储器的单位可以是位（bit）、字节（Byte）、字（Word）、双字（DWord，即 Double Word），那么编址方式也可以分为位、字节、字、双字编址。

1. 位编址

位编址的指定方式为：（区域标志符）字节号·位号，例如 I0.1；Q1.0；I1.0。

2. 字节编址

字节编址的指定方式为：（区域标志符）B（字节号），例如 IB1 表示由 I1.0～I1.7 这 8 位组成的字节。

3. 字编址

字编址的指定方式为：（区域标志符）W（起始字节号），且最高有效字节为起始字节。例如 VW2 表示由 VB2 和 VB3 这 2 个字节组成的字。

4. 双字编址

双字编址的指定方式为：（区域标志符）D（起始字节号），且最高有效字节为起始字节。例如 VD0 表示由 VB0 到 VB3 这 4 个字节组成的双字。

4.3.4 寻址方式

S7 – 200 CPU 将信息存储在不同的存储单元，每个单元都有唯一的地址，使用数据地址访问所有的数据，称为寻址。在 S7 – 200 系列中，寻址方式分为两种：直接寻址和间接寻址。间接寻址是指使用地址指针来存取存储器中的数据，使用前，首先将数据所在单元的内存地址放入地址指针寄存器中，然后根据此地址存取数据。

1. 直接寻址

直接寻址方式是指在指令中直接使用存储器或寄存器的元件名称和地址编号，直接查找数据。直接寻址时，操作数的地址应按规定的格式表示，指令中数据类型应与指令符相匹配。

取代继电器控制的数字量控制系统一般只用直接寻址。

（1）编址格式。S7 – 200 PLC 的存储单元按字节进行编址，无论所寻址的是何种数据类型，通常应指出它所在的存储区域内的字节地址。S7 – 200 PLC 中软元件的直接寻址符号见表4-8。

表 4-8　S7 – 200 PLC 中软元件的直接寻址符号

元器件符号	所在数据区域	位寻址格式	其他寻址格式
I（输入继电器）	数字量输入映像区	Ax. y	ATx
Q（输出继电器）	数字量输出映像区	Ax. y	ATx
M（通用辅助继电器）	内部顺序控制继电器	Ax. y	ATx
SM（特殊继电器）	特殊存储器区	Ax. y	ATx
S（顺序控制继电器）	顺序控制继电器存储器区	Ax. y	ATx
V（变量存储器）	变量存储器区	Ax. y	ATx
L（局部变量存储器）	局部变量存储器区	Ax. y	ATx
T（定时器）	定时器存储器区	Ax	Ax（仅字）
C（计数器）	计数器存储器区	Ax	Ax（仅字）
AI（模拟量输入映像寄存器）	模拟量输入存储器区	无	Ax（仅字）
AQ（模拟量输出映像寄存器）	模拟量输出存储器区	无	Ax（仅字）
AC（累加器）	累加器区	无	Ax（字或双字）
HC（高速计数器）	高速计数器区	无	Ax（仅双字）

注：A：元器件名称，即该数据在数据存储器区中的区域标志符，可以是表 5-3 中的元器件符号；

　　T：数据类型，字节、字或双字，T 的相应取值分别为 B、W 和 D；

　　x：字节地址；

　　y：字节内的位地址，只有位地址才有该项。

（2）位寻址格式。位寻址是指按位对存储单元进行寻址，位寻址时，一般将该位看作是一个独立的软元件，像一个继电器一样，看作它有线圈及常开、常闭触点，当该位置为 1 即线圈"得电"时，常开触点接通，常闭触点断开。寻址时，数据地址以代表存储区类型的字母开始，随后是表示数据长度的标记，然后是存储单元编号；对于按位寻址，还需要在分隔符后指定位编号。

位寻址的格式：[区域标志符][字节地址] . [位地址]

如图 4-13 所示为输入继电器（I）的位寻址格式举例。

（3）字节、字和双字的寻址格式。字节寻址由存储区标识符、字节标识符、字节地址组合而成。字寻址由存储区标识符、字标识符及字节起始地址组合而成。双字寻址由存储区

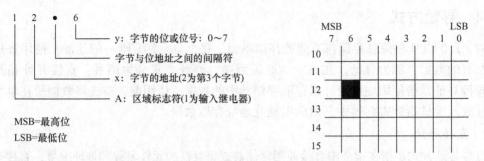

图 4-13　CPU 存储器中位数据表示方法举例

标识符、双字标识符及字节起始地址组合而成。

字节寻址的格式：[区域标志符]　[字节标志符]．[字节地址]

字寻址的格式：[区域标志符]　[字标志符]．[字节起始地址]

双字寻址的格式：[区域标志符]　[双字标志符]．[字节起始地址]

如图 4-14 所示是以变量存储器（V）为例分别存取 3 种长度数据的比较。

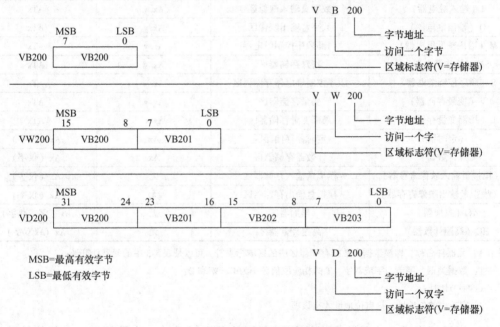

图 4-14　存取 3 种长度的数据比较

为使用方便和使数据与存储器单元长度统一，在 S7-200 系列中，一般存储单元都具有位寻址、字节寻址、字寻址和双字寻址 4 种寻址方式。寻址时，在不同的寻址方式情况下，选用同一字节地址作为起始地址时，其所表示的地址空间是不同的。

在 S7-200 中，一些存储数据专用的存储单元不支持位寻址方式，主要有模拟量输入/输出、累加器、定时器和计数器的当前值存储器等。而累加器不论采用何种寻址方式，都要占用 32 位，模拟量单元寻址时均以偶数标识。此外，定时器、计数器具有当前值存储器及位存储器，属于同一个器件的存储器，采用同一标号寻址。

2. 间接寻址

间接寻址时操作数并不提供直接数据位置，而是通过使用地址指针来存取存储器中的数据。在 S7－200 中允许使用指针对 I、Q、M、V、S、T、C 存储区进行间接寻址。

（1）使用间接寻址前，要先创建一指向该位置的指针。指针为双字（32 位），存放的是另一存储器的地址，只能用 V、L 或累加器 AC 做指针。生成指针时，要使用双字传送指令（MOVD），将数据所在单元的内存地址送入指针，双字传送指令的输入操作数开始处加 & 符号，表示某存储器的地址，而不是存储器的值。指令输出操作数是指针地址。例如，指令 MOVD &VB200,AC1，这条指令就是将 VB200 的地址送入累加器 AC1 中。

（2）指针建立好后，利用指针存取数据。在使用地址指针存取数据的指令中，操作数前加 " * " 号表示该操作数为地址指针。例如，MOVW * AC1，AC0。其中 MOVW 表示字传送指令，指令将 AC1 中的内容为起始地址的一个字长的数据（即 VB200、VB201 内部数据）送入 AC0 内，如图 4-15 所示。

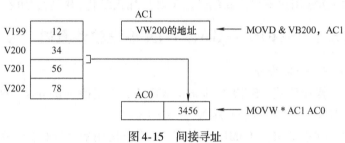

图 4-15　间接寻址

4.4　本机 I/O 与扩展 I/O 的地址分配

S7－200 CPU 有一定数量的本机 I/O，本机 I/O 有固定的地址。可以用扩展 I/O 模块来增加 I/O 点数，扩展模块安装在 CPU 模块的右边。I/O 点分为数字量输入、数字量输出、模拟量输入和模拟量输出四类。CPU 分配给数字量 I/O 模块的地址以字节为单位，一个字节由 8 个数字量 I/O 点组成。扩展模块 I/O 点的字节地址由 I/O 的类型和模块在同类 I/O 模块链中的位置来决定。以表 4-9 中的数字量输出为例，分配给 CPU 模块的字节地址为 QB0（Q0.0 ~ Q0.7）和 QB1（Q1.0 ~ Q1.1），分配给 0 号扩展模块的字节地址为 QB2（Q2.0 ~ Q2.3），分配给 3 号扩展模块的字节地址为 QB3（Q3.0 ~ Q3.7）等。

表 4-9　CPU224XP 的 I/O 地址分配举例

		模块 0	模块 1	模块 2		模块 3	模块 4	
CPU224XP		4 输入 4 输出	8 输入	4AI 1AO		8 输出	4AI 1AO	
I0.0	Q0.0	I2.0	Q2.0	I3.0	AIW4　AQW4	Q3.0	AIW12	AQW8
I0.1	Q0.1	I2.1	Q0.1	I3.1	AIW6	Q3.1	AIW14	
…	…	I2.2	Q2.2	…	AIW8	…	AIW16	
I1.5	Q1.1	I2.3	Q2.3	I3.7	AIW10	Q3.7	AIW18	
AIW0	AQW0							
AIW2								

某个模块的数字量 I/O 点如果不是 8 的整数倍，最后一个字节中未用的位（如 I1.6 和 I1.7）不会分配给 I/O 链中的后续模块。输入模块在每次更新输入时都将输入字节中未

用的位清零，因此不能将它们用作内部存储器标志位。模拟量扩展模块以2点（4字节）递增的方式来分配地址，所以表4-9中2号扩展模块的模拟量输出点的地址为 AQW4。虽然未用 AQW2，它也不能分配给2号扩展模块使用。

4.5　S7-200 PLC 编程软件

S7-200 PLC 使用 STEP7-Micro/WIN 编程软件进行编程。STEP7-Micro/WIN 编程软件是基于 Windows 的应用软件，由西门子公司专为 S7-200 系列 PLC 设计开发的，它功能强大，主要为用户开发控制程序使用，同时也可实时监控用户程序的执行状态。它是西门子S7-200 用户不可或缺的开发工具，加入汉化程序后，可在全汉化的界面下进行操作。

4.5.1　STEP7-Micro/WIN 编程软件概述

1. 安装条件

操作系统：STEP7-Micro/WIN V3.2 支持 Windows 2000、Windows XP；STEP7-Micro/WIN V4.0 支持 Windows XP、Windows 7。

硬盘空间：100MB 硬盘空间；推荐使用最小屏幕分辨率 1024×768，小字体。

通信电缆：使用 PC/PPI 电缆将计算机与 PLC 连接。

2. 编程软件的安装

首先安装英文版本的编程软件：先将存储软件的光盘放入光驱，双击编程软件中的安装程序 SETUP. EXE，根据安装提示完成安装。

首次运行 STEP7-Micro/WIN 软件时系统默认语言是英语，可根据需要修改编程语言。如果将英语改为中文，其具体操作如下：运行 STEP7-Micro/WIN 编程软件，在主界面执行菜单 Tools→Options→General 选项，然后在对话框中选择 Chinese，即可将英文改为中文。改变语言后，必须退出 STEP7-Micro/WIN 软件，然后重新进入即可，界面显示如图4-16所示。

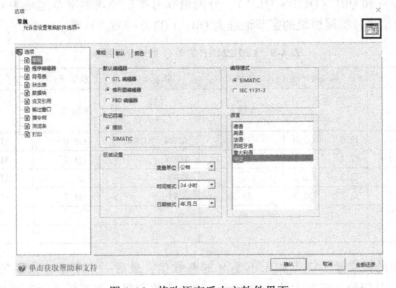

图 4-16　修改语言后中文软件界面

3. 硬件连接

可以采用 PC/PPI 电缆建立个人计算机与 PLC 之间的通信。典型的单台 PLC 与 PC 的连接如图 4-17 所示。把 PC/PPI 电缆的 PC 端连接到计算机的 RS-232 通信口（COM1 或 COM2），同时把 PC/PPI 电缆的 PPI 端连接到 PLC 的 RS-485 通信口即可。为了方便用户使用，S7-200 编程电缆具有 USB 接口，USB/PPI 电缆为现在使用的主流电缆。

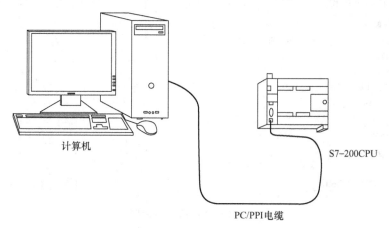

图 4-17 主机与计算机连接

4. 建立 S7-200 CPU 的通信

PC/PPI 电缆中间有通信模块，模块外部设有波特率设置开关，有 5 种支持 PPI 协议的波特率可以选择，分别为 1.2kbit/s、2.4kbit/s、9.6kbit/s、19.2kbit/s、38.4kbit/s。系统的默认值为 9.6kbit/s。PC/PPI 电缆波特率设置开关的位置应与软件系统设置的通信波特率一致，开关如图 4-18 所示。开关上有 5 个键，1、2、3 号键用于设置波特率，4 号和 5 号键用于设置通信方式。1、2、3 号键分别设置为 0、1、0，4、5 号键均应设置为 0。如果使用 USB/PPI 电缆，则不需要以上设置。

DIP 开关设置(下=0，上=1)

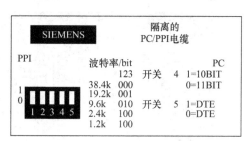

图 4-18 DIP 开关

可以按下面的步骤进行在线连接：

（1）在 STEP-Micro/WIN 运行时，单击"浏览条"中的"通信图标" ，或选择菜单"查看"→"组件"→"通信"命令，则会出现一个如图 4-19 所示的"通信"对话框。

（2）双击对话框中的"双击刷新"图标，STEP7-Micro/WIN 编程软件将检查所连接的所有 S7-200 CPU 站。

（3）双击要进行通信的站，在通信建立对话框中，可以显示所选的通信参数，也可以重新设置。

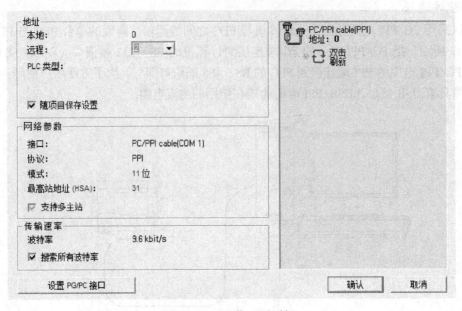

图 4-19 "通信"对话框

4.5.2 程序编制及运行

1. STEP7 - Micro/WIN 软件介绍

STEP7 - Micro/WIN 的主界面如图 4-20 所示。主界面一般可以分为以下几部分：主菜单、工具条、浏览条、指令树、用户窗口、输出窗口和状态条。除菜单条外，用户可根据需要通过检视菜单和窗口菜单，决定其他窗口的取舍和样式的设置。

（1）主菜单。包括：文件、编辑、查看、PLC、调试、工具、窗口和帮助 8 个选项。各

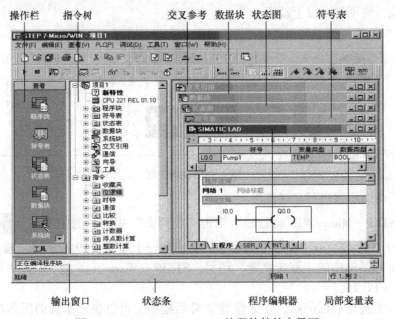

图 4-20 STEP7 - Micro/WIN 编程软件的主界面

主菜单项的功能如下：

1）文件（File）。文件下拉菜单包括新建（New）、打开、关闭、保存、另存为、设置密码、导入、导出、上载、下载、新建库、添加/删除库、页面设置、打印、打印预览和退出等操作。

上载：在运行 STEP7 - Micro/WIN 的个人计算机和 PLC 之间建立通信后，从 PLC 将程序上载至运行 STEP7 - Micro/WIN 的个人计算机。

下载：在运行 STEP7 - Micro/WIN 的个人计算机和 PLC 之间建立通信后，将程序下载至该 PLC。下载之前，PLC 应处于"停止"模式。

2）编辑（Edit）。编辑菜单提供程序的编辑工具：撤消（Undo）、剪切（Cut）、复制（Copy）、粘贴（Paste）、全选（Select All）、插入（Insert）、删除（Delete）、查找（Find）、替换（Replace）、转至（Go To）等项目。

3）查看（View）。查看菜单用于设置软件的开发环境，功能包括：选择不同的程序编辑器 STL、梯形图、FBD；可以进行数据块、符号表、状态图表、系统块、交叉引用以及通信参数的设置，可以选择注解、网络注解显示与否；可以选择浏览栏、指令树及输出视窗的显示与否；可以对程序块的属性进行设置。

4）PLC。PLC 菜单用于与 PLC 联机时的操作，如用软件改变 PLC 的运行方式（运行、停止），对用户程序进行编译，清除 PLC 程序，电源启动重置，查看 PLC 的信息，时钟、存储卡的操作，程序比较，PLC 类型选择等操作，其中对用户程序进行编译可以离线进行。

PLC 有两种操作模式：STOP（停止）和 RUN（运行）。在 STOP 模式中可以建立/编辑程序，在 RUN 模式中建立、编辑、监控程序操作和数据，进行动态调试。若使用 STEP7 - Micro/WIN 32 软件控制 RUN/STOP 模式，在 STEP7 - Micro/WIN 32 和 PLC 之间必须建立通信。另外，PLC 硬件模式开关必须设为 TERM（终端）或 RUN（运行）。

5）调试（Debug）。调试菜单用于联机时的动态调试，有单次扫描（First Scan）、多次扫描（Multiple Scans）、程序状态（Program Status）、触发暂停（Triggred Pause）、用程序状态模拟运行条件（读取、强制、取消强制和全部取消强制）等功能。

6）工具。工具菜单提供复杂指令向导（PID、HSC、NETR/NETW 指令），使复杂指令编程时的工作简化、文本显示器 TD200 设置向导、设置编辑器的风格以及在工具菜单中添加常用工具等功能。

7）窗口。窗口菜单功能是打开一个或多个窗口，并进行窗口之间不同排放形式，如层叠、水平、垂直。

8）帮助。帮助菜单可以提供 S7 - 200 的指令系统及编程软件的所有信息，并提供在线帮助、网上查询、访问等功能。

（2）工具条。

1）标准工具条，如图 4-21 所示。从左到右分别为：新建项目、打开现有项目、保存当前项目、打印、打印预览、剪切选项并复制至剪贴板、将选项复制至剪贴板、在光标位置粘贴剪贴板内容、撤消最后一个条目、编译程序块或数据块（任意一个现用窗口）、全部编译（程序块、数据块和系统块）、将项目从 PLC 上载至 STEP7 - Micro/WIN 软件、将项目从 STEP7 - Micro/WIN 软件下载至 PLC 符号表、名称列按照 A - Z 从小至大排序、符号表名称列按照 Z - A 从大至小排序、配置程序编辑器窗口选项。

图 4-21　标准工具条

2）调试工具条，如图 4-22 所示。从左到右包括 PLC 运行模式、PLC 停止模式、程序状态打开/关闭状态、图状态打开/关闭状态、状态图表单次读取、状态图表全部写入等按钮。

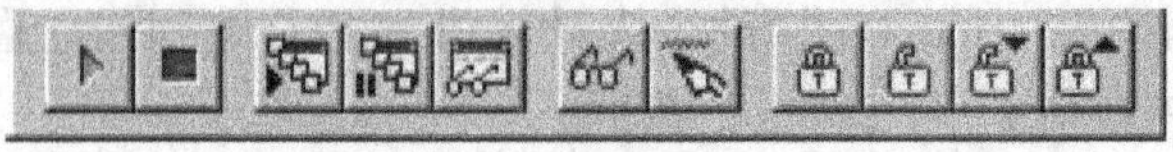

图 4-22　调试工具条

3）公用工具条，如图 4-23 所示。从左至右依次为插入网络、删除网络、切换 POU 注释、切换网络注释、切换符号信息表、切换书签、下一个书签、上一个书签、清除全部书签、建立表格未定义符号、常量说明符。

图 4-23　公用工具条

4）LAD 指令工具条，如图 4-24 所示。从左到右依次为插入向下直线、插入向上直线、插入左行、插入右行、插入触点、插入线圈、插入指令盒。

图 4-24　LAD 指令工具条

（3）浏览条（Navigation Bar）。浏览条为编程提供按钮控制，可以实现窗口的快速切换，即对编程工具执行直接按钮存取，包括程序块、符号表、状态表、数据块、系统块、交叉引用、通信和设置 PG/PC 接口。单击上述任意按钮，则主窗口切换成此按钮对应的窗口。

用菜单命令"查看"→"框架"→"浏览条"，浏览条可在打开和关闭之间切换。

用菜单命令"工具"→"选项"，选择"浏览条"标签，可在浏览条中编辑字体。

浏览条中的所有操作都可用"指令树"视窗完成，或通过"查看"→"组件"菜单来完成。

（4）指令树。指令树以树形结构提供编程时用到的所有快捷操作命令和 PLC 指令。可分为项目分支和指令分支。项目分支用于组织程序项目，用鼠标右键单击"程序块"文件夹，插入新子程序和中断程序，用鼠标右键单击"状态表"或"符号表"文件夹，插入新状态表或符号表。

（5）用户窗口。可同时或分别打开 6 个用户窗口，分别为：交叉引用、数据块、状态图表、符号表、程序编辑器以及局部变量表。

1）交叉引用（Cross Reference）。在程序编译成功后，可用下面的方法之一打开"交叉引用"窗口：

用菜单"检视"→"交叉引用"（Cross Reference）；或单击浏览条中的"交叉引用"按钮。

如图 4-25 所示，交
叉引用表列出在程序中
使用的各操作数所在的
POU、网络或行位置，以
及每次使用各操作数的
语句表指令。通过交叉
引用表还可以查看哪些
内存区域已经被使用，

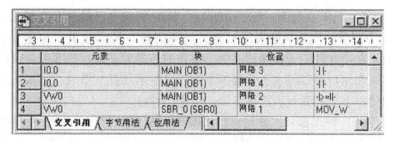

图 4-25　交叉引用表

作为位还是作为字节使用。在运行方式下编辑程序时，可以查看程序当前正在使用的跳变信
号的地址。交叉引用表不下载到 PLC，在程序编译成功后，才能打开交叉引用表。在交叉引
用表中双击某操作数，可以显示出包含该操作数的那一部分程序。

2）数据块。"数据块"窗口可以设置和修改变量存储器的初始值和常数值，并加注必
要的注释说明。

3）状态图表（Status Chart）。将程序下载至 PLC 之后，可以建立一个或多个状态图表，
在联机调试时，打开状态图表，监视各变量的值和状态。状态图表并不下载到 PLC，只是监
视用户程序运行的一种工具。

用下面的方法之一可打开状态图表：

单击浏览条上的"状态图表"按钮 。

菜单命令："检视"→"元件"→"状态图"。

打开指令树中的"状态图"文件夹，然后双击"图"图标。

若在项目中有一个以上状态图，使用位于"状态图"窗口底部的 CHT1 CHT2 CHT3
"图"标签在状态图之间移动。

可在状态图表的地址列输入须监视的程序变量地址，在 PLC 运行时，打开状态图表窗
口，在程序扫描执行时，连续、自动地更新状态图表的数值。

4）符号表（Symbol Table）。符号表是程序员用符号编址的一种工具表。在编程时不采
用元件的直接地址作为操作数，而用有实际含义的自定义符号名作为编程元件的操作数，这
样可使程序更容易理解。符号表则建立了自定义符号名与直接地址编号之间的关系。程序被
编译后下载到 PLC 时，所有的符号地址被转换成绝对地址，符号表中的信息不下载到 PLC。

用下面的方法之一可打开符号表：

● 单击浏览条中的"符号表"按钮 。

● 用菜单命令："检视"→"符号表"。

● 打开指令树中的符号表或全局变量文件夹，然后双击一个表格图标 。

5）程序编辑器。用菜单命令"文件"→"新建"，"文件"→"打开"或"文件"→
"导入"，打开一个项目。然后用下面方法之一打开"程序编辑器"窗口，建立或修改程序。

① 单击浏览条中的"程序块"按钮 ，打开主程序（OB1）。单击子程序或中断程序
标签，打开另一个 POU。

② 单击指令树→程序块→双击主程序（OB1）图标、子程序图标或中断程序图标。

6）局部变量表。程序中的每个 POU 都有自己的局部变量表，局部变量存储器（L）有 64 个字节。局部变量表用来定义局部变量，局部变量只在建立该局部变量的 POU 中才有效。在带参数的子程序调用中，参数的传递就是通过局部变量表传递的。

在用户窗口将水平分裂条下拉即可显示局部变量表，将水平分裂条拉至程序编辑器窗口的顶部，局部变量表不再显示，但仍旧存在。

（6）输出窗口。输出窗口用来显示 STEP7 - Micro/WIN 程序编译的结果，如编译结果有无错误、错误编码和位置等。选择菜单"查看"→"框架"→"输出窗口"命令在窗口打开或关闭输出窗口。

（7）状态条。状态条提供有关在 STEP7 - Micro/WIN 中操作的信息。

2. 编辑元素及项目组件

S7 - 200 的三种程序组织单位（POU）指主程序、子程序和中断程序。STEP7 - Micro/WIN 为每个控制程序在程序编辑器窗口提供分开的制表符，主程序总是第一个制表符，后面是子程序或中断程序。

一个项目（Project）包括的基本组件有程序块、数据块、系统块、符号表、状态图表以及交叉引用表。程序块、数据块、系统块必须下载到 PLC，而符号表、状态图表以及交叉引用表不下载到 PLC。程序块由可执行代码和注释组成，可执行代码由一个主程序和可选子程序或中断程序组成。程序代码被编译并下载到 PLC 时，程序注释被忽略。

3. 创建项目文件

创建项目文件有两种方法，方法一是可用菜单命令文件的"新建"命令；方法二是使用工具条中的"新建"按钮来完成。新项目文件名系统默认项目 1，可以通过工具栏中的"保存"按钮保存并重新命名。每一个项目文件包括的基本组件有程序块、数据块、系统块、符号表、状态图表、交叉引用以及通信，其中程序块中包括 1 个主程序、1 个子程序（SBR_ 0）和 1 个中断程序（INT_ 0）。

4. 确定 PLC 类型

选择菜单"PLC"→"类型"命令，系统弹出如图 4-26 所示的"PLC 类型"对话框，单击"读取 PLC"按钮，由 STEP7 - Micro/WIN 自动读取正确的数值。单击"确认"按钮，确认 PLC 类型。

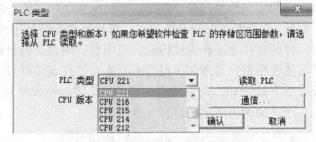

图 4-26 "PLC 类型"对话框

5. 输入程序

通常利用梯形图 LAD 进行程序的输入，程序的编辑包括程序的剪切、复制、粘贴、插入、删除以及字符串替换、查找等。还可以利用符号表对 POU 中的符号赋值。

以三相异步电动机起-停程序为例，熟悉 STEP7 Micro WIN/V4.0 编程软件的使用方法。梯形图如下：

```
       I0.0       I0.1      Q0.0
    ───┤ ├───────┤/├───────(   )
       Q0.0
    ───┤ ├───
```

（1）打开新项目。双击 STEP7 - Micro/WIN 图标，或从"开始"菜单选择 SIMATIC - STEP 7 Micro/WIN，启动应用程序，打开一个新的 STEP7 - Micro/WIN 项目。

（2）打开现有项目。如果用户最近在某一项目中工作过，该项目在"文件"菜单下列出，可直接选择，不必使用"打开"对话框。

（3）进入编程状态。单击左侧"查看"中的"程序块"，进入编程状态。

（4）选择编程语言。打开菜单栏中的"查看"，选择"梯形图"语言，也可选 STL（语句表）、FBD（功能块），如图 4-27 所示。

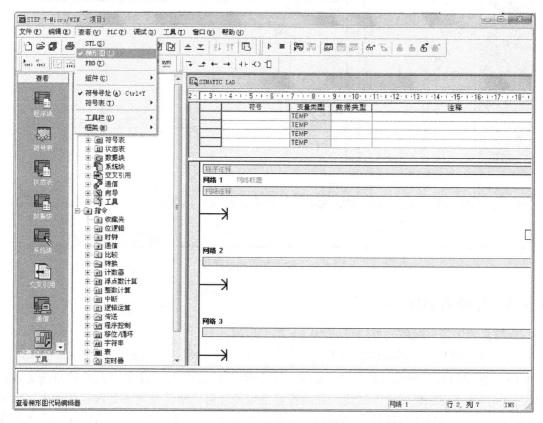

图 4-27　进入梯形图编辑模式

1）选择 MAIN 主程序，在网络 1 中输入程序。

2）单击网络 1 中的"├──→"从菜单栏或指令树中选择相关符号。如在"指令树"中选择，可在"指令"中双击"位逻辑"，从中选择"常开触点"符号，双击；接下来选择"常闭触点"符号，双击；接下来选择"输出线圈"符号，双击；将光标移到"常开触点"下面，单击菜单栏中的"←"，再选择"常开触点"，左移光标，单击"＿↑"，完成梯形图。

3）给各符号加器件号，逐个选择"???"，输入相应的器件号，如图 4-28 所示。

4）保存程序。在菜单栏中选择 File（文件）→Save（保存），输入文件名，单击"保存"按钮。

5）编译。使用菜单"PLC"→"编译"或"PLC"→"全部编译"命令，或者用工具栏按钮 ☑ 或 ☑ 执行编译功能。编译完成后在信息窗口会显示相关的结果，以便于修改。

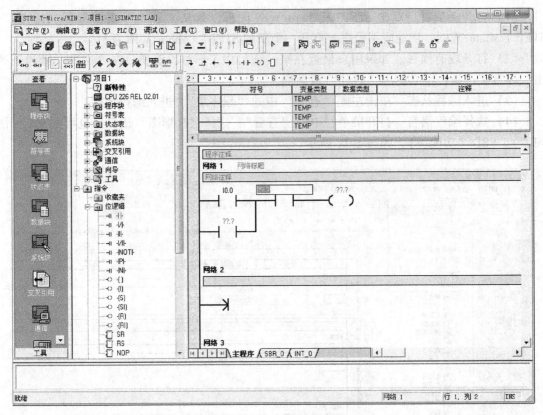

图 4-28 输入相应的器件号

4.5.3 符号表操作

在符号表中符号赋值的方法可分为以下几个步骤：

（1）建立符号表。单击浏览条中的"![图标]"，符号表如图 4-29 所示。

（2）在"符号"列键入符号名，最大符号长度为 23 个字符。注意：在给符号指定地址之前，该符号下有绿色波浪下划线。在给符号指定地址后，绿色波浪下划线自动消失。如果选择同时显示项目操作数的符号和地址，较长的符号名在 LAD、FBD 和 STL 程序编辑器窗口中被一个波浪号（~）截断。可将鼠标放在被截断的名称上，在工具栏提示中查看全名。

（3）在"地址"列中键入地址（如 I0.0）。

（4）在"注释"栏中键入注释（此为可选项，最多允许 79 个字符）。

（5）符号表建立后，使用菜单命令"查看"→"符号寻址"，直接地址将转换成符号表中对应的符号名。并且可通过菜单命令"工具"→"选项"→"程序编辑器"→"符号寻址"选项，来选择操作数显示的形式。

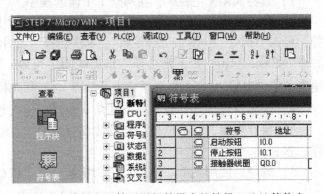

图 4-29 依据实际情况添加符号表的符号、地址等信息

（6）使用菜单命令"查看"→"符号信息表"，可选择符号表的显示与否。"检视"→"符号编址"，可选择是否将直接地址转换成对应的符号名。

在 STEP7-Micro/WIN 中，可以建立多个符号表或多个全局变量表。但不允许将相同的字符串多次用作全局符号赋值，在单个符号表中和几个表内均不得如此。

4.5.4 程序的下载和上载

1. 下载

如果已经成功地在运行 STEP7-Micro/WIN 的个人计算机和 PLC 之间建立了通信，就可以将程序下载至该 PLC。请遵循下列步骤：

1）下载至 PLC 之前，核实 PLC 位于"停止"模式。检查 PLC 上的模式指示灯。如果 PLC 未设为"停止"模式，单击工具条中的"停止"按钮。

2）单击工具条中的"下载"按钮 ，或选择"文件"→"下载"，出现"下载"对话框。

3）根据默认值，在初次发出下载命令时，"程序代码块""数据块"和"CPU 配置"（系统块）复选框被勾选。如果不需要下载某一特定的块，清除勾选该复选框。

4）单击"确定"按钮，开始下载程序。

5）如果下载成功，一个确认框会显示以下信息：下载成功，继续执行步骤 12。

6）如果 STEP 7-Micro/WIN 中 PLC 类型的数值与实际使用的 PLC 不匹配，会显示以下警告信息："为项目所选的 PLC 类型与远程 PLC 类型不匹配，继续下载吗？"

7）欲纠正 PLC 类型选项，选择"否"，终止下载程序。

8）从菜单栏选择"PLC"→"类型"，调出"PLC 类型"对话框。

9）从下拉列表框选择纠正类型，或单击"读取 PLC"按钮，由 STEP7-Micro/WIN 自动读取正确的数值。

10）单击"确定"按钮，确认 PLC 类型，并清除对话框。

11）单击工具条中的"下载"按钮，重新开始下载程序，或从菜单栏选择"文件"→"下载"。

12）一旦下载成功，在 PLC 中运行程序之前，必须将 PLC 从 STOP（停止）模式转换回 RUN（运行）模式。单击工具条中的"运行"按钮 ，或选择 PLC →运行，转换回 RUN（运行）模式。

2. 上载

用下面的方法从 PLC 将项目文件上载到 STEP 7-Micro/WIN 程序编辑器：

1）单击"上载"按钮。

2）选择菜单"文件"→"上载"命令。

3）按 <Ctrl> + <U> 组合键。

执行的步骤与下载基本相同，选择需要上载的块（程序块、数据块或系统块），单击"上载"按钮，上载的程序将从 PLC 复制到当前打开的项目中，随后即可保存上载的程序。

4.5.5 程序的调试与监控

在运行 STEP7-Micro/WIN 编程设备和 PLC 之间建立通信并向 PLC 下载程序后，便可运行程序，收集状态进行监控和调试程序。

1. 选择工作方式

PLC 有"运行"和"停止"两种工作方式。在不同的工作方式下，PLC 进行调试的操作方法不同。单击工具栏中的"运行"按钮▶或"停止"按钮■可以进入相应的工作方式。

2. 程序状态显示

当程序下载到 PLC 后，可以用"程序状态"功能操作和测试程序网络。

3. 选择扫描次数

监视用户程序的执行时，可选择单次或多次扫描。应先将 PLC 的工作方式设为"STOP"，使用"调试（Debug）"菜单中的"多次扫描（Multiple Scans）"或"初次扫描（First Scans）"命令。在选择多次扫描时，要指定扫描的次数。

4. 用状态图监控程序

STEP7－Micro/WIN 编程软件可以使用状态图来监视用户程序的执行情况，并可对编程元件进行强制操作。

（1）使用状态图。在引导条窗口中单击"状态图（Status Chart）"图标，或使用"调试（Debug）"菜单中的"状态图（Status Chart）"命令就可打开状态图窗口，如图 4-30 所示。在状态图的"地址（Address）"栏中键入要监控的编程元件的直接地址（或用符号表中的符号名称），在"格式（Format）"栏中显示编程元件的数据类型，在"当前数值（Current Value）"栏中可读出编程元件的状态可用当前值。

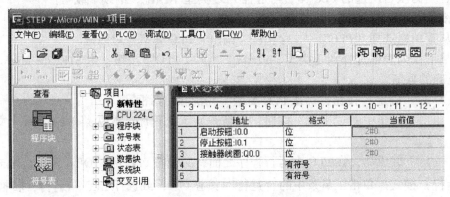

图 4-30　进入状态表监控模式

工具条中状态图的编辑工具有顺序排序（Sort Ascending）、逆序排序（Sort Descending）、单次读取（Single Read）、全部写（Write All）、强制（Force）、解除强制（Unforce）、解除所有强制（Unforce All）以及读所有强制（Read All Forced）等。

（2）强制操作。强制操作是指对状态图中的变量进行强制性地赋值。S7－200 允许对所有的 I/O 位以及模拟量 I/O（AI/AQ）强制赋值，还可强制改变最多 16 个 V 或 M 的数据，其变量类型可以是字节、字或双字。

1）强制。若要强制一个新值，可在状态图的"新数值（New Value）"栏中输入新值，然后单击工具条中的"强制（Force）"按钮。如果要强制一个已经存在的值，可以单击状态图中"当前数值（Current Value）"栏，然后单击"强制（Force）"按钮，如图 4-31 所示。

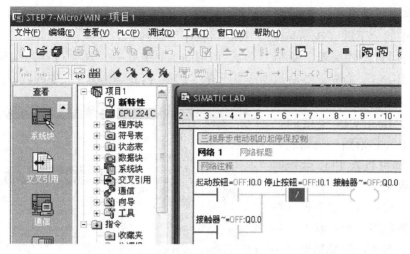

图 4-31　程序状态监控模式

2）读所有强制。打开状态图，单击工具条中的"读所有强制（Read All Forced）"按钮，则状态图中所有被强制的单元格会显示强制符号，如图 4-32 所示，起动按钮被按下，接触器线圈得电，电动机起动运转。

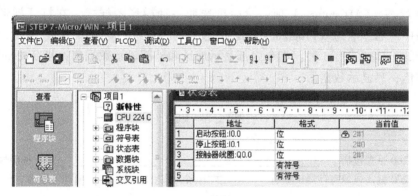

图 4-32　"强制新数值"后效果

3）解除强制。在当前值栏中单击要取消强制的操作数，然后单击工具条中的"解除强制（Unforce）"按钮。

4）解除所有强制。打开状态图，单击工具条中的"解除所有强制（Unforce All）"按钮。

5. 运行模式下编辑程序

在运行模式下，可以对用户程序作少量修改，修改后的程序一旦下载将立即影响系统的运行。可进行这种操作的 PLC 有 CPU224 和 CPU226 两种，操作如下：

1）在运行模式下，选择"调试（Debug）"菜单中"在运行状态编辑程序（Program Edit in RUN）"命令。运行模式下只能对主机中的程序进行编辑，当主机中的程序与编程软件中的程序不同时，系统会提示用户存盘。

2）屏幕弹出警告信息，单击"继续（Continue）"按钮，PLC 主机中的程序将被上载到编程窗口，此时可在运行模式下编辑程序。

3）程序编译成功后，可单击"文件（File）"菜单中的"下载（Download）"命令，或单击工具条中的"下载（Download）"按钮将程序下载到 PLC 主机。

4）退出运行模式编辑。使用"调试（Debug）"菜单中"在运行状态编辑程序（Program Edit in RUN）"命令，然后根据需要选择"选项（Checkmark）"中的内容。

6. 程序监控

STEP7 - Micro/WIN 提供的三种程序编辑器（梯形图、语句表及功能表图）都可以在 PLC 运行时监视各个编程元件的状态和各个操作数的数值。这里只介绍在梯形图编辑器中监视程序的运行状态，如图 4-33 所示，梯形图编辑器窗口中高亮的元件表示处于接通状态。

程序监控的实现，可用"工具（Tools）"菜单中的"选项（Options）"命令打开选项对话框，

图 4-33　程序状态监控模式

选择"LAD 状态（LAD status）"项，然后再选择一种梯形图样式，在打开梯形图窗口后，单击工具条中"程序状态（Program status）"按钮。

梯形图的显示样式有 3 种：指令内部显示地址和外部显示数据值；指令外部既显示地址又显示数据值；只显示数据值。

习　　题

4-1　S7-200 系列包括_____、_____、_____、_____、_____等 5 种型号。

4-2　S7-200 输入映像寄存器区域有_____共 16 个字节的存储单元，编址范围为_____，数据可以按_____、_____、_____、_____操作。

4-3　变量存储器主要用于_____，可以存储运算的_____或_____，在进行数据处理时，变量存储器会被经常使用。

4-4　外部的输入电路接通时，对应的输出过程映像寄存器为_____状态，梯形图中对应的常开触点_____，常闭触点_____。

4-5　S7-200 PLC 一般采用_____输出。

4-6　输出映像寄存器的工作原理是什么？

4-7　PLC 对模拟量是如何处理的？

4-8　模拟量输出模块 EM 232CN 有什么特点？

4-9　描述 PLC 对模拟量的处理过程。

4-10　常用的 S7-200 PLC 的扩展模块有哪些？适用于什么场合？

4-11　某一控制系统选用 S7-200 PLC 的 CPU224，系统所需的输入/输出点数为：数字量输入 28 点、数字量输出 24 点、模拟量输入 7 点、模拟量输出 2 点，分析如何选择扩展模块，各个模块连接到主机上的顺序如何？地址如何分配？

第 **5** 章

S7-200 PLC 的指令系统

本章知识要点：

（1）基本位逻辑指令的功能及应用

（2）定时器指令、计数器指令的功能及应用

（3）基本功能及特殊功能指令的功能及应用

用于数字量控制的位逻辑指令和定时器、计数器指令属于 PLC 最基本的指令。

基本功能指令包括比较指令及数据处理类指令。数据处理类指令包括：数据传送、数据转换及移位指令包括；数据运算类指令包括：四则运算指令、递增/递减指令、数学功能指令及逻辑运算指令；程序控制类指令包括：暂停及结束指令、监控定时器复位指令、跳转指令、循环指令、子程序调用指令。

特殊功能指令包括：中断程序与中断指令、高速计数器与脉冲输出指令、实时时钟指令。

学习方法：

本章涉及 PLC 指令较多，初学时可按指令的分类及功能浏览所有指令，大致明确各指令所实现的功能。

较常用的指令有：基本逻辑指令、定时器/计数器指令，以及功能指令中数据的比较与传送、数学运算、跳转、子程序调用等指令。

与数据的基本操作有关的指令：如字逻辑运算、求反、数据的移位、数据类型的转换等指令。此类指令也较重要，它们与计算机的基础知识有关，应通过例子和实验了解这些指令的基本功能。

与 PLC 的高级应用有关的指令：如中断、高速计数、高速输出、PID 控制、位置控制指令等。此类指令会涉及一些专业知识，需要阅读相关书籍或教材才能正确地理解和使用它们。

较少使用的指令：编码/解码指令、看门狗复位指令、读/写实时时钟指令、字符串指令与表格处理指令等。学习时有一般性了解即可，具体使用时可参阅在线帮助或相关书籍。

本书中未对 PID 控制、位置控制、字符串指令、表格处理指令等进行介绍，使用时请参阅相关书籍。

5.1 概述

5.1.1 PLC 基本编程语言

由于 PLC 主要面向工业控制，使用对象是工厂的电气技术人员，而不是专业程序员，

为了便于掌握和应用，一般仍采用兼容传统继电器系统的方式，并尽量开发一些其他的简单易学的编程方法。编程语言主要有梯形图（LAD）、语句表（STL）、功能块图（FBD）、顺序功能图（SFC）和结构化文本（ST）五种。

其中，顺序功能图、梯形图和功能块图是图形编程语言，语句指令表和结构化文本是文字语言，目前常用的主要有梯形图、语句指令表以及功能块图。梯形图法来源于传统的继电器系统，由于逻辑关系直观明确，易学易用，因此一直被广泛使用。虽然许多制造商所推出的 PLC 不尽相同，各有独到之处，但 80% 以上的 PLC 都采用了梯形图作为编程语言。S7 系列 PLC 将指令表称为语句表，简称 STL，PLC 的指令是一种与微机的汇编语言中的指令相似的助记符表达式。在 STEP7－Micro/WIN 中，用户可以切换编程语言，选用梯形图、语句表和功能块图来编程。国内很少有人使用功能块图语言。

5.1.2　继电器系统与 PLC 指令系统

众所周知，可编程控制器来源于继电器系统和计算机系统，可以将其理解为计算机化的继电器系统。在熟悉继电器控制系统的基础上，学习可编程控制器的指令系统与编程更易取得事半功倍的效果。在本书的前两章，对传统的继电器控制系统做了介绍，并在第 3 章，分别从软件和硬件角度与继电器系统和计算机系统进行了比较。

继电器在控制系统中主要起两种作用：

1）逻辑运算。运用继电器触点的串、并联接等完成逻辑与、或、非等功能，因而可完成较复杂的逻辑运算。

2）弱电控制强电。在现代控制系统中，经常采用继电器实现弱电对强电的控制，即通过有关触点的通断，控制继电器的电磁线圈，从而来控制强电的通断。

继电器主要由电磁线圈、铁心、触点及复位弹簧等部件组成，与控制信号直接有关的部件是电磁线圈和触点。在进行电气控制设计时，将这两部分抽象出来，电磁线圈作为输出，触点则作为输入或开关；触点控制了电路的通断，而线圈则反过来可控制触点的断开与闭合。

对于简单控制功能的完成，采用继电器控制系统具有简单、可靠、方便等特点，因此，继电器控制系统得到了广泛应用，并不失为一种有效的、成功的控制方式。

PLC 内部的硬件资源多数是以继电器的概念出现的。注意，只是概念上的继电器，并非物理继电器。这些内部资源包括与现场传感器、执行元件相对应的 I/O 继电器、辅助（控制）继电器、移位寄存器、步进控制器等。这里所指的继电器均为软继电器，是由 PLC 内部的存储单元构成的。由于 PLC 指令和编程比较抽象，如果结合继电器梯形图的概念，以其实际的电流流动来领会 PLC 梯形图中的信号流，更易于理解掌握。

5.2　基本指令系统

基本指令系统是 PLC 用户程序的基本组成部分，主要用于完成逻辑控制、顺序控制、定时和计数控制等。

5.2.1　基本逻辑指令

基本逻辑指令主要是对继电器和继电器触点进行逻辑操作的指令，包括位逻辑指令、输

出指令和堆栈指令等，是 PLC 程序设计中最基本的组成部分。为了便于记忆和查找，表 5-1
列出了基本逻辑指令共 21 条，并按照功能分成 10 个部分进行介绍。

表 5-1　基本逻辑指令

中文名称	英文名称	助记符	功　能
逻辑取	Load	LD	用 A 类触点（常开）开始逻辑运算的指令
逻辑取反	Load Not	LDN	用 B 类触点（常闭）开始逻辑运算的指令
输出	Out	=	线圈驱动指令
与	And	A	串联一个 A 类（常开）触点
或	OR	O	并联一个 A 类（常开）触点
与非	And Not	AN	串联一个 B 类（常闭）触点
或非	Or Not	ON	并联一个 B 类（常闭）触点
组与	AndLoad	ALD	执行多指令块的与操作
组或	Or Load	OLD	执行多指令块的或操作
推入堆栈	LogicPush	LPS	存储该指令处的操作结果
读取堆栈	LogicRead	LRD	读出 LPS 指令存储的操作结果
弹出堆栈	LogicPop	LPP	读出并弹出由 LPS 指令存储的操作结果
上升沿微分	Edge Up	EU	检测到触发信号上升沿，使触点开一个扫描周期
下降沿微分	EdgeDown	ED	检测到触发信号下降沿，使触点开一个扫描周期
置位	Set	S bit, N	从 bit 开始的连续 N 个元件置 1 并保持
复位	Reset	R bit, N	从 bit 开始的连续 N 个元件置 0 并保持
立即指令	Immediate	见表 5-3	见表 5-3
置位优先触发器指令	Set Dominant Bistable	SR	置位信号和复位信号都为真时，输出为真
复位优先触发器指令	Reset Dominant Bistable	RS	置位信号和复位信号都为真时，输出为假
空操作	No operation	NOP	空操作
取反	NOT	NOT	将逻辑运算结果取反

S7-200 的基本逻辑指令表达式由操作指令和操作数构成，格式为：

操作码　　　操作数

其中，操作码规定了 CPU 所执行的功能，例如，A M0.0，表示对 M0.0 进行与操作；
操作数规定了 CPU 进行某种操作时的信息，它包含了操作数的地址、性质和内容，操作数
可以没有，也可以是一个、两个、三个甚至四个，随不同的指令而不同，如 NOT 指令就没
有操作数。表 5-2 给出了基本逻辑指令的操作数。

表 5-2　基本逻辑指令的操作数

指令助记符	继 电 器							定时/计数器触点	
	I	Q	M	SM	V	S	L	T	C
LD、LDN									
=								×	×
A、AN									
O、ON									
S、R									
SR、RS						×			

注：表中对应项目为"×"表示该项不可用，为空则表示可用。

1. 逻辑取及输出指令：LD、LDN、=

LD　取指令　用 A 类触点（常开触点）开始逻辑运算的指令，与母线连接。

LDN　取反指令　用 B 类触点（常闭触点）开始逻辑运算的指令，与母线连接。

=　输出　输出运算结果到指定的输出端，是继电器线圈的驱动指令。

其中，LD 和 LDN 用于开始一个新的逻辑行。

例 5-1：如图 5-1 所示。

例题说明：

当 I0.0 接通时，Q0.0 接通；当 I0.1 断开状态时，M0.2 接通。

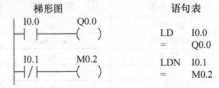

图 5-1　逻辑取及输出指令举例

注意事项：

1）= 指令可以连续使用，构成并联输出，也属于分支的一种。

2）同一个元件在同一程序中只能使用一次 = 指令。

2. 逻辑与、或指令：A、AN、O、ON

A　　　与　　　串联一个 A 类（常开）触点。

AN　　与非　　串联一个 B 类（常闭）触点。

O　　　或　　　并联一个 A 类（常开）触点。

ON　　或非　　并联一个 B 类（常闭）触点。

例 5-2：如图 5-2 所示。

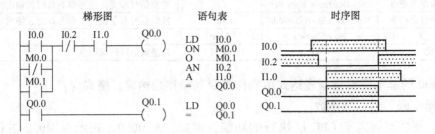

图 5-2　逻辑与、或指令举例

例题说明：

当 I0.0、I1.0 接通且 I0.2 断开时，Q0.0 接通；Q0.0 同时又是 Q0.1 的控制触点，Q0.0 接通时 Q0.1 也接通。

由于 I0.0、M0.0 和 M0.1 三个触点并联，I0.0 与 M0.1 同为常开触点，所以 I0.0 和 M0.1 具有同样的性质；而 M0.0 为常闭触点，与 I0.0 的性质正好相反。M0.1 和 M0.0 的时序图也与 I0.0 相同或相反，故这里省略。

注意事项：

单个触点的 A、AN、O、ON 指令可连续使用。

A、AN 指令应用及 = 指令的连续使用如图 5-3 所示。

3. 块逻辑操作指令：ALD、OLD

ALD　　组与　　　执行多指令块的与操作，即实现多个逻辑块相串联。

OLD　　组或　　　执行多指令块的或操作，即实现多个逻辑块相并联。

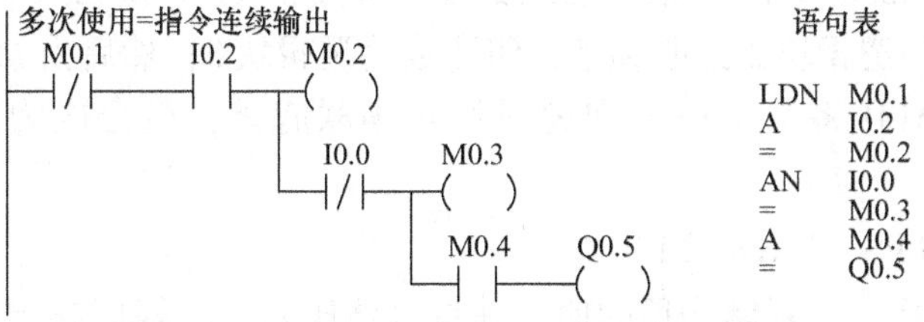

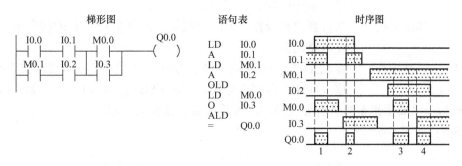

图 5-3　逻辑取指令及连续输出指令应用

例 5-3：如图 5-4 所示。

梯形图　　　　　　　语句表　　　　　　　时序图

图 5-4　块逻辑指令举例

例题说明：

从时序图上看，该例的逻辑关系显得比较复杂，但是仔细分析就可发现 Q0.0 有四个接通段，分别代表了该例子的四种有效组合。

1）当 I0.0、I0.1 接通且 M0.0 接通时，Q0.0 接通，对应图中第 1 段接通情况。

2）当 I0.0、I0.1 接通且 I0.3 接通时，Q0.0 接通，对应图中第 2 段接通情况。

3）当 M0.1、I0.2 接通且 M0.0 接通时，Q0.0 接通，对应图中第 3 段接通情况。

4）当 M0.1、I0.2 接通且 I0.3 接通时，Q0.0 接通，对应图中第 4 段接通情况。

注意事项：

1）在块电路开始时要使用 LD 或 LDN 指令。

2）每完成一次块电路的串联或并联时，要写上 ALD 或 OLD 指令。

3）ALD 和 OLD 指令无操作数。

掌握 ALD、OLD 的关键主要有两点：一是要理解好串、并联关系，二是要形成块的观念。针对例 5-3，在下面的图 5-5 中，分别从程序和逻辑关系表达式两方面对此加以具体说明。

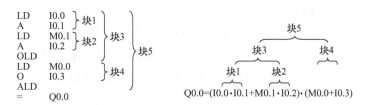

图 5-5　块逻辑指令的编程步骤

从图 5-5 可见，I0.0 和 I0.1 串联后组成逻辑块 1，M0.1 和 I0.2 串联后组成逻辑块 2，用 OLD 将逻辑块 1 和逻辑块 2 并联起来，组合成为逻辑块 3；然后由 M0.0 和 I0.3 并联后组成逻辑块 4，再用 ALD 将逻辑块 3 和逻辑块 4 串联起来，组合成为逻辑块 5，结果输出给 Q0.0。

4. 堆栈指令：LPS、LRD、LPP

LPS　　推入堆栈　　复制栈顶的值，并将该值压入栈，栈底移出的值丢弃，用于分支电路的开始。

LRD　　读取堆栈　　将堆栈第二层的值复制至栈顶，该指令无压入栈或弹出栈的操作，用于中间分支指令。

LPP　　弹出堆栈　　执行弹出栈操作，此时堆栈第二层的值成为新的栈顶值，用于分支电路结束。

LDS　　装载堆栈　　复制堆栈内第 N 层的值到栈顶。堆栈中原来的数据依次下移一层。此条指令很少使用。（Load Stack，N = 0 ~ 8，LDS N）

堆栈指令主要用来解决具有分支结构的梯形图如何编程的问题。

例 5-4：如图 5-6 所示。

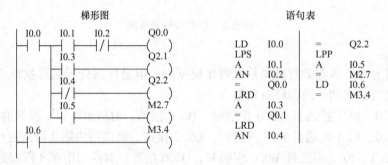

图 5-6　堆栈指令举例 1

例题说明：

当 I0.0 接通时，程序依次完成下述操作。

1）存储 LPS 指令处的运算结果（这里指 I0.0 的状态），这时 I0.0 接通，则当 I0.1 也接通且 I0.2 断开时，Q0.0 输出。

2）由 LRD 指令读出存储的结果，即 I0.0 接通，则当 I0.3 接通时，Q2.1 输出。

3）由 LRD 指令读出存储的结果，即 I0.0 接通，则当 I0.4 断开时，Q2.2 输出。

4）由 LPP 指令读出存储的结果，即 I0.0 接通，则当 I0.5 接通时，M2.7 输出；然后将栈顶值清除，后续指令的执行将不再受 I0.0 影响。

5）当 I0.6 接通时，M3.4 输出。此时与 I0.0 的状态不再相关。

本例中连用了两个 LRD 指令，目的是为了说明该指令只是读存储结果，而无压入栈或弹出栈的操作；在执行了 LPP 后，就结束了堆栈指令，不再与 I0.0 的状态相关。

注意事项：

1）当程序中遇到 LPS 时，可理解为是将左母线到 LPS 指令（即分支点）之间的所有指令存储起来，提供给下面的支路使用。换个角度，也可理解为左母线向右平移到分支点，随后的指令从平移后的左母线处开始。

2）LRD 用于 LPS 之后，这样，当每次遇到 LRD 时，该指令相当于将 LPS 保存的指令重新调出，随后的指令表面上是接着 LRD，实际上相当于接着 LPS 指令来写。在功能上看，也就是相当于将堆栈中的那段梯形图与 LRD 后面的梯形图直接串联起来。

3）LPP 相当于先执行 LRD 的功能，然后结束本次堆栈，因此，用在 LPS 和 LRD 的后面，作为分支结构的最后一个分支回路。

4）从上面对构成堆栈的三个指令的分析可知，最简单的分支，即两个分支，可只由 LPS 和 LPP 构成；而三个以上的分支，则通过反复调用 LRD 指令完成。也就是说，一组堆栈指令中，有且只有一个 LPS 和一个 LPP，但是可以没有或有多个 LRD 指令。

5）注意区分分支结构和并联输出结构梯形图。二者的本质区别在于：分支结构中，分支点与输出点之间串联有触点，而不单纯是输出线圈。

6）LPS、LRD 和 LPP 指令无操作数。

堆栈指令的复杂应用还包括嵌套使用，LPS 和 LPP 指令最多连续使用 8 次，多层分支电路应用如图 5-7 所示。

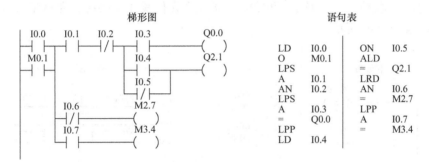

图 5-7　堆栈指令举例 2

5. 边沿微分指令：EU、ED

EU ─|P|─　上升沿微分　检测到触发信号上升沿，使触点接通一个扫描周期。

ED ─|N|─　下降沿微分　检测到触发信号下降沿，使触点接通一个扫描周期。

例 5-5：如图 5-8 所示。

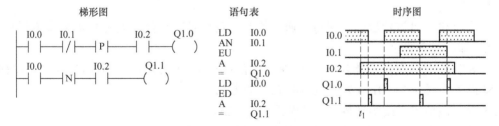

图 5-8　微分指令举例

例题说明：

当检测到触发信号的上升沿时，即 I0.1 断开、I0.2 接通且 I0.0 由 OFF→ON 时，Q1.0 接通一个扫描周期。另一种情况是 I0.0 接通、I0.2 接通且 I0.1 由 ON→OFF 时，Q1.0 也接通一个扫描周期，这是由于 I0.1 是常闭触点的缘故。

当检测到触发信号的下降沿时，即 I0.2 接通且 I0.0 由 ON→OFF 时，Q1.1 接通一个扫描周期。

注意事项：

1）EU 和 ED 指令的作用都是在控制条件满足的瞬间，触发后面的被控对象（触点或操作指令），使其接通一个扫描周期。这两条指令的区别在于：前者是当控制条件接通瞬间（上升沿）起作用，而后者是在控制条件断开瞬间（下降沿）起作用。这两个微分指令在实际程序中很有用，可用于控制那些只需触发执行一次的动作，以及配合功能指令完成一些逻辑控制任务。在程序中，微分指令的使用次数无限制。

2）这里所谓的"触发信号"，指的是 EU 或 ED 前面指令的逻辑运算结果，而不是单纯的某个触点的状态，如例中 I0.0 与 I0.1 的组合；也不是后面的触点状态，如在时序图中的 t_1 时刻，I0.0 和 I0.1 都处于有效状态，I0.2 的上升沿却不能使 Q1.0 接通。

6. 置位、复位指令：S、R

S bit，N   置位   从 bit 开始的连续 N 个元件置 1 并保持，为 ON。

R bit，N   复位   从 bit 开始的连续 N 个元件置 0 并保持，为 OFF。

例 5-6：如图 5-9 所示。

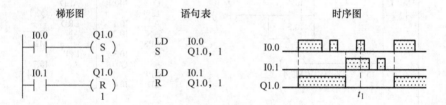

图 5-9 置位、复位指令举例

例题说明：

该程序执行的结果是，当 I0.0 接通时，使 Q1.0 置 1，此后不管 I0.0 是何状态，Q1.0 一直保持为 ON。而当 I0.1 接通时，将 Q1.0 置 0，此后不管 I0.1 是何状态，Q1.0 一直保持 OFF。

注意事项：

1）位元件一旦被置位，就保持在通电状态，直至对它复位；而一旦被复位就保持在断电状态，除非对其置位。

2）S/R 指令使用顺序不限，但写在后面的指令具有优先权。如在图 5-9 中 t_1 时刻，I0.0 和 I0.1 同时为 1，Q1.0 处于复位状态，即为 0。

3）N 一般情况下使用常数，常数范围为 1～255。

4）如果对计数器和定时器复位，则计数器和定时器的当前值被清零。

7. 立即指令

立即指令是为了提高 PLC 对输入/输出的响应速度而设置的，它不受 PLC 循环扫描工作方式的影响，允许对输入点和输出点进行快速直接存取。立即指令列表见表 5-3 所示。

表 5-3　立即指令

指　令		功 能 描 述	语句表（STL）	梯形图（LAD）	说　明
中文名称	助记符				
立即取	LDI	立即加载，电路开始的 A 类（常开）触点	LDI bit	常开： bit —┤ I ├— 常闭： bit —┤/I├—	bit 只能为 I
立即取反	LDNI	取反后立即加载，电路开始的 B 类（常闭）触点	LDNI bit		
立即与	AI	立即与，串联一个 A 类（常开）触点	AI bit		
立即与非	ANI	立即与非，串联一个 B 类（常闭）触点	ANI bit		
立即或	OI	立即或，并联一个 A 类（常开）触点	OI bit		
立即或非	ONI	立即或非，并联一个 B 类（常闭）触点	ONI bit		
立即输出	＝I	立即输出，驱动线圈	＝I bit	bit —（ I ）	bit 只能为 Q
立即置位	SI	立即置位，并保持	SI bit, N	bit —（ SI ） N	① bit 只能为 Q ② N 的范围为 1～128 ③ N 的操作数与 S/R 指令相同
立即复位	RI	立即复位，并保持	RI bit, N	bit —（ RI ） N	

　　用立即指令读取输入点状态时，对输入继电器 I 进行操作，I 对应的输入映像寄存器中的值并未被更新；用立即指令访问输出点时，对输出继电器 Q 进行操作，同时将新的计算值写到 PLC 的输出点和相应的映像寄存器。

　　例 5-7：如图 5-10 所示。

　　例题说明：

　　LPC 采用循环扫描的工作方式，输入触点 I0.0 在第 n 个扫描周期的输入刷新阶段之后通电，正常加载时，I0.0 的状态直至第 $n+1$ 个扫描周期的输入刷新阶段时才被读取，因此 Q1.0、Q1.1、Q1.2 对应的映像寄存器状态会在第 $n+1$ 个扫描周期时随 I0.0 的状态改变而改变。Q1.0 为普通输出，它对应的触点要等到本扫描周期的输

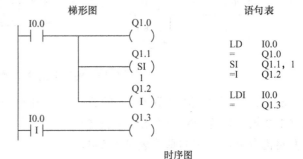

图 5-10　立即指令举例

出刷新阶段才会改变；Q1.1、Q1.2 分别为立即置位和立即输出，因此在程序扫描到它时，它们对应的触点输出映像寄存器的状态同时改变。

Q1.3 的控制触点为 I0.0 的立即触点，因此在程序扫描到 Q1.3 时，其映像寄存器的状态会随着 I0.0 的状态而立即改变；因 Q1.3 为普通输出，所以它对应的触点要等到本扫描周期的输出刷新阶段才发生改变。

注意事项：

输出映像寄存器和其输出触点的概念不同。图 5-10 中，t 为从采集到输入或输出信号，至执行到输出点处程序所用的时间，各处的时间 t 并非相同值。

8. RS 触发器指令：SR、RS

SR　　置位优先触发器　当置位信号（S1）和复位信号（R）都有效时，输出为 ON。

RS　　复位优先触发器　当置位信号（S）和复位信号（R1）都有效时，输出为 OFF。

指令梯形图如图 5-11 所示。

例 5-8：如图 5-12 所示。

例题说明：

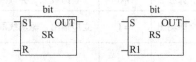

图 5-11　触发器指令梯形图

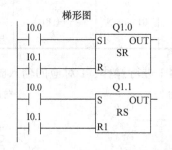
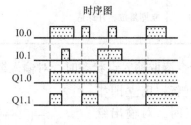

图 5-12　触发器指令举例

I0.0 和 I0.1 分别为 Q1.0 和 Q1.1 的置位信号和复位信号。当 I0.0 和 I0.1 状态同时为 ON 时，Q1.0 被置位为 ON，而 Q1.1 被复位为 OFF。

触发器指令输出状态的真值表见表 5-4。

表 5-4　触发器指令真值表

指令	S1	R	输出	指令	S	R1	输出
置位优先触发器指令（SR）	0	0	保持之前状态	复位优先触发器指令（RS）	0	0	保持之前状态
	0	1	0		0	1	0
	1	0	1		1	0	1
	1	1	1		1	1	0

注意事项：

1）bit 参数用于指定被置位或者被复位的布尔型参数，bit 的操作数可为 I、Q、V、M 和 S。

2）RS 触发器指令相当于置位指令 S 和复位指令 R 的组合。在程序设计中，利用程序执行时由上至下的顺序，触发器指令通常也可由置位和复位指令实现，写在后面的指令具有优先权。

3）利用软件将触发器指令的梯形图形式转化为语句表时，语句表形式较难读懂，通常使用 RS 触发器指令时，只使用其梯形图形式。

4）具有优先权的指令可与电器控制中电动机的基本起、停、保控制电路相对应。置位优先相当于启动优先型电路，复位优先相当于关断优先型电路。

9. 空操作指令：NOP

NOP　　　　　空操作

空操作指令（NOP N）不影响程序的执行，使用此指令时程序的大小有所增加，但是对运算结果没有影响，操作数 N = 0 ~ 255。

10. 取反指令：NOT

NOT　　取反　　将其前面复杂的逻辑运算结果取反。

该指令无操作数，其梯形图和语句表形式为：

梯形图：—|NOT|—；语句表：NOT。

5.2.2　定时器与计数器指令

1. 定时器指令

S7-200 系列 PLC 为用户提供了 3 种类型的定时器指令，定时器指令及其梯形图形式见表 5-5。

表 5-5　定时器指令

指　　令			梯形图 （LAD）	语句表 （STL）
中 文 名 称	英 文 名 称	助记符		
接通延时定时器	On-Delay Timer	TON	Tn —IN　　TON— —PT　　□ms	TON　Tn, PT
有记忆接通延时定时器	Retentive On-Delay Timer	TONR	Tn —IN　　TONR— —PT　　□ms	TONR　Tn, PT
断电延时定时器	Off-Delay Timer	TOF	Tn —IN　　TOF— —PT　　□ms	TOR　Tn, PT

说明：定时器指令中，Tn 为定时器编号，n 的取值范围为 0 ~ 255；PT 为定时器预置值（最大值为 32767）；IN 为定时器输入控制端；□处为定时器时间单位。

S7-200 系列 PLC 的定时器指令有 3 种时间单位，即 1ms、10ms、100ms。定时器的延时时间由指令的预置值和时间单位确定，即定时时间 = 时间单位 × 预置值。定时器各指令的编号和时间单位见表 5-6。

表5-6 定时器各指令的编号和时间单位

定时器指令	时间单位/ms	最大定时范围/s	定时器编号
TONR	1	32.767	T0，T64
	10	327.67	T1～T4，T65～T68
	100	3276.7	T5～T31，T69～T95
TON、TOF	1	32.767	T32，T96
	10	327.67	T33～T36，T97～T100
	100	3276.7	T37～T63，T101～T255

三种定时器指令的具体功能为：

（1）通电延时定时器 TON：用于单一时间间隔的定时。初始时，定时器的当前值为0，定时器位状态为"OFF"。当输入端 IN 接通时，定时器开始计时，当定时器当前值达到预置值时，定时器位被置位为"ON"（其触点动作，即常开触点闭合、常闭触点断开），定时器当前值继续累加，直至达到最大值 32767。当输入端 IN 断开时，定时器自动复位，此时定时器位为"OFF"，当前值被清零。可用复位指令 R 将其复位。

（2）带记忆的通电延时定时器 TONR：用于对许多间隔的累计定时。通电周期或首次扫描时，定时器位状态为"OFF"，定时器的当前值保持在断电前的值。当输入端 IN 接通时，定时器开始计时，其当前值从上次的保持值继续累加，当前值达到预置值时，定时器位被置位为"ON"（其触点动作），当前值仍可继续计数至 32767。TONR 定时器只能用复位指令 R 对其进行复位操作，复位后定时器位为"OFF"，当前值为0。

（3）断电延时定时器 TOF：用于断电后的单一时间间隔计时。初始时，定时器的当前值为0，定时器位状态为"OFF"。当输入端 IN 接通时，定时器位被置位为"ON"（触点动作），当前值仍为0。当输入端由接通到断开时，定时器开始计时，当定时器当前值达到预置值时，定时器位为"OFF"（触点恢复常态），当前值保持不变，停止计时。当输入端再次由"OFF"变为"ON"时，TOF 位状态为"ON"，当前值为0。可用复位指令 R 将其复位。

例5-9：如图 5-13 所示。

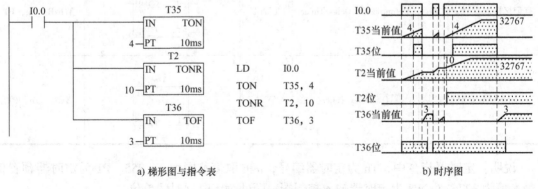

a) 梯形图与指令表　　　　　　　　　　b) 时序图

图 5-13 定时器指令举例

例题说明：当 I0.0 接通时，定时器 T35 和 T2 开始计时，当 T35 当前值达到预置值4时，定时器 T35 位被置位 ON，当前值继续累加。当 I0.0 断开时，定时器 T35 被复位，而定时器 T2 保持当前值不变，当 I0.0 再次接通时，T2 定时器的值继续累加，达到预置值时 T2 位被置位 ON。T35 和 T2 最大累加值可到达 32767。定时器 T36 位为当 I0.0 接通时被置位 ON，而当 I0.0 断开时开始计时，当达到预置值 3 时，其定时器位被置位 OFF，当 I0.0 再次接通时，定时器 T36 当前值被清 0，定时器 T36 位为 ON。

注意事项：程序执行时，不同时间单位定时器的当前值的更新过程也不同，三种时间单位定时器的刷新方式为：

（1）1ms 定时器：由系统每隔 1ms 刷新一次，与扫描周期及程序处理无关。它采用的是中断处理方式。因此，当扫描周期大于 1ms 时，在一个周期中可能被多次刷新，其当前值在一个扫描周期内不一定保持不变。

（2）10ms 定时器：由系统在每个扫描周期开始时自动刷新，定时器位和当前值在整个扫描周期内保持不变。更新过程是将一个累积的时间间隔加到定时器的当前值上。

（3）100ms 定时器：在定时器指令被执行时刷新。为了使定时器能够正确地定时，应确保在一个扫描周期内同一编号的定时器指令只被执行一次。100ms 定时器仅用在定时器指令在每个扫描周期被执行一次的程序中。

由于定时器刷新方式不同，因此相同结构的程序采用不同时间单位的定时器时，执行结果也可能不相同。例如图 5-14 采用 100ms 时间单位的定时器可实现使 Q0.0 输出一系列周期恒定的脉冲，脉宽为一个扫描周期。

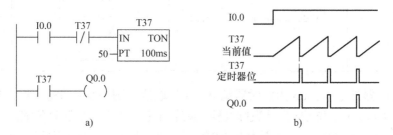

图 5-14　100ms 定时器电路

若将定时器 T37（100ms）换为 T32（1ms）或 T33（10ms），如图 5-15a 和 b 所示，则输出结果将发生改变。对于 T32，只有当定时器的刷新发生在执行 T32 常闭触点和 T32 常开触点之间，Q0.0 才能产生图 5-14b 所示的脉冲，而这种可能性是极小的。对于 T33，由于定时器是在每个扫描周期开始时进行刷新，因此只要 T33 当前值达到预置值，其定时器将被置位，程序执行时其断开的常闭触点将使 T33 立刻复位，所以 Q0.0 不会有脉冲输出。若将程序中的定时器位常闭触点换位输出 Q0.0 的常闭触点，则使用任何一种定时器均能实现脉冲输出。

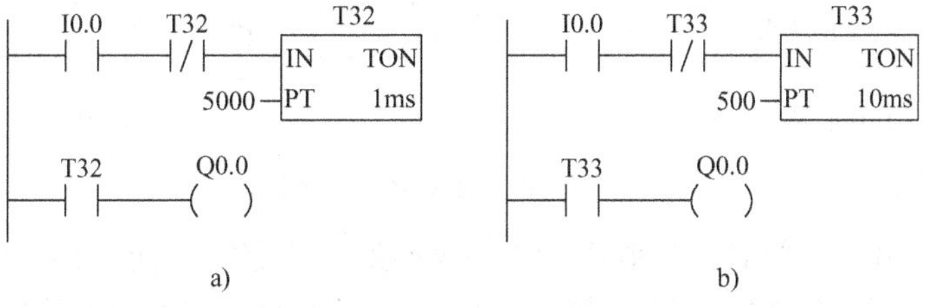

图 5-15　1ms 和 10ms 定时器电路

2. 计数器指令

计数器指令用于累计外部输入脉冲或由软件生成的脉冲个数。S7－200 系列 PLC 为用户提供了 256 个内部计数器，同一程序中不同类型的计数器不能共用一个计数器编号，S7－200 系列 PLC 有三类计数器，其指令及梯形图形式见表 5-7。

表 5-7　计数器指令

指 令			梯形图	语句表
中文名称	英文名称	助记符	（LAD）	（STL）
加计数	Count Up	CTU	Cn CU　CTU R PV	CTU　Cn, PV
减计数	Count Down	CTD	Cn CD　CTD LD PV	CTD　Cn, PV
加减计数	Count Up/Down	CTUD	Cn CU　CTUD CD R PV	CTUD　Cn, PV

说明：定时器指令中，Cn 为定时器编号，n 的取值范围为 0～255；PV 为定时器预置值（最大值为 32767）；CU 和 CD 为计数脉冲输入端；R 和 LD 为计数器复位端。

（1）加计数指令（CTU）：对计数脉冲输入端 CU 的每个上升沿进行加 1 计数。当前值达到预置值时，计数器位为 ON（触点动作），当前值可继续累加至 32767 后停止计数。当复位端 R 为"1"或执行复位指令时，计数器复位，即计数器位为 OFF（触点恢复常态），当前值清零。

例 5-10：如图 5-16 所示。

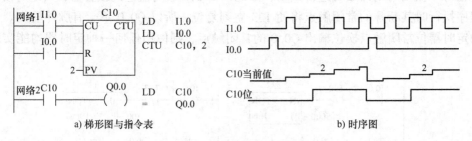

a) 梯形图与指令表　　　　　　　b) 时序图

图 5-16　加计数器的应用举例

例题说明：当 I0.0 无效时，计数器 C10 每检测到 I1.0 的一个上升沿，C10 的当前值加 1。当 C10 当前值达到预置值 2 时，计数器 C10 位被置位为 ON，输出线圈 Q0.0 接通；当 I0.0

闭合时，计数器位被复位，Q0.0 断开。

（2）减计数指令（CTD）：对计数脉冲输入端 CD 的每个上升沿进行减计数。当复位端无效，检测到计数脉冲上升沿时，计数器从预置值开始进行减 1 计数，直至减为 0。若当前值为 0，则计数器被置位为 ON。当 LD 输入端为 "1" 时，计数器被复位，即计数器位为 OFF，当前值复位为预置值。

例 5-11：如图 5-17 所示。

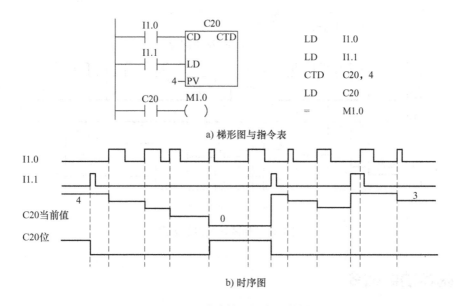

a) 梯形图与指令表

b) 时序图

图 5-17　减计数器的应用举例

例题说明：当 I1.1 接通时，计数器 C20 状态位复位，预置值 4 装入当前值寄存器；当检测到 4 次 I1.0 的上升沿时，当前值等于 0，计数器被置位，M1.0 接通；当前值等于 0 时，尽管 I1.0 再次接通，当前值仍然等于 0；当 I1.1 接通期间，I1.0 接通，当前值不变。

（3）加减计数指令（CTUD）：CU 输入端用于递增计数，CD 输入端用于递减计数。首次扫描时，计数器位为 OFF，当前值为 0。检测到 CU 端脉冲的上升沿时，计数器当前值加 1，检测到 CD 端脉冲的上升沿时，计数器当前值减 1，当前值达到预置值时，计数器位为 ON。CTUD 的计数范围为 -32768 ~ 32767，当计数器当前值达到 32767 时，若再检测到一个加计数脉冲，则当前值变为 -32768；当前值为 -32768 时，若再检测到一个减计数脉冲，则当前值变为 32767。当复位输入端有效或使用复位指令对计数器进行复位操作时，计数器自动复位，即计数器位为 OFF，当前值为 0。

例 5-12：加减计数器应用实例如图 5-18 所示。

例题说明：当 I1.0 接通 5 次时（5 个上升沿），C10 常开触点闭合，M0.0 得电；接着当 I2.0 接通两次时，C10 的当前值为 3，小于 5，所以 C10 常开触点断开，M0.0 断电；当 I1.0 的接通使 C10 的当前值大于等于 5 时，计数器 C10 位被置位，M0.0 得电；当 I0.0 接通时计数器复位，当前值为 0，其常开触点断开，M0.0 断电。

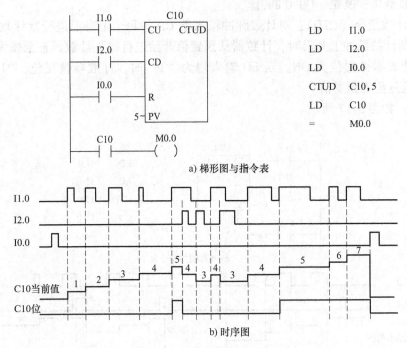

a) 梯形图与指令表

b) 时序图

图 5-18 加减计数器的应用

5.3 基本功能指令

PLC 除了具有丰富的基本逻辑指令外,为了满足工业生产中实现负载控制的需要,PLC 还具有数据处理、过程控制和特殊功能等指令,这些指令称为功能指令(Function Instruction),又称功能块。功能指令包括数据处理指令、算数运算和逻辑运算指令、程序控制指令、表功能指令、转换指令以及特殊功能指令等。

在梯形图中,用方框表示某些指令,如定时器和数学运算指令。方框指令的输入端均在左边,输出端均在右边,如图 5-19 所示。梯形图中有一条提供"能流"的左侧垂直母线,图中 I0.4 的常开触点接通时,能流流到功能块的数字量输入端 EN(Enable IN,使能输入),功能指令 DIV_I 才能被执行。能流只能从左往右流动,网络中不能有短路、开路和反向的能流。

图 5-19 EN 与 ENO

如果功能指令在 EN 处有能流且执行无错误,则 ENO(Enable Output,使能输出)端将能流传递给下一个元件。ENO 可作为下一个功能指令的 EN 输入。如果指令在执行时出错,则能流会在出现错误的功能指令处终止。

5.3.1 比较指令

比较指令是将两个类型一致的操作数按照指定的条件进行比较，若条件成立则节点闭合。S7 – 200 系列 PLC 的比较指令是以触点的形式出现的。比较指令的梯形图与语句表的对应关系见表 5-8。

表 5-8 比较指令格式

比较指令逻辑操作	梯形图（LAD）	语句表（STL）
逻辑取	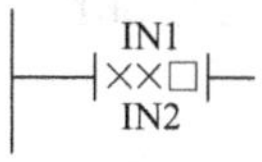 IN1 ××□ IN2	LD□ × ×　IN1, IN2
逻辑与	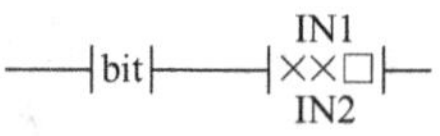 bit　IN1 ××□ IN2	A□ × ×　IN1, IN2
逻辑或	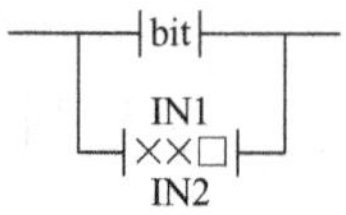 bit IN1 ××□ IN2	O□ × ×　IN1, IN2

说明：比较指令中的"××"符号表示两个操作数 IN1 和 IN2 进行比较的条件，包括：＝＝（等于）、＜（小于）、＞（大于）、＜＝（小于等于）、＞＝（大于等于）、＜＞（不等于）。"□"表示操作数的数据类型：B（字节型）、I/W（整数比较，LAD 中用"I"，STL 中用"W"）、D（双字比较）、R（实数型）。IN1，IN2 的操作数类型包括：I、Q、M、SM、V、S、L、AC、VD、LD、常数。IN2 为被比较数。

例 5-13：比较指令举例如图 5-20 所示。

例题说明：

当 I0.0 为"1"时，若 MB1 当前值小于等于 10，则 Q0.0 输出为"1"，否则为"0"；若 MB1 的值大于等于 20，则 Q0.1 输出为"1"，否则为"0"

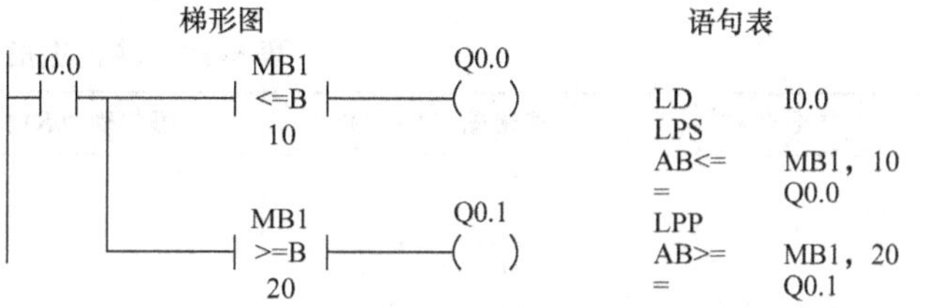

```
梯形图                          语句表
I0.0        MB1        Q0.0
─┤ ├───┬──┤<=B├────( )      LD    I0.0
        │   10                LPS
        │                     AB<=  MB1, 10
        │                     =     Q0.0
        │   MB1        Q0.1    LPP
        └──┤>=B├────( )      AB>=  MB1, 20
            20                =     Q0.1
```

图 5-20　比较指令举例

从该例可以看出，比较指令实际上相当于一个条件触点，根据条件是否满足，决定触点的通断。

注意事项：

在构成梯形图时，LD、A、O 与基本顺序指令中用法类似，区别仅在于操作数上。

5.3.2 数据传送指令

该类指令的功能是将源操作数中的数据，按照规定的要求，复制到目的操作数中。数据传送指令可分为单一传送指令、字节立即传送指令和块传送指令等。

1. 单一数据传送（Move）指令

单一数据传送指令按操作数的类型可分为字节传送（MOVB）、字传送（MOVW）、双字传送（MOVD）和实数传送（MOVR）等。

2. 字节立即传送（Move Byte Immediate）指令

字节立即传送指令与位指令中的立即指令一样，用于输入和输出的立即处理，包括字节立即读指令与字节立即写指令。单一数据传送指令和字节立即传送指令见表5-9。

表5-9　单一数据传送指令的形式

指令名称	梯形图（LAD）	语句表（STL）	指令说明
单一数据传送指令	MOV_□ EN　ENO IN　OUT	MOV□　IN, OUT	（1）使能输入（EN）端有效时，把一个数据由 IN 传送到 OUT 所指定的存储单元里 （2）□处代表操作数类型，可为 B、W、DW（LAD 中）、D（STL 中）或 R
字节立即读指令	MOV_BIR EN　ENO IN　OUT	BIR　IN, OUT	（1）BIR 指令实现立即读取输入端数据 IN 的一个字节，并传送到 OUT 所指定的字节存储单元，输入映像寄存器并不刷新。输入为 IB，输出为字节 （2）BIW 指令实现立即从内存地址 IN 中读取一个字节数据，写入输出端 OUT，同时刷新响应的输出映像寄存器。输入为字节，输出为 QB （3）ENO 为传送状态位
字节立即写指令	MOV_BIW EN　ENO IN　OUT	BIWIN, OUT	

3. 块传送（Block Move）指令

该类指令可用来进行一次多个（最多 255 个）数据的传送，包括字节块的传送（BMB）、字块传送（BMW）和双字块传送（BMD）。块传送指令见表5-10。

表5-10　块传送指令

指令名称	梯形图（LAD）	语句表（STL）	指令说明
块传送指令 Block Move	BLKMOV_□ EN　ENO IN　OUT N	BM□　IN, OUT, N	（1）使能输入（EN）端有效时，把从 IN 开始的 N 个字节（字或双字）型数据传送到从 OUT 开始的 N 个字节（字或双字）存储单元里 （2）□处代表操作数类型，可为 B、W、DW（LAD 中）、D（STL 中）或 R （3）N 的取值范围为 1~255

例5-14：块传送指令举例如图 5-21 所示。

例题说明：

当检测到 I0.0 的上升沿时，将字节 VB10 中的数据传送至 VB20 中；I0.0 ~ I0.7 的输入状态立即送到 VB200，不受扫描周期的影响；把 VW70 ~ VW72 三个字的内容传送到 VW78 开始的三个连续字存储单元中（即 VW78 ~ VW80）。

4. 字节交换（Swap Bytes）指令

字节交换指令（SWAP）用来交换字类型（数据类型为 WORD）的输入字 IN 的高字节与低字节。该指令采用脉冲执行方式，否则每个扫描周期都要交换一次。

5. 数据填充指令

数据填充指令（FULL）用于将字类型输入数据 IN 的值填充到以 OUT 为首地址的连续 N 个存储单元中，N 为字节型，取值范围为 1 ~ 255 的整数。

字节交换指令和填充指令如图 5-22 所示。

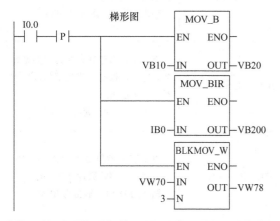

图 5-21　块传送指令举例

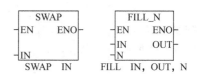

图 5-22　字节交换指令与填充指令

5.3.3　数据转换指令

数据转换指令是指对操作数的类型进行转换，包括数据的类型转换、码的类型转换以及数据和码之间的类型转换。通过这些指令，在程序中可以较好地解决 PLC 输入、输出的数据类型与内部运算数据类型不一致的问题。

数据类型主要包括字节、整数、双整数和实数，主要的码制有 BCD 码、ASCII 码、十进制数和十六进制数等。不同性质的指令对操作数的类型要求不同，因此在指令使用之前，要通过转换指令将操作数转化成相应的类型。

1. 数据类型转换指令

数据类型转换指令是指将一个数据按字节、字、双字和实数等类型进行转换，数据类型转换指令的形式见表 5-11。当使能输入（EN）端有效时，将输入操作数 IN 转换为指定的数据格式并存入目的操作数 OUT 中。

表 5-11　数据类型转换指令

指令名称	梯形图（LAD）	语句表（STL）	指令说明
字节转整数 Byte to Integer	B_I EN　ENO IN　OUT	BTI IN, OUT	将字节型输入数据转换成整数类型。字节是无符号的，所以没有符号扩展位 输入为字节，输出为 INT
整数转字节 Integer to Byte	I_B EN　ENO IN　OUT	ITB IN, OUT	将整数输入数据转换成字节类型。输入数据超出字节范围（0 ~ 255）时产生溢出（溢出标志 SM1.1 置 1） 输入为 INT，输出为字节

（续）

指 令 名 称	梯形图（LAD）	语句表（STL）	指 令 说 明
整数转双整数 Integer to Byte	I_DI EN ENO IN OUT	ITD IN, OUT	将字类型整数输入数据转换为双整数类型（符号进行扩展） 输入为 INT，输出为 DINT
双整数转整数 Double Integer to Integer	DI_I EN ENO IN OUT	DTI IN, OUT	将双字类型整数转换为字类型整数。输入数据超出字类型整数范围时将产生溢出 输入为 DINT，输出为 INT
双整数转实数 Double Integer toReal	DI_R EN ENO IN OUT	DTR IN, OUT	将双字类型整数转换为 32 位实数，双字类型整数是有符号的 输入为 DINT，输出为 REAL

2. 取整指令

取整指令即为实数转换为双整数（Real to Double Integer）指令，其指令有两条：ROUND 和 TRUNC。指令形式如图 5-23 所示。

指令功能：将实数型输入数据 IN 转换成双整数类型，并将结果送到 OUT 输出。两条指令的区别是：ROUND 指令小数部分四舍五入，而 TRUNC 指令小数部分直接舍去。

数据类型：输入为 REAL，输出为 DINT。

3. BCD 码数据转换指令

此类指令包括 BCD 码转整数（BCD to Integer）和整数转 BCD 码（Integer to BCD）两种指令，指令形式如图 5-24 所示。

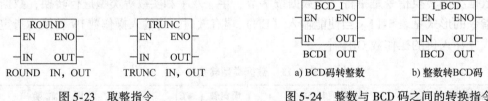

图 5-23　取整指令　　　　　　图 5-24　整数与 BCD 码之间的转换指令

指令功能：指令 BCDI 是将 BCD 码输入数据转换成整数类型，并将结果送到 OUT 输出；指令 IBCD 将整数输入数据转换成 BCD 码类型，并将结果送到 OUT 输出。两个指令输入数据 IN 的范围均为 0～9999。

数据类型：输入、输出均为字。

4. ASCII 码转换指令

ASCII 码数据转换指令是将用 ASCII 码（标准字符 0～9、A～F 编码的）表示的字符串与十六进制数、整数、双整数及实数之间进行转换，ASCII 码数据转换指令见表 5-12。

表 5-12　ASCII 码数据转换指令

指 令 名 称	梯形图（LAD）	语句表（STL）	指 令 说 明
整数、双整数、实数转换为 ASCII 码	□TA　EN　ENO　IN　OUT　FMT	□TA　IN，OUT，FMT	（1）"□" 处可为 I、D、R ITA：把一个整数 IN 转换成一个 ASCII 码字符串，转换结果存放在 OUT 指定的连续 8 个字节中 DTA：把一个双整数 IN 转换成一个 ASCII 码字符串，转换结果存放在 OUT 开始的 12 个字节中 RTA：把一个实数 IN 转换成一个 ASCII 码字符串，转换结果存放在 OUT 开始的 3～15 个字节中 分别为将整数、双整数和实数转换为 ASCII 码指令
ASCII 码转换为十六进制数	ATH　EN　ENO　IN　OUT　LEN	ATH　IN，OUT，LEN	（2）ATH：把从 IN 开始的长度为 LEN 的 ASCII 码转换为十六进制数，并将结果送到 OUT 开始的字节进行输出 （3）HTA：把从 IN 开始的长度为 LEN 的十六进制数转换为 ASCII 码，并将结果送到 OUT 开始的字节进行输出
十六进制数转换为 ASCII 码	HTA　EN　ENO　IN　OUT　LEN	HTA　IN，OUT，LEN	（4）格式 FMT 指定小数点右侧的转换精度和小数点是使用逗号还是点号 （5）LEN 的长度最大为 255 （6）FMT、LEN 和 OUT 均为字节类型

（1）ITA、DTA 指令的 FMT 操作格式及实例如图 5-25 所示。

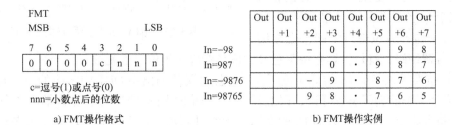

a）FMT 操作格式　　　　b）FMT 操作实例

图 5-25　ITA、DTA 指令的 FMT 操作格式及实例

FMT 操作格式中，c 表示 ASCII 码字符串中整数与小数部分的分隔符：逗号（c=1）和点号（c=0）。nnn 表示小数部分的位数，有效范围为 0～5。对应图 5-25b 中的实例，c=0；nnn=011。转换结果存入指令指定的输出缓冲区中，输出缓冲区的大小始终是 8 个字节，其格式应符合以下规则：

1）正数写入输出缓冲区时没有符号位；

2）负数写入输出缓冲区时以负号（－）开头；

3）小数点左侧开头部分的 0 被隐藏，但靠近小数点的除外；

4）数值在输出缓冲区中右对齐。

（2）RTA 指令的 FMT 操作格式及实例如图 5-26 所示。

其中，ssss 表示缓冲区（OUT）的大小，它的范围是 3～15。c 及 nnn 的含义与 ITA 中

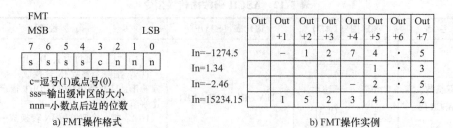

图 5-26　RTA 指令的 FMT 操作格式及实例

的相同。对应图 5-26b 中的实例，ssss = 1000，c = 0；nnn = 001。输出缓冲区的格式应符合以下规则：

1）正数写入输出缓冲区时没有符号位；

2）负数写入输出缓冲区时以负号（–）开头；

3）小数点左侧开头部分的 0 被隐藏，但靠近小数点的除外；

4）数值在输出缓冲区中右对齐。

5）小数部分的位数如果大于 nnn 指定的位数，则进行四舍五入，去掉多余的小数位。

6）缓冲区的字节数应大于 3，且大于小数部分的位数。

5. 编码（Encode）、译码（Decode）及段码（Segment）指令

指令的 LAD 及 STL 形式如图 5-27 所示。

指令功能：ENCO 指令将字型输入数据 IN 的最低有效位（值为 1 的位）的位号输出到 OUT 所指定的字节单元的低 4位，即用半个字节来对一个字型数据 16位中的"1"位有效位进行编码，也称编

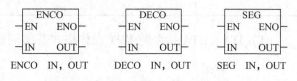

图 5-27　编码、译码及段码指令格式

码指令。所谓编码，就是将具有特定意义的信息变成若干位二进制数。

DECO 按照输入字节 IN 的低 4 位所表示的位号置位输出字 OUT 中相应的位，其余位为 0，即对半个字节的编码进行译码，以选择一个字 16 位中的"1"位，也称解码指令。

SEG 指令将字节型输入数据 IN 的低四位十六进制数，产生点亮七段显示器各段的代码（七段码），并将其输出到 OUT 所指定的字节单元。

5.3.4　移位与循环移位指令

1. 移位（Shift）指令

移位指令分为左移和右移两种，根据所移位数的长度不同可分为字节型、字型和双字型。移位数据存储单元的移出端与 SM1.1（溢出）相连。移位时，移出位进入 SM1.1，另一端自动补 0。如果所需移位次数大于移位数据的位数，则超出次数无效。如果移位操作使数据变为 0，则零存储器标志位（SM1.0）自动置位。

移位指令的 LAD 及 STL 格式如图 5-28 所示，图中□处可为 B、W、DW（LAD 中）、D（STL 中），移位位数 N 的数据类型为字节型。

指令功能：把字节型（字型或双字型）输入数据 IN 右移（或左移）N 位后输出到 OUT 所指的字节（字或双字）存储单元。移位示意图如图 5-29 所示。

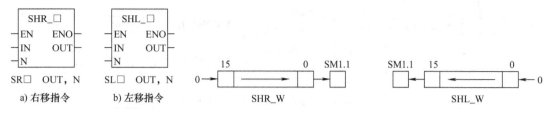

图 5-28 移位指令格式   图 5-29 移位指令运行情况

使用移位指令应注意：

1）使用 LAD 编程时，移位指令的 OUT 和 IN 可以使用不同的存储单元，但在使用 STL 编程时，OUT 和 IN 使用相同的存储单元，OUT 即为移位前的 IN。

2）最大实际可移位次数 N 为 8 位（字节操作）、16 位（字操作）或 32 位（双字操作）。

3）SM1.1 始终存放最后一次被移出的位。

4）字节操作是无符号的，对于字和双字操作，当使用有符号数据类型时，符号位也被移位。

2. 循环移位（Rotate）指令

循环移位指令格式如图 5-30 所示，其数据类型与移位指令相同。

指令功能：循环移位指令将输入 IN 中各位的值向右或向左循环移动 N 位后，送给输出 OUT 指定的地址。循环移位是环形的，即被移出来的位将返回到另一端空出来的位置。移出的最后移位的数值存放在标志位 SM1.1 中。指令运行情况如图 5-31 所示。

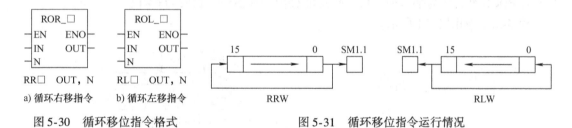

图 5-30 循环移位指令格式   图 5-31 循环移位指令运行情况

如果移动的位数 N 大于允许值（8、16 或 32），执行循环移位之前先对 N 进行求模运算。例如，对于字循环移位时，将 N 除以 16 后取余数，从而得到一个有效的移位次数。字节循环移位求模运算的结果为 0～7，字循环移位为 0～15，双字循环移位为 0～31。如果求模运算结果为 0，则不进行循环移位操作。如果实际移位次数为 0，则零标志 SM1.0 被置位。

移位与循环移位指令在使能端 EN 有效时即执行移位操作，在实际中，常常要求在某个条件满足时仅执行一次移位操作，所以应在指令的梯级逻辑中加入微分指令，即仅在条件满足的第一个扫描周期内执行相应的移位操作。移位和循环移位指令的应用如图 5-32 所示。

3. 移位寄存器（Shift Register）指令

移位寄存器指令是可以指定移位寄存器长度和移位方向的移位指令，它提供了一种排列和控制产品流或数据的简单方法。移位寄存器指令格式如图 5-33 所示。

指令功能：该指令在梯形图中有 3 个数据输入端：DATA 为数值输入，将该位的数值移

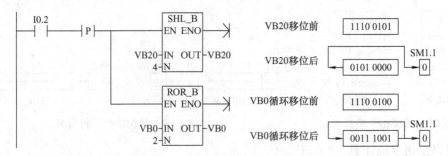

图 5-32　移位和循环移位指令的应用

入移位寄存器；S_ BIT 指定移位寄存器的最低位；N 指定移位寄存器的长度和移位方向。

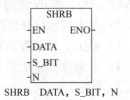

N 为正值时为正向（左移）移位：将 DATA 的值从最低字节的最低位（S_ BIT）移入移位寄存器，最高字节的最高位数值被移除。

图 5-33　移位寄存器指令格式

N 为负值时为反向（右移）移位：将 DATA 的值从最高字节的最高位移入移位寄存器，最低字节的最低位（S_ BIT）数值被移除。

移位寄存器存储单元的移出端与 SM1.1（溢出）相连，所以最后被移出的位放在 SM1.1 位。移位时，溢出位进入 SM1.1，另一端自动补上 DATA 移入位的值。DATA 和 S_ BIT 为 BOOL 型，N 为字节型，可以指定的移位寄存器最大长度为 64 位。

例 5-15：如图 5-34 所示。

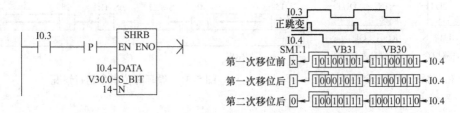

图 5-34　移位寄存器指令的应用举例

例题说明：

图 5-34 中 N 为正数 14，在使能输入 I0.3 的上升沿，I0.4 的值从移位寄存器的最低位 V30.0 移入，寄存器中的各位由低位向高位（左移）移位，被移动的最高位 V31.5 的值被移到溢出标志位 SM1.1。若 N 为负数，则 I0.4 的值从移位寄存器的最高位 V31.5 移入，从最低位 V30.0 移到溢出标志位 SM1.1。

注意事项：

移位寄存指令一般需要用微分指令来控制使能端的状态。

最高位的计算方法为（N 的绝对值 -1 + S_ BIT 的位号）/8，余数即为最高位的位号，商与 S_ BIT 的字节号之和就是最高位的字节号。例如，S_ BIT 为 V21.5，N 为 13，则（13 - 1 + 5）/8 = 2 余 1。所以最高位的字节号为 21 + 2 = 23，位号为 1，即最高位为 V23.1。

5.3.5　数据运算指令

S7－200 系列 PLC 的数据运算指令包括数学运算指令和逻辑运算指令。其中数学运算指令包括四则运算及常用的数学函数；逻辑运算指令包括字节、字和双字的逻辑与、逻辑或、逻辑非及逻辑异或等运算。

1. 四则运算指令

(1) 加、减法运算及一般乘、除法运算指令。加法（Add）、减法（Subtract）、一般乘法（Multiply）和一般除法（Divide）指令分别是对有符号数进行相加、相减、相乘和相除操作，包括整数、双整数和实数加、减法。LAD 及 STL 指令格式如图 5-35 所示，图中□处可为 I、DI（LAD 中）、D（STL 中）或 R。

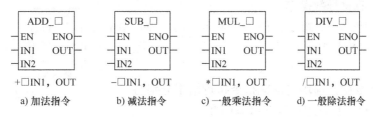

a) 加法指令　　b) 减法指令　　c) 一般乘法指令　　d) 一般除法指令

图 5-35　加、减法运算指令

指令功能：

在梯形图指令中，整数、双整数与浮点数的加、减、乘、除指令分别执行下列运算，即

$$IN1 + IN2 = OUT,\ IN1 - IN2 = OUT,\ IN1 * IN2 = OUT,\ IN1/IN2 = OUT$$

在语句表指令中，整数、双整数与浮点数的加、减、乘、除指令分别执行下列运算，即

$$IN1 + OUT = OUT,\ OUT - IN1 = OUT,\ IN1 * OUT = OUT,\ OUT/IN1 = OUT$$

整数（I）、双整数（DI 或 D）与实数（R）运算指令的运算结果分别为整数、双整数和实数，除法不保留余数。运算结果如果超出允许的范围，溢出标志位 SM1.1 被置 1。

注意事项：在 STL 中，通常将 IN2 与 OUT 共用一个地址单元。当 IN1、IN2 和 OUT 操作数的地址不同时，在 STL 指令中，首先用数据传送指令将 IN1 的数值送入 OUT，然后再执行相关运算。

因为在使用 LAD 编程时，IN1、IN2 和 OUT 可以使用不一样的存储单元，这样编写出的程序比较清晰易懂，所以建议在使用数学运算指令时，最好采用 LAD 编程形式。

(2) 完全整数乘法及除法指令。完全整数乘法（Multiply Integer to Double Integer）和完全整数除法（Divide Integer to Double Integer）指令是将两个单字长（16 位）的有符号整数 IN1 和 IN2 相乘或相除，产生一个 32 位双整数结果 OUT，对于完全整数除法，产生结果的低 16 位为商，高 16 位为余数。指令格式如图 5-36 所示。

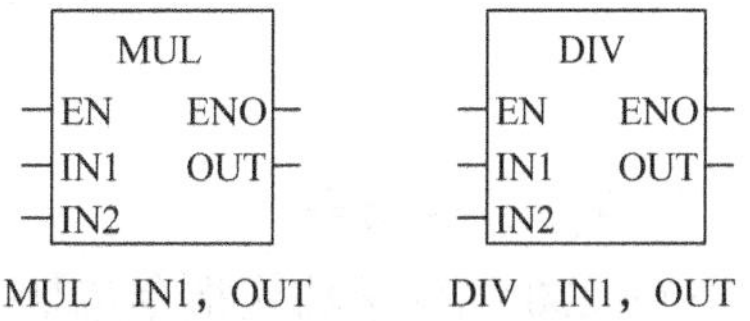

指令功能：

在梯形图指令中，完全整数乘、除法指令分别执行下列运算，即

$$IN1 * IN2 = OUT,\ IN1/IN2 = OUT$$

在语句表指令中，通常将 IN2 与 OUT 共用一个地

MUL IN1, OUT　　DIV IN1, OUT

a) 完全整数乘法指令　b) 完全整数除法指令

图 5-36　完全整数乘法及除法运算指令

址单元，完全整数乘、除法指令分别执行下列运算，即

$$IN1 * OUT = OUT,\ OUT/IN1 = OUT$$

注意事项：对于完全整数乘法，32 位运算结果存储单元的低 16 位运算前用于存放乘数；对于完全整数除法，32 位结果存储单元的低 16 位运算前被兼用存放被除数，除法运算结果的商放在 OUT 的低 16 位字中，余数放在 OUT 的高 16 位字中。

四则运算对标志位的影响：SM1.0（零标志位），SM1.1（溢出），SM1.2（负数），SM1.3（被 0 除）。

2. 递增与递减指令

递增（Increment）与递减（Decrement）指令是对有符号或无符号整数进行自动加 1 或减 1 的操作，数据的长度可以是字节、字或双字。其中字节增减是对无符号数操作，而字或双字的增减是对有符号数操作。

指令格式如图 5-37 所示，图中□处可为 B、W、DW（LAD 中）或 D（STL 中）。

a) 递增指令　　b) 递减指令

图 5-37　递增、递减指令格式

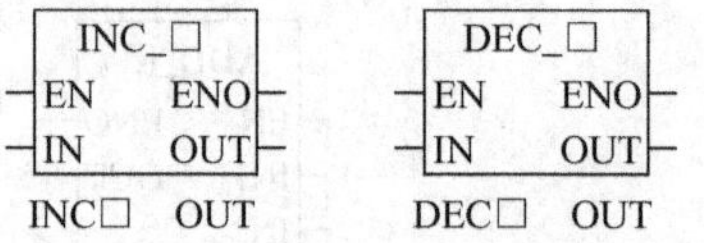

指令功能：

在梯形图指令中，递增与递减指令执行结果分别为

$$IN + 1 = OUT,\ IN - 1 = OUT;$$

在语句表指令中，IN 与 OUT 共用一个地址单元，递增与递减执行结果分别为 OUT + 1 = OUT，OUT - 1 = OUT。

例 5-16：如图 5-38 所示。

若计算时 VW10 = 300，VW20 = 35，则执行完图 5-38 中的程序段后，各存储单元的数值为：VW30 = 265，VW40 = 335，VW50 = 8，VD60 = 10500。

```
LD      I1.0
EU
MOVW    VW10, VW30
-I      VW20, VW30

MOVW    VW10, VW40
+I      VW20, VW40

MOVW    VW10, VW50
/I      VW20, VW50

MOVW    VW10, VW62
MUL     VW20, VD60
```

a) 梯形图　　b) 语句表

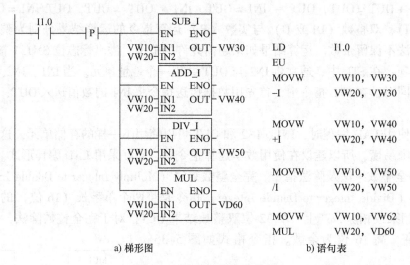

图 5-38　数学运算指令举例

3. 数学功能指令

S7-200 的数学功能指令包括平方根、自然对数、指数及三角函数等运算指令。此类指令输入与输出参数均为实数，结果大于 32 位二进制数表示的范围时产生溢出。

（1）平方根、自然对数及指数指令。平方根（Square Root）、自然对数（Natural Logartjm）及指数（Natural Exponential）指令格式如图5-39所示。

SQRT IN，OUT　　LN IN，OUT　　EXP IN，OUT

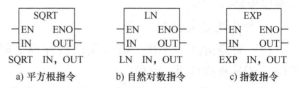

a) 平方根指令　　b) 自然对数指令　　c) 指数指令

图5-39　平方根、自然对数及指数指令格式

指令功能：平方根指令是计算实数IN的二次方根，并将结果存放到OUT中；自然对数指令将一个双字长（32位）的实数IN取自然对数，得到32位的实数结果送到OUT（当求解以10为底的常用对数时，可以用一般除法指令将自然对数除以2.302585即可）；指数指令为将一个双字长（32位）的实数IN取以e为底的指数，得到32位的实数结果送到OUT。

通过指数指令和自然对数指令的配合，可以完成以任意常数为底和以任意常数为指数的计算。例如：求y^x，输入如下指令：EXP（x＊LN（y））；216的3次方根$=216^{1/3}$= EXP（1/3＊LN（216））=6；计算6的立方为：6^3=EXP（3.0＊LN（6））。

（2）三角函数指令。三角函数指令主要有正弦（SIN）、余弦（COS）和正切（TAN）指令，其指令格式如图5-40所示。

SIN IN，OUT　　COS IN，OUT　　TAN IN，OUT

a) 正弦指令　　b) 余弦指令　　c) 正切指令

图5-40　三角函数指令格式

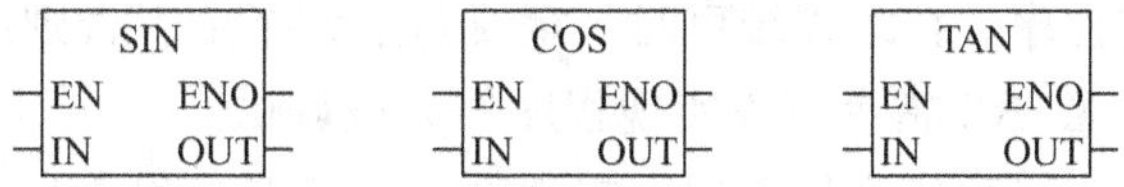

指令功能：将一个双字长的实数弧度值IN取正弦、余弦或正切，得到32位的实数结果送到OUT。如果已知输入值为角度，需先将角度转化为弧度值，即使用一般乘法指令，将角度值乘以π/180°即可。

4. 逻辑运算指令

逻辑运算是对无符号数进行的逻辑处理，主要包括逻辑与（Logic And）、逻辑或（Logic Or）、逻辑异或（Logic Exclusive Or）和取反（Logic Invert）等运算指令。按操作数长度可分为字节、字和双字逻辑运算。指令形式如图5-41所示，图中□处可为B、W、DW（LAD中）或D（STL中）。

AND□ IN1，OUT　　OR□ IN1，OUT　　XOR□ IN1，OUT　　INV□ OUT

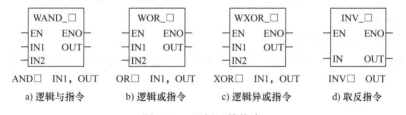

a) 逻辑与指令　　b) 逻辑或指令　　c) 逻辑异或指令　　d) 取反指令

图5-41　逻辑运算指令

指令功能：逻辑与、或、异或指令是将两个等字长（字节、字或双字）的输入IN1和IN2逻辑数分别按位相与、按位相或、按位相异或，得到一个字节（字或双字）的逻辑数并输出到OUT。取反指令是将输入逻辑数IN按位取反，并将结果放入OUT指定的存储单元。在STL中，OUT和IN2共用一个存储单元。

5.3.6　程序控制指令

程序控制类指令用于程序运行状态的控制，主要包括暂停、结束、跳转、子程序调用以

及顺序控制指令等。

1. 暂停及结束指令

(1) 暂停指令：STOP。指令执行条件成立时，使 CPU 的各工作方式由 RUN 切换到 STOP，即停止执行用户程序。

STOP 指令可以用在主程序、子程序和中断程序中。如果在中断程序中执行 STOP 指令，则中断处理立即中止，并忽略所有挂起的中断，继续扫描主程序的剩余部分，在本次扫描周期结束后，将 CPU 从 RUN 切换到 STOP。

(2) 结束指令：END、MEND。

END：有条件结束指令，当执行条件成立时结束主程序，返回主程序的第一条指令。

MEND：无条件结束指令，结束主程序，返回主程序的第一条指令。

注意事项：在梯形图中条件指令 END 不与左母线直接相连，而 MEND 指令与左母线直接相连。用户必须以无条件结束指令结束主程序。条件结束指令用在无条件结束指令前结束主程序。在编程结束时一定要写上该指令，否则出错。在调试程序时，在程序的适当位置插入 MEND 指令可以实现程序的分段调试。

结束指令只能用于主程序，不能在主程序和中断程序中使用。END 指令无操作数。

2. 监控定时器复位指令：WDR

监控定时器又称看门狗（Watchdog Reset），它的定时时间为 500ms，正常工作时扫描周期小于 500ms，每次扫描它都被自动复位一次，监控定时器不起作用。如果扫描周期超过 500ms，CPU 会自动切换到 STOP 模式，并会产生致命错误"扫描看门狗超时"。

在以下情况下扫描周期可能大于 500ms，监控定时器会停止执行用户程序：

1) 用户程序很长。

2) 出现中断事件时，执行中断程序的时间较长。

3) 循环指令扫描时间长。

为了防止在正常情况下监控定时器动作，可以将监控定时器复位指令 WDR 插到程序中适当的地方，使监控定时器复位。如果循环程序的执行时间太长，则下列操作只有在扫描周期结束时才能执行：

1) 自由端口模式之外的通信。

2) I/O 刷新（立即 I/O 除外）、强制刷新和 SM 位刷新（SM0、SM5 ~ SM29 的位不能被刷新）。

3) 运行时间诊断。

4) 扫描时间超过 25s，使 10ms 和 100ms 定时器不能准确计时。

5) 中断程序中的 STOP 指令。

带数字量输出的扩展模块也有一个监控定时器，每次使用 WDR 指令时，应对每个扩展模块的某一个输出字节使用立即写（BIW）指令来复位扩展模块的监控定时器。

例 5-17：暂停、结束及监控定时器复位指令如图 5-42 所示。

例题说明：当 SM5.0 或 SM4.3 或 I0.0 为"1"时，执行 STOP 命令，PLC 工作方式由 RUN 切换为 STOP；当 I0.1 为"1"时（为外部停止控制），中止当前扫描周期，结束主程序；当检测到 I0.2 的上升沿时，执行监控定时器复位指令，并执行 BIW 指令。

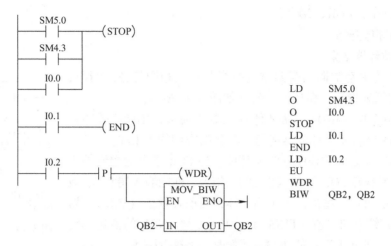

图 5-42 暂停、结束及监控定时器复位指令

3. 跳转指令：JMP、LBL

JMP（Jump to Label）：跳转指令，当控制触点闭合时，使程序跳转到标号处执行。

LBL（Label）：标号指令，指令跳转的目标标号，操作数 n 为 0～255。

跳转指令可以使 PLC 编程的灵活性有很大提高，当控制输入端有效时，跳转到和 JMP 指令编号相同的 LBL 处，JMP 和 LBL 之间的程序略过，转而执行 LBL 指令之后的程序。

例 5-18：如图 5-43 所示。

例题说明：在 JMP6 指令的前面、JMP6 与 LBL6 中间及 LBL6 的后面都可能有其他的指令程序段，如图 5-43 所示。当控制触点 I1.0 断开时，跳转指令不起作用，JMP6 与 LBL6 中间的指令正常执行，与没有跳转指令一样；当控制触点 I1.0 接通时，执行跳转指令，跳过 JMP6 与 LBL6 中间的程序段，直接执行 LBL6 后面的程序段。

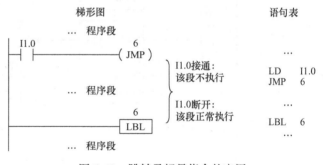

图 5-43 跳转及标号指令的应用

注意事项：

1）跳转指令和标号指令必须配合使用，而且只能使用在同一程序块中，如主程序、同一个子程序或同一个中断程序。不能在不同的程序块中互相跳转。

2）执行跳转后，被跳过程序段中的各元器件的状态为：Q、M、S、C 等元器件的位保持跳转前的状态；计数器 C 停止计数，当前值存储器保持跳转前的计数值；在跳转期间，分辨率为 1ms 和 10ms 的定时器会一直保持跳转前的工作状态，原来工作的继续工作，到设定值后，其位的状态也会改变，输出触点动作，其当前值存储器一直累加到最大值 32767 才停止；对分辨率为 100ms 的定时器来说，跳转期间停止工作，但不会复位，存储器里的值为跳转时的值，跳转结束后，若输入条件允许，可继续计时，但已经失去了准确计时的意义。

3）可以由程序的多个部位向同一标号跳转，不允许由一个部位向多个标号跳转。

4. 循环指令：FOR、NEXT

FOR：循环体开始。

NEXT：循环体结束。

在控制系统中经常遇到需要重复执行若干次相同任务的情况，这时可以使用循环指令。循环指令形式如图 5-44 所示。

在 FOR 指令中，INDX：循环体计数器当前值；INIT：循环计数器初值；FINAL：循环计数器终值。其数据类型均为 INT。

FOR 和 NEXT 之间的程序称为循环体。当 FOR 指令的控制输入端有效时，反复执行 FOR 与 NEXT 之间的指令。使能输入端 EN 有效时，循环体开始执行。每执行一次循环体，当前计数值（INDX）增加 1，并且将其结果和终值（FINAL）作比较，当 INDX 的值达到终止值 FINAL 时，终止循环；使能输入无效时，不执行循环。

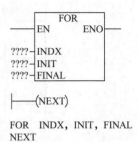

FOR INDX, INIT, FINAL
NEXT

图 5-44 循环指令形式

例 5-19：循环指令的应用如图 5-45 所示。

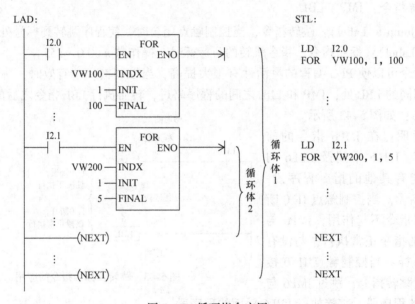

图 5-45 循环指令应用

例题说明：当 I2.0 为"1"时，执行循环体 1，其中，VW100 为循环计数器，初值为 1，终值为 100。在循环体 1 中，若 I2.1 为"1"，则执行循环体 2，其中 VW200 为循环计数器，初值为 1，终值为 5。所以当 I2.0 和 I2.1 均有效时，每执行一次循环体 1，循环体 2 将被执行 5 次，循环体 1 共执行 100 次。

注意事项：

1）FOR 和 NEXT 指令必须成对使用，如果启动了循环，除非在循环内部修改了结束值，否则循环就一直进行，直到循环结束。在循环的执行过程中，可以改变循环的参数。

2）循环可以嵌套，最多为 8 层。

3）每次使能输入（EN）重新有效时，指令将自动复位各参数，初始值 INIT 被传送到指针 INDX 中。

4）循环程序是在一个扫描周期内执行的，如果循环次数很大，循环程序的执行时间很长，可能使监控定时器动作。循环程序一般在信号的上升沿时调用。

5）起始值大于终值时，循环体不被执行。

5．子程序调用及返回指令

子程序（Subroutine）是应用程序中的可选组件。只有被主程序、中断服务程序或其他子程序调用时，该子程序才会被执行。在程序设计中，通常将具有特定功能，并且多次使用的程序段作为子程序。当主程序调用子程序并执行时，子程序执行全部指令直至结束，然后系统将返回至调用子程序的主程序。

S7 - 200 的控制程序由主程序 OB1、子程序和中断程序组成。STEP 7 - Micro/WIN 在程序编辑器窗口里为每个程序组织单元 Program Organizational Unit（POU）提供一个独立的页。主程序总是第 1 页，后面是子程序或中断程序。CPU 226 最多可以使用 128 个子程序，其他 CPU 最多 64 个子程序。

各个 POU 在程序编辑器窗口中是分页存放的，子程序或中断程序在执行到末尾时自动返回，不必加返回指令；在子程序或中断程序中可以使用条件返回指令。

（1）建立子程序。可采用下列方法建立子程序：

1）从"编辑"菜单，选择"插入"→"子程序"命令。

2）从"指令树"，用鼠标右键单击"程序块"图标，并从弹出的菜单中选择"插入"→"子程序"。

3）从"程序编辑器"窗口，单击鼠标右键，并从弹出的菜单中选择"插入"→"子程序"。

程序编辑器从先前的 POU 显示更改为新的子程序。程序编辑器底部会出现一个新标签，代表新的子程序，此时可以对新的子程序编程。

默认的程序名是 SBR - N，编号 N 从 0 开始按递增顺序生成，用右键单击指令树中的子程序图标，在弹出的菜单中选择"重新命名"，可修改子程序的名称。

（2）子程序的调用与返回。子程序有子程序调用和子程序返回两大类指令，子程序返回又分为条件返回和无条件返回。子程序的调用与返回指令形式见表 5-13。

表 5-13　子程序的调用与返回指令形式

指令名称	子程序调用指令	子程序条件返回指令
梯形图（LAD）	SBR_N ―EN	―――（ RET ）
语句表（STL）	CALL SBR_ N	CRET

CALL　SBR_ N：子程序调用指令。在梯形图中为指令盒的形式。子程序的编号 N 从 0 开始，随着子程序个数的增加自动生成。

CRET：子程序条件返回指令，条件成立时结束该子程序，返回原调用处 CALL 的下一条指令。

RET：子程序无条件返回指令，子程序必须以本指令作结束。由编程软件自动生成。

子程序可以多次被调用，也可以嵌套（最多 8 层），还可以自己调用自己（需谨慎使用）。子程序调用指令用在主程序和其他调用子程序的程序中，子程序的无条件返回指令在子程序的最后网络段，梯形图指令系统能够自动生成子程序的无条件返回指令，用户无需输入。

在主程序中调用子程序时，首先打开程序编辑器视窗的主程序 OB1，显示出需要调用子程序的地方。打开项目树的"程序块"文件夹或最下面的"调用子程序"文件夹，用鼠标左键按住需要调用的子程序名称，将它"拖"到程序编辑器中需要的位置。放开左键，该子程序便被放置在该位置。也可以将矩形光标置于程序编辑器视窗中需要放置该子程序的地方，然后双击项目树中要调用的子程序，子程序方框将会自动出现在光标所在的位置。

例 5-20： 子程序调用指令应用如图 5-46 所示。

例题说明： 当输入 I1.0 为"1"时，调用子程序 SBR_0。在 SBR_0 被执行时，若 I1.1 为"1"，则执行条件返回指令 CRET，其后的程序不被执行。

（3）带参数的子程序调用指令。子程序在调用过程中，允许带参数调用。每个参数包括变量名、变量类型和数据类型。这些参数在子程序的局部变量表中进行定义。每个子程序在带参数调用时，最多可以传递 16 个参数。

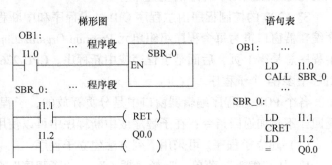

图 5-46　子程序调用指令应用

为了移动子程序，应避免使用任何全局变量和符号（I、Q、M、SM、AI、AQ、V、T、C、S、AC 内存中的绝对地址），这样可以导出子程序并将其导入另一个项目。子程序中每个参数的符号名不超过 23 个字符。

1）变量的类型。带参数调用的子程序可以使用 4 种变量类型，这些变量均在该子程序的局部变量表中定义，变量类型为：

① IN（输入）类型：将指定位置的参数传入子程序。其寻址方式可以采用直接寻址和间接寻址（指针），如 VB10、*VD100。也可使用数据常量或地址编号，如 16#1234、&VB20。

② OUT（输出）类型：将子程序的结果数值返回至指定的参数位置。可采用直接寻址和间接寻址，常量和地址不允许用作输出参数。

③ IN_OUT（输入_输出）类型：其初始值由调用它的 POU 传送给子程序，并用同一个参数将子程序的执行结果返回给调用它的 POU。采用直接寻址和间接寻址，不允许使用常量和地址。

④ TEMP 类型：为局部存储变量，只能用于子程序内部暂时存储中间运算结果，不能用来传递参数。

CPU 在执行子程序时，自动分配给每个子程序 64 个局部变量寄存器单元；在进行子程序参数调用时，将调用参数按照变量类型 IN、IN_OUT、OUT 和 TEMP 的顺序依次存入局部变量表中。当调用子程序时，将输入参数复制到子程序的局部变量寄存器中；当子程序执行完毕时，将相应的局部变量寄存器的值复制至输出参数。

在语句表中，带参数的子程序调用指令格式如下：

CALL   n, Var_1, Var_2, …, Var_m

其中，n 为子程序号，Var_1， Var_2， …，Var_m 为子程序调用参数。

例 5- 21：带参数的子程序调用指令应用如图 5-47 所示。其中子程序 SBR_ 0 中局部变量表的定义见表 5-14。

图 5-47　带参数的子程序调用指令应用

表 5-14　子程序 SBR_ 0 的局部变量表

符　号	变量类型	数据类型	注　释
	EN	IN	BOOL	
LB0	IN1	IN	BYTE	
L1. 0	IN2	IN	BOOL	
LW2	IN3	IN_ OUT	WORD	
LD4	OUT1	OUT	DWORD	
		OUT		
		TEMP		

例题说明：当 I0.1 为 "1" 时，带参数调用 SBR_ 0，其中参数 IN1 和 IN2 为输入型参数，数据类型分别为字节型和布尔型；参数 IN3 为输入/输出型参数，数据类型为字类型；参数 OUT1 为输出型参数，数据类型为双字类型。

5.4　特殊功能指令

5.4.1　中断事件与中断指令

为了提高 PLC 的实时控制能力，提高 PLC 与外部设备配合运行的工作效率以及 PLC 处理突发事件的能力，S7 - 200 设置了中断功能。中断就是当控制系统执行正常程序时，系统中出现了某些急需处理的异常情况或特殊请求，这时系统暂时中断当前正在执行的程序，去对随机发生的紧迫事件进行处理（执行中断服务程序），执行完毕再返回原先被中止的程序并继续运行。

1. 中断源的类型

中断事件发出中断请求的来源称为中断源。为了便于识别，系统给每个中断源都分配了一个编号，称为中断事件号。S7 - 200 系列 PLC 最多有 34 个中断源，不同的 CPU 模块，其可用的中断源有所不同，具体情况见表 5-15。

表 5-15　不同 CPU 模块可用的中断源

CPU 模块	CPU221、CPU222	CPU224	CPU224XP、CPU226
可用中断事件号（中断源 EVNT）	0 ~ 12，19 ~ 23，27 ~ 33	0 ~ 23，27 ~ 33	0 ~ 33

S7 – 200 PLC 的 34 个中断源主要分为 3 大类：通信中断、输入/输出中断和时基中断，见表 5-16。

（1）通信中断。S7 – 200 生成让用户的程序可以控制通信口的事件，即 PLC 的串行通信口可由 LAD 或 STL 程序来控制，通信口的这种操作模式称为自由口通信模式。在自由口通信模式下，用户可以通过接收中断和发送中断来控制串行口通信。可以设置通信的波特率、每个字符位数、起始位及奇偶校验等。

（2）输入/输出（I/O）中断。输入/输出中断包括外部输入中断、高速计数器中断和高速脉冲输出中断。外部输入中断是利用 I0.0 ~ I0.3 的上升沿或下降沿产生中断的，这些中断输入点可用作连接某些一旦发生就必须引起注意的外部事件；高速计数器中断可以响应当前值等于预设值、计数方向改变、计数器外部复位等事件引起的中断；高速脉冲输出中断可以用来响应给定数量的脉冲输出引起的中断。

（3）时基中断包括定时中断和定时器中断。定时中断用来支持一个周期性的活动，周期时间以 1ms 为增量单位，周期时间可以是 1 ~ 255ms。对于定时中断 0，需要把周期时间值写入 SMB34；对于定时中断 1，需要把周期值写入 SMB35。当定时中断被允许，则定时中断相关定时器开始计时，当定时时间值达到时，相关定时器溢出，由此产生定时中断，转去执行定时中断处理程序。定时中断每次重新连接时，定时中断功能能够清除前一次连接时的各种累计值，并用新值重新开始计时。

定时器中断是利用定时器来对一个指定的时间段产生中断。这类中断只能使用分辨率为 1ms 的定时器 T32 和 T96 来实现。当所用定时器的当前值等于预设值时，执行被连接的中断程序。

2. 中断的优先级

中断优先级是指多个中断事件同时发生中断请求时，CPU 对中断响应的优先次序。中断优先级由高到低的次序是：通信中断、输入/输出中断、时基中断。每个中断中的不同中断事件又有不同的优先级。S7 – 200 系列 PLC 所有中断事件的优先级见表 5-16。

表 5-16　中断事件及优先级

优先级分组	中断号	中断描述	组中的优先级	优先级分组	中断号	中断描述	组中的优先级
通信（最高）	8	端口 0：字符接收	0		27	HSC0 输入方向改变	11
	9	端口 0：发送完成	0		28	HSC0 外部复位	12
	23	端口 0：接收消息完成	0		13	HSC1 的当前值等于预设值	13
	24	端口 1：接收消息完成	1		14	HSC1 输入方向改变	14
	25	端口 1：字符接收	1		15	HSC1 外部复位	15
	26	端口 1：发送完成	1	I/O（中等）	16	HSC2 的当前值等于预设值	16
I/O（中等）	19	PTO0 脉冲输出完成	0		17	HSC2 输入方向改变	17
	20	PTO1 脉冲输出完成	1		18	HSC2 外部复位	18
	0	I0.0 的上升沿	2		32	HSC3 的当前值等于预设值	19
	2	I0.1 的上升沿	3		29	HSC4 的当前值等于预设值	20
	4	I0.2 的上升沿	4		30	HSC4 输入方向改变	21
	6	I0.3 的上升沿	5		31	HSC4 外部复位	22
	1	I0.0 的下降沿	6		33	HSC5 的当前值等于预设值	23
	3	I0.1 的下降沿	7	定时（最低）	10	定时中断 0，使用 SMB34	0
	5	I0.2 的下降沿	8		11	定时中断 1，使用 SMB35	1
	7	I0.3 的下降沿	9		21	T32 的当前值等于预设值	2
	12	HSC0 的当前值等于预设值	10		22	T96 的当前值等于预设值	3

在 PLC 中，一个程序中总共可有 128 个中断，CPU 按先来先服务的原则响应中断请求，一个中断程序一旦执行，就一直执行到结束为止，不会被其他甚至更高优先级的中断程序打断。在任何时刻，CPU 只执行一个中断程序。中断程序执行中，新出现的中断请求按优先级排队等候处理。中断队列能保存的最多中断个数有限，如果超过队列容量，就会产生溢出，相应的中断队列溢出标志位被置位。各中断队列的最大中断数见表 5-17。

表 5-17　各中断队列的最大中断数

中断队列种类	中断队列溢出标志位	CPU221	CPU222	CPU224	CPU226/GPU224XP
通信中断队列	SM4.0	4 个	4 个	4 个	8 个
I/O 中断队列	SM4.1	16 个	16 个	16 个	16 个
时基中断队列	SM4.2	8 个	8 个	8 个	8 个

3. 中断指令

中断指令包括中断允许指令、中断禁止指令、中断连接指令、中断分离指令及中断条件返回指令等，各指令形式及使用说明见表 5-18。

用 STEP7－Micro/WIN 编程时，在激活一个中断服务程序之前，必须使用 ATCH 指令为中断事件和该事件发生时希望执行的程序建立联系。S7－200 系列 PLC 程序设计时允许多个中断事件与同一个中断程序相连接。一个中断事件原则上只能与一个中断服务程序相连接。如果采用 ATCH 指令为某个中断事件指定了多个中断服务程序，则中断事件发生时，仅执行为该事件指定的最后一个中断服务程序。

表 5-18　中断指令形式及说明

指 令 名 称	梯形图 (LAD)	语句表 (STL)	指 令 说 明
中断允许指令 Enable Interrupt	———(ENI)	ENI	(1) ENI：全局性地允许所有被连接的中断事件。系统进入 RUN 模式时，自动禁止所有中断
中断禁止指令 Disable Interrupt	———(DISI)	DISI	(2) DISI：全局性地禁止处理所有中断事件。允许中断排队等候，但不执行中断程序
中断条件返回指令 CRETI	———(RETI)	CRETI	(3) CRETI：根据前面逻辑操作的条件，从中断服务程序中返回通常中断程序末尾应加入无条件返回指令 RETI，由编程软件在中断程序末尾自动添加
中断连接指令 Attach Interrupt	ATCH EN　ENO INT EVNT	ATCH　INT, EVNT	(4) ATCH：将中断事件号 EVNT 与中断服务程序号 INT 建立联系。只有执行了全局允许指令，再为某个中断事件指定相应的中断程序后，该中断事件才能被允许
中断分离指令 Detach Interrupt	DTCH EN　ENO EVNT	DTCH　EVNT	(5) DTCH：切断中断事件号和中断程序之间的联系，从而禁止该中断事件
清除中断事件指令 CLEAR EVENT	CLR_EVNT EN　ENO EVNT	CEVNT　EVNT	(6) CEVNT：从中断队列中清楚所有 EVNT 类型的中断事件 (7) 不同 CPU 主机的 EVNT 取值范围见表 5-16

4. 中断程序

中断程序是为处理中断事件而事先编好的程序。中断程序不是由程序调用,而是在中断事件发生时由操作系统调用。在中断程序中不能改写其他程序使用的存储器,推荐使用局部变量。中断程序应实现特定的任务。

中断程序由中断程序号开始,以返回指令结束。在中断程序中禁止使用 DISI、ENI、HDEF、LSCR 和 END 指令。中断程序名标志着中断程序的入口地址,所以可通过中断程序名在中断连接指令中将中断源和中断程序连接。中断程序可用有条件返回指令(CRETI)和无条件中断返回指令(RETI)来标志结束。中断程序名与中断返回指令之间的所有指令都属于中断程序。

CRETI 为有条件返回指令,在其逻辑条件成立时,结束中断程序,返回主程序。可由用户编程实现;RETI 为无条件返回指令,由编程软件在中断程序末尾自动添加。程序编辑器从先前的 POU 显示更改为新中断程序,在程序编辑器的底部会出现一个新标记,代表新的中断程序。

例 5-22:中断程序应用示例如图 5-48 所示。

例题说明:主程序中扫描SM0.1 实现初始化,将字节 MB0 清0,同时建立中断事件 0 和中断处理程序 INT_0 之间的连接,并执行

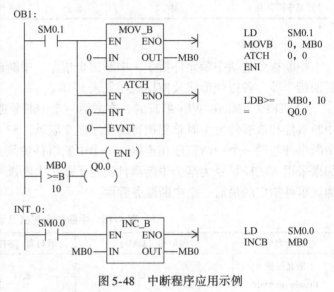

图 5-48　中断程序应用示例

中断允许指令 ENI。中断事件 0 对应于输入 I0.0 的上升沿动作,若 I0.0 外接一个按钮,则每按一次按钮,将调用一次中断程序。中断程序中用 INC_B 指令实现 MB0 值的自动加 1。当 MB0 的值达到 10 时,输出 Q0.0 为"1"。

5.4.2　高速计数器与高速脉冲输出指令

S7－200 系列 PLC 拥有高速计数功能(HSC),其计数自动进行不受扫描周期的影响,最高计数频率取决于 CPU 的类型。CPU22x 系列最高计数频率为 30kHz,用于捕捉比 CPU 扫描速度更快的事件,并产生中断,执行中断程序,完成预定操作。高速计数器最多可设置12 种不同的操作模式,用高速计数器可实现高速运动的精确控制。

CPU22x 系列 PLC 还设有高速脉冲输出,输出频率可达 20kHz,用于 PTO(输出频率可调,占空比为 50% 的脉冲)和 PWM(输出占空比可调的脉冲),高速脉冲输出的功能可用于对电动机进行速度控制、位置控制以及控制变频器使电动机调速。

1. 高速计数器指令

(1) 指令形式。高速计数器指令包括高速计数器定义指令 HDEF 和启动高速计数器指

令 HSC。高速计数器的时钟输入速率可达 $10\sim30\text{kHz}$。指令格式见表 5-19。

表 5-19　高速计数器指令格式

指令名称	高速计数器定义指令 HDEF High-Speed Counter Definition	启动高速计数器指令 HSC High-Speed Counter
梯形图 LAD		
语句表 STL	HDEF HSC，MODE	HSC N
指令说明	HSC：高速计数器的编号，（$0\sim5$） MODE：工作模式，（$0\sim11$） 数据类型均为字节 当使能输入有效时，为指定的高速计数器设置一种工作模式，建立起高速计数器和工作模式之间的联系	N：高速计数器的编号，（$0\sim5$） 数据类型为字 使能输入有效时，启动编号为 N 的高速计数器，按照指定的工作模式工作

　　S7－200 系列 PLC 中规定了 6 个高速计数器的编号，在程序中使用时用 HCn 来表示（在非程序中一般用 HSCn）高速计数器的地址，n 的取值范围为 $0\sim5$。HCn 还表示高速计数器的当前值，该当前值是一个只读的 32 位双字，可使用数据传送指令随时读出计数器的当前值。不同型号的 PLC 主机，所具有的高速计数器的数量也不同，CPU221 和 CPU224 有 4 个，其地址编号为 HSC0 和 HSC3 ~ HSC5；CPU224、CPU226 和 CPU224XP 有 6 个，为 HSC0 ~ HSC5。

　　（2）工作模式。S7－200PLC 的高速计数器有 4 种计数类型，共 12 种工作模式。

　　1）模式 $0\sim2$：带有内部方向控制的单向加/减计数器。用高速计数器的控制字节的第 3 位来控制加计数或减计数。该位为 1 时加计数，为 0 时减计数。

　　2）模式 $3\sim5$：带有外部方向控制的单向加/减计数器。方向输入信号为 1 时加计数，为 0 时减计数。

　　3）模式 $6\sim8$：带有加/减计数脉冲输入的双向计数器。当计数脉冲的上升沿出现的时间间隔不到 0.3ms 时，高速计数器认为这两个事件是同时发生的，当前值不变化；大于 0.3ms 时高速计数器能捕捉到每一个独立事件。

　　4）模式 $9\sim11$：A/B 相正交计数器。它的两路脉冲的相位互差 $90°$，正转时 A 相时钟脉冲比 B 相时钟脉冲超前 $90°$，反转时 A 相时钟脉冲比 B 相时钟脉冲滞后 $90°$。利用这一点可以实现正转时加计数，反转时减计数。

　　每种高速计数器所具有的工作模式和其占有的输入端子的数目有关，高速计数器所占用的输入端子以及工作模式和输入端子的关系见表 5-20。

　　选用某个高速计数器在某种工作方式下工作后，高速计数器所使用的输入必须按系统指定的输入点输入信号。例如，HSC1 在模式 8 下工作，就必须使用 I0.6 为加时钟脉冲输入端，I0.7 为减脉冲输入端，I1.0 为复位端，I1.1 为启动端。

表 5-20　高速计数器的输入点和工作模式

模　式	HSC 编号或 HSC 类型	输　入　点			
	HSC0	I0.0	I0.1	I0.2	
	HSC1	I0.6	I0.7	I1.0	I1.1
	HSC2	I1.2	I1.3	I1.4	I1.5
	HSC3	I0.1			
	HSC4	I0.3	I0.4	I0.5	
	HSC5	I0.4			
0	带内部方向输入信号的单向加/减计数器	时钟			
1		时钟		复位	
2		时钟		复位	启动
3	带外部方向输入信号的单向加/减计数器	时钟	方向		
4		时钟	方向	复位	
5		时钟	方向	复位	启动
6	带加减计数时钟脉冲输入的双向计数器	加时钟	减时钟		
7		加时钟	减时钟	复位	
8		加时钟	减时钟	复位	启动
9	A/B 相正交计数器	A 相时钟	B 相时钟		
10		A 相时钟	B 相时钟	复位	
11		A 相时钟	B 相时钟	复位	启动
12	只有 HSC0 和 HSC3 支持模式 12。HSC0 计 Q0.0 输出的脉冲数，HSC3 计 Q0.1 输出的脉冲数				

（3）使用方法。每个高速计数器有 4 个固定的特殊存储器（SM）与之相配合，以完成高速计数功能。对应关系见表 5-21。

表 5-21　高速计数器与特殊标志寄存器的对应关系

高速计数器编号	状态字节	控制字节	初始值（双字）	预设值（双字）
HSC0	SMB36	SMB37	SMD38	SMD42
HSC1	SMB46	SMB47	SMD48	SMD52
HSC2	SMB56	SMB57	SMD58	SMD62
HSC3	SMB136	SMB137	SMD138	SMD142
HSC4	SMB146	SMB147	SMD148	SMD152
HSC5	SMB156	SMB157	SMD158	SMD162

1）状态字节。每个高速计数器都有一个状态字节，状态位表示当前计数方向及当前值是否大于或等于预置值。可以通过程序来读取相关位的状态，用做判断条件实现相应的操作。每个高速计数器状态字节的状态位见表 5-22。状态字节的 0 ~ 4 位不用。监控高速计数器状态的目的是使外部事件产生中断，以完成重要的操作。

表 5-22　高速计数器状态字节各位的定义

状态位	SM××6.0～SM××6.4	SM××6.5	SM××6.6	SM××6.7
功能描述	不使用	当前计数方向状态位 0：减计数；1：加计数	当前值等于预置值状态位 0：不等；1：相等	当前值大于预置值状态位 0：小于等于；1：大于

2）控制字节。每个高速计数器都有一个控制字节，它决定了复位与启动输入信号的有效状态、计数速率、计数方向、允许更新双字值和允许执行 HSC 指令等，从而实现对高速计数器的控制。控制字节每个控制位的说明见表 5-23。

表 5-23　HSC 的控制字节

HSC0	HSC1	HSC2	HSC3	HSC4	HSC5	说　明
SM37.0	SM47.0	SM57.0		SM147.0		复位电平有效控制位 0：复位信号高电平有效；1：低电平有效
	SM47.1	SM57.1				启动电平有效控制位 0：启动信号高电平有效；1：低电平有效
SM37.2	SM47.2	SM57.2		SM147.2		正交计数器计数速率选择位 0：4×计数速率；1：1×计数速率
SM37.3	SM47.3	SM57.3	SM137.3	SM147.3	SM157.3	计数方向控制位 0：减计数；1：加计数
SM37.4	SM47.4	SM57.4	SM137.4	SM147.4	SM157.4	允许更新计数方向 0：不更新计数方向；1：更新计数方向
SM37.5	SM47.5	SM57.5	SM137.5	SM147.5	SM157.5	允许更新预设值 0：不更新预设值；1：更新预设值
SM37.6	SM47.6	SM57.6	SM137.6	SM147.6	SM157.6	允许更新当前值 0：不更新当前值；1：更新当前值
SM37.7	SM47.7	SM57.7	SM137.7	SM147.7	SM157.7	允许执行 HSC 控制 0：禁止 HSC；1：允许 HSC

2. 高速脉冲输出指令

高速脉冲输出功能是指在 PLC 的指定输出点上产生高速的 PWM 脉冲或输出频率可变的 PTO 脉冲，用来驱动负载实现精确控制。在使用高速脉冲输出功能时，CPU 模块应选择晶体管输出型，以满足高速脉冲输出的频率要求。

（1）高速脉冲的输出端子。S7－200PLC 有 PTO 和 PWM 两台高速脉冲发生器。PTO 脉冲串功能可输出指定个数、指定周期的方波脉冲（占空比 50%）；PWM 功能可输出脉宽变化的脉冲信号，用户可以指定脉冲的周期和宽度。若一台发生器指定给数字输出点 Q0.0，则另一台发生器指定给数字点 Q0.1。若 Q0.0 和 Q0.1 在执行程序时用做高速脉冲输出，则其通用功能被自动禁止，任何输出刷新、输出强制、立即输出等指令均无效。只有高速脉冲输出不用的输出点才可用做普通数字量输出点。

（2）高速脉冲输出指令及特殊寄存器。脉冲输出 PLS（Pulse Output）指令格式如图 5-49 所示。当使能输入 EN 有效时，检测用程序设置的脉冲输出特殊存储器的状态，然后激活由控制位定义的脉冲操作，从 Q0.0 或 Q0.1 输出脉冲。

由于只有 Q0.0 和 Q0.1 两个高速脉冲输出端口，所以 PLS 指令在一个程序中最多使用两次。高速脉冲输出和映像寄存器共同对应 Q0.0 和 Q0.1 端口，但 Q0.0 和 Q0.1 端口在同一时间只能使用一种功能。

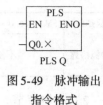

图 5-49　脉冲输出指令格式

每个高速脉冲发生器对应若干个特殊寄存器，用以控制高速脉冲的输出形式，反映输出状态和参数值。对应的寄存器及其功能见表 5-24。执行 PLS 指令时，S7-200PLC 读取这些特殊寄存器位，然后执行特殊寄存器位定义的脉冲操作，即对相应的 PTO/PWM 发生器进行编程。

表 5-24　高速脉冲发生器对应的特殊寄存器

Q0.0	Q0.1	名称及功能描述
SMB66	SMB76	状态字节，在 PTO 状态下跟踪脉冲串的输出状态
SMB67	SMB77	控制字节，控制 PTO/PWM 脉冲输出的基本功能
SMB68	SMB78	周期值，字型，PTO/PWM 的周期值 范围为 2~65535ms 或 10~65535μs
SMB70	SMB80	脉宽值，字型，PWM 的脉宽值范围为 0~65535（ms 或 μs）
SMB72	SMB82	脉冲数，双字型，PTO 的脉冲数范围为 1~4294967295
SMB166	SMB176	段号，多段管线 PTO 进行中的段编号
SMB168	SMB178	多段管线 PTO 起始字节的地址

1）状态字节。用于 PTO 方式，程序运行时根据运行状态自动使用某些位置位。状态字节各位的功能见表 5-25。其中包络是指一个预先定义的以位置为横坐标、以速度为纵坐标的曲线，包络是运动的图形描述。

表 5-25　状态字节中各位的功能

状态位	SM×6.0~SM×6.3	SM×6.4	SM×6.5	SM×6.6	SM×6.7
功能描述	不使用	PTO 包络因计算错误而终止。0：无错误；1：终止	PTO 包络因用户命令而终止。0：无错误；1：终止	PTO 管线溢出。0：无溢出；1：溢出	PTO 空闲。0：执行中；1：空闲

2）控制字节。通过对控制字节相应位的编程，来设置控制字节中各位的功能。控制字节中各位的功能见表 5-26。若用 Q0.1 作为高速脉冲输出，则对应的控制字节为 SMB77。如果向 SMB77 写入 2#10101000，即 16#A8，则对 Q0.1 的功能设置为：允许 PTO 脉冲输出、多段 PTO 脉冲串输出、时基为 1ms、不允许更新周期值和脉冲数。

表 5-26　控制字节中各位的功能

Q0.0 控制位	Q0.1 控制位	功能描述
SM67.0	SM77.0	PTO/PWM 更新周期值：0=不更新；1=允许更新
SM67.1	SM77.1	PWM 更新脉冲宽度值：0=不更新；1=允许更新
SM67.2	SM77.2	PTO 更新输出脉冲数：0=不更新，1=允许更新
SM67.3	SM77.3	PTO/PWM 时间基准选择：0=1μs 单位时基；1=1ms 单位时基
SM67.4	SM77.4	PWM 更新方法：0=异步更新；1=同步更新
SM67.5	SM77.5	PTO 操作：0=单段管线操作；1=多段管线操作
SM67.6	SM77.6	PTO/PWM 模式选择：0=选用 PTO 模式；1=选用 PWM 模式
SM67.7	SM77.7	PTO/PWM 脉冲输出允许：0=禁止；1=允许

5.4.3　实时时钟指令

S7 - 200 系列 PLC 中，可以通过实时时钟设定指令定义一个 8 字节的时钟缓冲区，用以存放当前日期和时间数据。PLC 控制系统在运行期间，可通过实时时钟读取指令对系统运行时间进行监视，或为其他运行记录提供时间信息。实时时钟指令主要有设定实时时钟和读取实时时钟指令，其指令格式如图 5-50 所示。

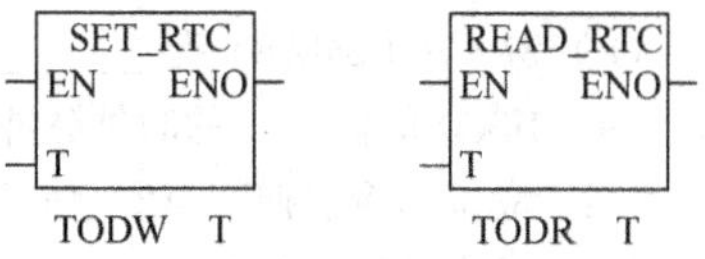

设定实时时钟（Set Real-Time Clock）指令是当使能输入信号有效时，指令把包含当前日期和时间的 8 个字节缓冲区（起始地址是 T）的内容装入 PLC 的内部时钟中，以更新 PLC 的实时时钟。

图 5-50　实时时钟指令格式

读实时时钟（Read Real -Time Clock）指令是当使能输入信号有效时，指令从 PLC 的内部时钟中读取当前时间和日期，并装载到以 T 为起始字节地址的 8 个字节缓冲区。

8 个字节缓冲区中依次存放年、月、日、时、分、秒、零和星期。时钟缓冲区的格式见表 5-27。日期和时间是数据类型为字节型的 BCD 码。例如，对于年而言，16#12 表示（20）12 年，小时数 16#15 表示 15 点。S7 - 200CPU 不根据日期核实星期的数据是否正确，不接收无效日期（如 2 月 30 日）。不能同时在主程序和中断程序中使用读、写时钟指令，否则将产生错误，中断程序中的实时时钟指令将不被执行。

表 5-27　时钟缓冲区

字节	T	T +1	T +2	T +3	T +4	T +5	T +6	T +7
含义	年	月	日	小时	分钟	秒	0	星期
范围	00 ~ 99	01 ~ 12	01 ~ 31	00 ~ 23	0 ~ 59	0 ~ 59	0	00 ~ 07

对于没有使用过时钟指令的 PLC，在使用时钟指令前，要在编程软件的 "PLC" 一栏中对 PLC 的时钟进行设定，然后才能使用时钟指令。断电后 CPU 靠内置超级电容或外插电池卡为实时时钟提供缓冲电源。CPU221 和 CPU222 没有内置的实时时钟，需要外插带电池的实时时钟卡才能获得实时时钟功能。

习　　题

5-1　填空题：

（1）SM _____ 在首次扫描时状态为 ON，SM0.0 则一直为 _____ 状态。

（2）接通延时定时器 TON 是当使能（IN）输入电路 _____ 时开始定时，当前值大于等于预设值时其定时器位变为 _____，梯形图中其常开触点 _____，常闭触点 _____。

（3）接通延时定时器 TON，当使能输入电路 _____ 时被复位，复位后梯形图中其常开触点 _____，常闭触点 _____，当前值等于 _____。

（4）有记忆接通延时定时器 TONR，当使能输入电路 _____ 时开始定时，使能输入电路断开时，当前值 _____。使能输入电路再次接通时，_____。必须用 _____ 指令来复位 TONR。

（5）断开延时定时器 TOF，当使能输入电路接通时，定时器位立即变为 _____，当前值被 _____。使能输入电路断开时，当前值从 0 开始 _____。当前值等于预设值时，输出位变为 _____，梯形图中其常开触点 _____，常闭触点 _____，当前值 _____。

(6) 若加计数器的计数输入电路 CU _____、复位输入电路 R _____，计数器的当前值加 1。当前值大于等于预设值 PV 时，梯形图中其常开触点_____，常闭触点 _____。复位输入电路_____时，计数器被复位，复位后其常开触点_____，常闭触点_____，当前值为_____。

(7) 主程序调用的子程序最多嵌套 _____层，中断程序调用的子程序 _____嵌套。

(8) S7－200 SMART 有_____个高速计数器，可以设置_____种不同的工作模式。

(9) HSC0 的模式 3 的时钟脉冲为_____，用 _____控制方向。

5-2 立即指令有何特点？它应用于什么场合？

5-3 计数器有几种类型？各有何特点？对它们执行复位指令后，它们的当前值和位的状态是什么？

5-4 写出图 5-51 所示梯形图对应的语句表程序。

5-5 写出图 5-52 所示梯形图对应的语句表程序。

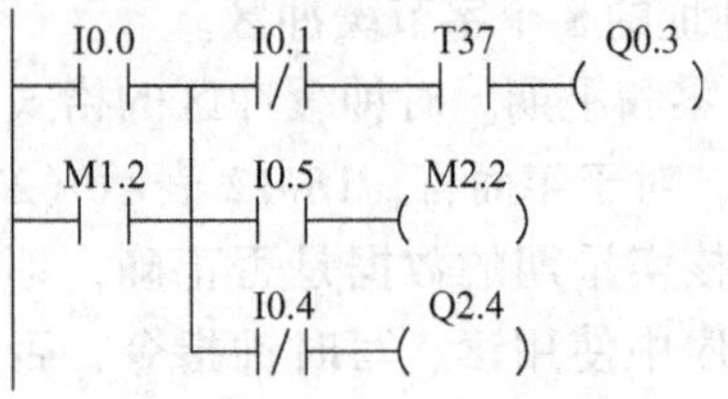

图 5-51 习题 5-4 图 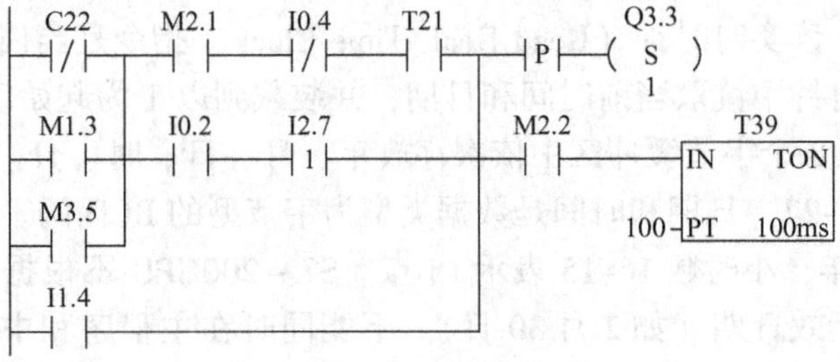 图 5-52 习题 5-5 图

5-6 画出图 5-53 所示梯形图中，M0.0、M0.1 和 Q0.0 的波形图。

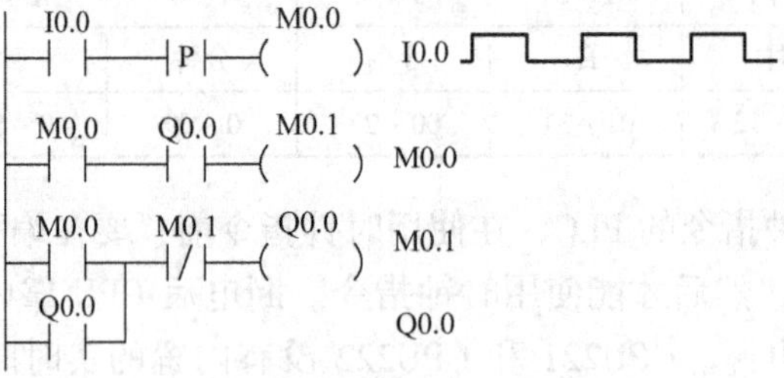

图 5-53 习题 5-6 图

5-7 画出下面两个语句表（图 5-54）所对应的梯形图。

网络1		网络1	
LD	I0.1	LD	I0.7
AN	I0.0	AN	I2.7
LPS		LDI	I0.3
AN	I0.2	ON	I0.1
LPS		A	M0.1
A	I0.4	OLD	
=	Q2.1	LD	I0.5
LPP		A	I0.3
A	I4.6	O	I0.4
R	Q0.3，1	ALD	
LPP		ON	M0.2
LPS		=I	Q0.4
A	I0.5		
=	M3.6	网络2	
LPP		LD	I2.5
AN	I0.4	LD	M3.5
		ED	
TON	T37，25	CTU	C41，30
a)		b)	

图 5-54 习题 5-7 图

5-8　试设计一个周期为 5s，占空比为 20% 的方波输出信号程序。

5-9　写出图 5-55 所示梯形图的语句表，并画出时序图。

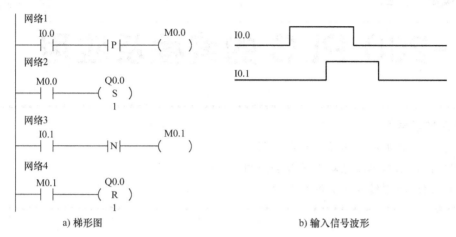

a) 梯形图　　　　　　　　　　　　　　b) 输入信号波形

图 5-55　习题 5-9 图

5-10　将 AIW0 中的有符号整数（4350）转换成（0.0~1.0）之间的实数，结果存入 VD10。

5-11　在按钮 I0.0 按下时，Q0.0 变为 ON 并保持（见图 5-56），用加计数器 C1 计数，I0.1 输入 3 个脉冲后，T37 开始定时。5s 后 Q0.0 变为 OFF，同时 C1 和 T37 被复位。在 PLC 刚开始执行用户程序时，C1 也被复位，设计出梯形图。

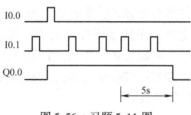

图 5-56　习题 5-11 图

5-12　在 MW4 小于等于 1247 时，将 M0.1 置位为 ON，反之将 M0.1 复位为 OFF。用比较指令设计出满足要求的程序。

5-13　编写程序，在 I0.0 的上升沿将 VW10~VW58 清零。

5-14　用实时时钟指令设计控制路灯的程序，20：00 时开灯，06：00 时关灯。

5-15　用循环移位指令和移位寄存器指令设计一个控制彩灯被点亮的程序，10 路彩灯串联并按 L1→L2→L3…→L10 的顺序依次点亮，且重复循环。各路彩灯点亮的时间间隔是 0.2s。

5-16　设计求圆面积的子程序，输入量为半径（5000mm），输出量为圆面积（双字整数）。在 I0.0 的上升沿调用该子程序，运算结果放在 VD100 中，设计梯形图。

第6章

S7-200 PLC 的编程及应用

本章知识要点:
(1) PLC 梯形图的编程特点和原则
(2) PLC 基本编程电路及其综合应用
(3) PLC 典型编程实例的分析

6.1 PLC 梯形图的编程特点和原则

世界上生产 PLC 的厂家众多,各个厂家生产的 PLC 也不尽相同,但 PLC 的基本结构和组成原理是基本相同的。因此不同品牌和型号的 PLC 的编程特点和编程原则也是大同小异。PLC 是以计算机技术为核心的电子电气控制器,其控制算法是通过在 PLC 中植入预先编好的程序来实现的。随着计算机技术和半导体技术迅速进步,PLC 的种类和功能也在不断地扩充,已不只局限于替代传统继电器简单的逻辑控制功能。功能指令的引入,使 PLC 具有强大的数学运算、数据传输、通信、码制转化等功能,并且可以实现复杂的控制算法,如 PID 算法。在硬件技术的支持下,可以直接接收变送器传来的模拟信号和输出模拟控制结果。这也是为什么有人把 PLC 称为 PC 的缘故。

6.1.1 PLC 梯形图的编程特点

梯形图是 PLC 编程中最常用的方法。它源于传统的继电器电路图,但发展到今天两者之间有了较大的差别。

1. 程序的执行顺序

PLC 与继电-接触器控制的重要区别之一就是工作方式不同。继电-接触器控制是按"并行"方式工作的,也就是说按同时执行的方式工作的,只要形成电流通路,就可能有几个继电器同时动作。而 PLC 是以反复扫描的方式工作的,它是循环地连续逐条执行程序,任一时刻只能执行一条指令,这就是说 PLC 是以"串行"方式工作的。

如图 6-1 所示,图 a 为传统继电器电路图,图 b 为 PLC 的梯形图,两个电路实现相同的功能,即当 I1.1 闭合时,Q1.0、Q1.1 输出。系统上电之后,当 I1.1 闭合时,图 a 中的 Q1.0、Q1.1 同时得电,若不考虑继电器触点的延时,则 Q1.0、Q1.1 会同时输出。但在图 b 的 PLC 程序中,因为 PLC 的程序是顺序扫描执行的,PLC 的指令按照从上向下,从左向右的扫描顺序执行,整个 PLC 的程序不断循环往复。PLC 中"继电器"的动作顺序是由 PLC 的扫描顺序和在梯形图中的位置决定的,因此,当 I1.1 闭合时,Q1.0 先输出而 Q1.1 后输出。

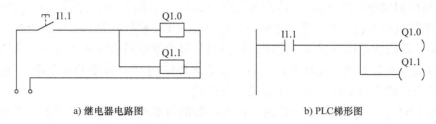

a) 继电器电路图   b) PLC梯形图

图6-1　程序执行顺序比较图

在图 6-2 的 PLC 程序段中，图 a 的 I0.0 闭合后，Q0.0 动作，然后 Q0.1 立即动作，Q0.0 和 Q0.1 在同一个扫描周期内相继动作。但图 b 的 I0.0 闭合后，Q0.0 动作，但需在下一个扫描周期 Q0.1 才会动作，若 I0.0 的闭合时间小于一个扫描周期，则 Q0.1 不会动作。所以在编程时可以利用这一点滤掉高频干扰，但若程序需要在 I0.0 闭合后 Q0.0 和 Q0.1 立即动作，则会因为程序的扫描执行而使 Q0.1 动作有一个小的延时，甚至在 I0.0 的闭合周期较短的情况下，Q0.1 不动作，影响系统的可靠性。

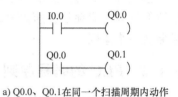

a) Q0.0、Q0.1在同一个扫描周期内动作

b) Q0.0、Q0.1在两个扫描周期内动作

图6-2　PLC 程序的扫描执行结果

2. 传统继电器自身的延时效应

传统的继电器控制和 PLC 程序控制的另一个需要注意的地方是，传统的继电器的触点在线圈得电后动作时有一个微小的延时，并且常开和常闭触点的动作之间有一微小的时间差，即常开触点和常闭触点的动作不会"同时"。如图 6-3 所示，图 a 的继电器 I1.1 的常开触点控制继电器 Q1.0 的线圈，I1.1 的常闭触点控制继电器 Q1.1 的线圈，当 I1.1 动作时，Q1.0、Q1.1 因为 I1.1 的常开和常闭触点的延时效应而导致不会同时得电与断电。而在图 b 的 PLC 程序中，因为 PLC 中的继电器都为软继电器，不会有延时效应，故当 I1.0 有输入时，Q1.0、Q1.1 会同时动作，当然，这里忽略了 PLC 的扫描时间。

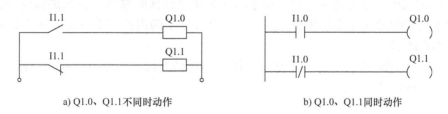

a) Q1.0、Q1.1不同时动作   b) Q1.0、Q1.1同时动作

图6-3　软、硬继电器的比较

3. PLC 中的软继电器

在继电-接触器控制电路中，使用的是传统的硬继电器。在实际的使用过程中通过硬导线来实现系统的电气连接。由于继电器及其触点都是实际的物理实体，其数量是有限的，当需要继电器的触点很多时，实现起来就非常困难。PLC 梯形图中使用的继电器都是软继电器（所谓的软继电器就是 PLC 存储空间中的一个可以寻址的位）。在 PLC 中，软继电器种类多、数量大。例如，S7-200PLC 中可以进行位寻址的编程元件有：输入继电器（I）、输出继电

器（Q）、通用辅助继电器（M）、特殊继电器（SM）、局部变量存储器（L）、变量存储器（V）和顺序控制继电器（S）等，另外还有定时器（T）和计数器（C）各256个。因为在寄存器中触发器的状态可以读取任意次，这相当于每个继电器有无数个常开和常闭触点。对于外部信号触点也是如此，在梯形图里可以无数次地使用PLC外部的某个输入/输出控制触点，既可以用它的常闭形式，又可用它的常开形式。

随着技术的进步和加工工艺的改进，硬继电器的可靠性和寿命也在增加，但触点的接触次数毕竟有限，加上控制现场可能有粉尘等因素的影响，会使继电器迅速老化和损坏。另外由于接插件和焊点的影响，继电器控制系统的可靠性不高，这是工控的大忌。而PLC本身的可靠性高、寿命长，所以PLC控制系统的可靠性很高，这也是用PLC取代传统的继电器控制的一个原因。

6.1.2 PLC的编程原则

PLC编程应该遵循以下的基本原则：

（1）输入/输出继电器、内部辅助继电器、定时器、计数器等器件的触点可以多次重复使用，无需复杂的程序结构来减少触点的使用次数。

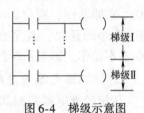

图6-4 梯级示意图

（2）梯形图由多个梯级组成，如图6-4所示。每个输出单元构成一个梯级，梯级开始于左母线。每个梯级由一个或多个支路组成，支路中左侧为触点，右侧为输出单元，触点不能放在输出单元的右侧，如图6-5所示。

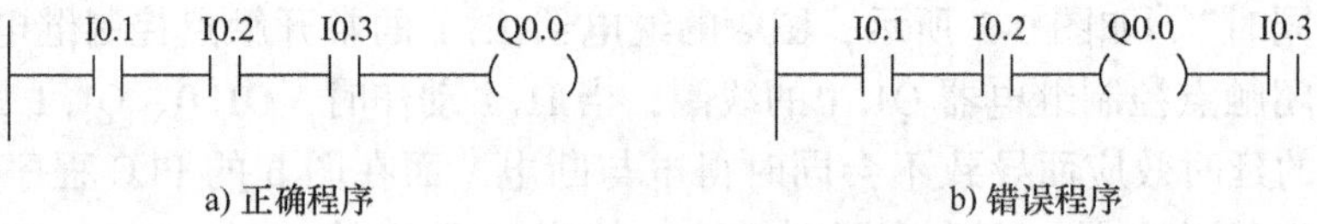

图6-5 触点和线圈的顺序

（3）任何线圈不能直接与左母线相连。如果需要任何时候都被执行的程序段，可以通过特殊继电器SM0.0（此位始终为1）或一个没有使用的内部辅助继电器的常闭触点来连接，如图6-6所示。

（4）在PLC编程中，不允许重复使用同一编号的线圈，否则易引起误操作。如图6-7所示的梯形图程序是不允许的。

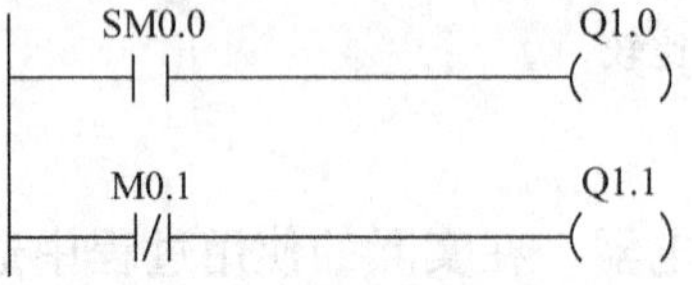

图6-6 常闭输出的实现 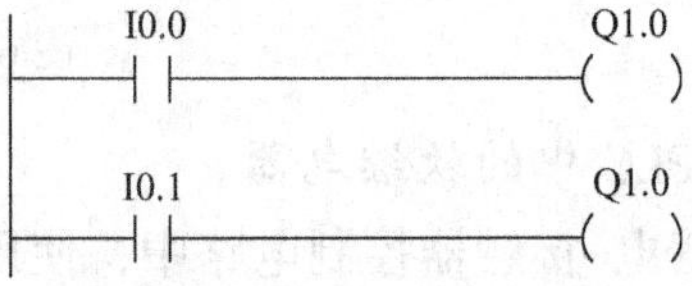　　　　　图6-7 同一编号的线圈两次输出

（5）不允许出现桥式电路。图6-8a所示的桥式电路无法编程，因为很难通过触点I1.2判断对输出继电器线圈的控制方向，可改画成图b所示形式。由此可知，触点应画在水平线上，不能画在垂直分支上。

（6）程序的编写顺序应按自上而下、从左至右的方式编写。为了减少程序的指令，从而减少编程时间和程序占用的内部存储空间，程序应为"左大右小，上大下小"。如图 6-9 所示是一段简单的程序，图 b 符合"上大下小"的编程原则，故图 b 比图 a 的指令表节省了一步。

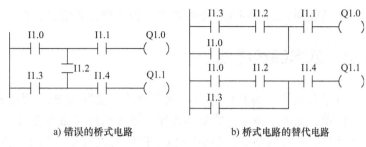

a) 错误的桥式电路　　　　b) 桥式电路的替代电路

图 6-8　桥式电路和替代电路

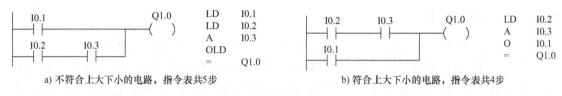

a) 不符合上大下小的电路，指令表共5步　　　　b) 符合上大下小的电路，指令表共4步

图 6-9　编程顺序举例 1

图 6-10a、b 是两个逻辑功能完全相同的梯形图。图 b 符合"左大右小"的编程原则，故图 b 比图 a 节省了一步。

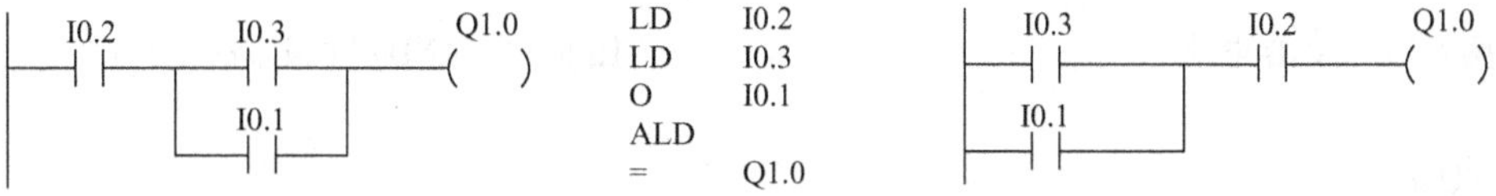

a) 不符合左大右小的电路，共5步　　　　b) 符合左大右小的电路，共4步

图 6-10　编程顺序举例 2

（7）梯形图的逻辑关系应简单、清楚，便于阅读、检查和输入程序。对于图 6-11a 的复杂梯形图，图中的逻辑关系就不够清楚，给编程带来不便。改画后的梯形图如图 6-11b 所

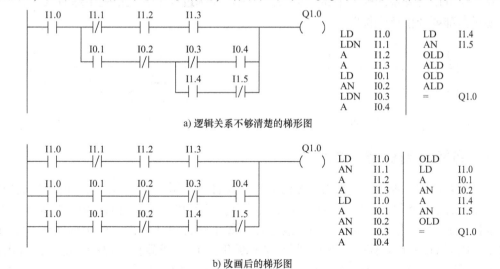

a) 逻辑关系不够清楚的梯形图

b) 改画后的梯形图

图 6-11　梯形图编程逻辑关系举例

示。虽然改画后的程序指令条数增多，但逻辑关系清楚，便于编程。

6.2 基本编程电路

本节列出了一些典型的 PLC 编程电路，实际的 PLC 程序基本由这些电路扩展和叠加而成。因此，如果掌握了这些基本程序的设计原理和编程技巧，对于编写一些大型的、复杂的应用程序是非常有利的。在编写 PLC 程序的过程中，除了正确应用这些基本电路之外，还应注意电路之间的配合和在程序中的顺序问题。当然，这一切都是建立在正确的程序结构基础上的。

6.2.1 AND 电路

如图 6-12 所示的 AND 电路是 PLC 程序中最基本的电路，也是应用最多的电路。

当 I0.1 和 I0.2 都闭合时，Q0.0 线圈得电；只要 I0.1 和 I0.2 其中一个不闭合，则 Q0.0 线圈不得电，即 Q0.0 接受 I0.1 和 I0.2 的 AND 运算结果。图 6-13 为该电路的扩展电路。块 1 和块 2 既可以为单个的 PLC 继电器，也可以为复杂的控制电路。

图 6-12　AND 电路　　　　　　图 6-13　AND 扩展电路

6.2.2 OR 电路

OR 电路与 AND 电路一样，都是 PLC 程序中最基本的功能电路，也是应用最多的电路。如图 6-14 所示。只要 I0.1 和 I0.2 中的一个闭合，Q1.0 线圈就得电。Q1.0 接受的是 I0.1 和 I0.2 的 OR 运算结果。该电路的扩展电路如图 6-15 所示。块 1 和块 2 既可以为单个的 PLC 继电器，也可以为复杂的控制电路。例如，在锅炉控制过程中，无论是水罐的压力过高，还是水温过高都要产生声光报警。

图 6-14　OR 电路　　　　　　图 6-15　OR 扩展电路

6.2.3 自锁（自保持）电路

自锁（自保持）控制电路常用于无记忆开关的启停控制中。例如，用无记忆功能的按扭控制电动机的起动和停止，如图 2-1 中的自锁环节。采用 PLC 所实现的自锁电路如图 6-16 所示。在图 6-16 中，当 I0.1 的输入端子接通时，常开触点 I0.1 闭合，输出继电器 Q1.0 的线圈得电，随之 Q1.0 触点闭合，此后即使 I0.1 断开，Q1.0 线圈仍然保持通电，只有当常闭触点 I0.2 断开时，Q1.0 线圈才断电，Q1.0 触点断开。再想启动继电器 Q1.0，只有重新闭合 I0.1。

自锁电路分为关断优先式和启动优先式两种。图 6-16 所示的电路为关断优先式，即当执行关断指令 I0.2 闭合时，无论 I0.1 的状态如何，线圈 Q1.0 均不得电。

图 6-17 所示的电路为启动优先式自锁电路，当执行启动指令 I0.1 闭合时，无论 I0.2 的状态如何，线圈 Q1.0 都得电。

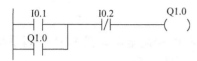

图 6-16 自锁（自保持）电路

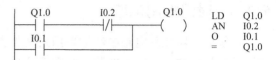

图 6-17 启动优先式自锁电路

6.2.4 互锁电路

互锁电路用于不允许同时动作的两个继电器的控制，如图 2-5 中的电动机正反转控制。采用 PLC 实现的互锁控制如图 6-18 所示，当线圈 Q1.0 先得电后，常闭触点 Q1.0 断开，此时线圈 Q1.1 是不可能得电的。线圈 Q1.1 先得电的情况亦是如此，即线圈 Q1.0、Q1.1 互相锁住，不可能同时得电，即电动机不可能同时既反转又正转。

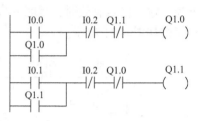

图 6-18 互锁控制电路

6.2.5 分频电路

在许多控制场合中需要对控制信号进行分频，其中二分频电路使用较多。图 6-19 是二分频电路的两种控制方案。图 6-19a 中，当按下 I0.0 时，辅助继电器 M0.0 接通一个扫描周

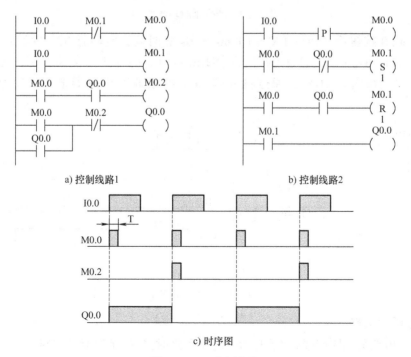

a) 控制线路1   b) 控制线路2

c) 时序图

图 6-19 二分频电路

期，输出 Q0.0 接通。当 I0.0 第二个脉冲到来时，辅助继电器 M0.2 接通，常闭触点 M0.2 断开从而使 Q0.0 断开，如此反复，使 Q0.0 的频率为 I0.0 频率的一半，其时序图如图 6-19c 所示。图 6-19b 是采用微分指令与置位和复位指令结合构成的二分频电路，其时序图与图 6-19c 所示相同，但无 M0.2。

6.2.6　时间控制电路

传统继电器控制电路中经常采用时间控制原则，时间控制电路也是 PLC 控制系统中经常遇到的问题之一。时间电路主要用于延时、定时和计数控制等。

1. 延时接通电路

延时接通电路一般有两种控制要求，一种是输入信号有效时，延时一段时间后产生一个输出脉冲，常用于获得启动或关断信号，控制程序及时序图如图 6-20 所示；另一种控制要求为，输入信号有效时，延时一段时间控制输出线圈接通，直至按下停止按钮，控制程序及时序图如图 6-21 所示。

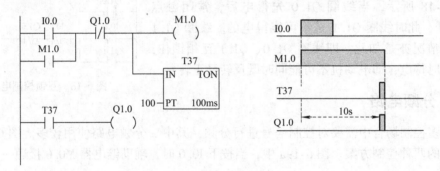

图 6-20　产生延时输出脉冲

当按下 I0.0 按钮后，经过 $100 \times 100ms = 10s$ 的时间，定时器 T37 的触点动作，从而接通 Q1.0。在图 6-20 中，通过 Q1.0 的常闭触点对定时器进行复位，因此 Q1.0 只接通一个扫描周期。在图 6-21 中，通过输入端 I0.1 的接通对定时器复位，使 Q1.0 的输出为 OFF。

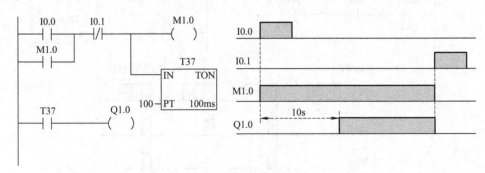

图 6-21　产生延时输出

2. 延时断开电路

延时断开电路分为瞬时接通/延时断开电路和延时接通/延时断开电路。

瞬时接通/延时断开电路的控制要求为，输入信号有效时，立刻接通输出，但输入信号断开时，延时一段时间后输出才断开，此种电路的控制程序及时序图如图6-22所示。延时接通/延时断开电路的控制要求为，输入信号有效时，延时一段时间输出信号接通，输入信号断开后，延时一段时间输出才断开，其控制程序及时序图如图6-23所示。

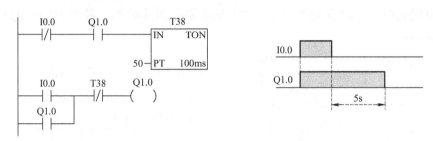

图 6-22　瞬时接通/延时断开控制电路

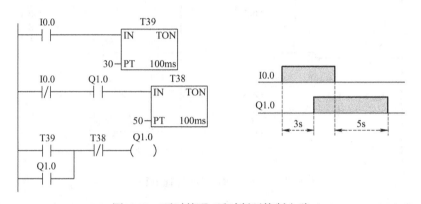

图 6-23　延时接通/延时断开控制电路

3. 长定时电路

在许多场合要用到长延时控制，但 S7－200PLC 中的定时器最长定时时间为 3276.7s，不到一小时，当最长定时的一个定时器也不能满足定时要求时，就要考虑使用多个定时器串联来实现，或者利用定时器与计数器相组合来实现。图 6-24 是定时器与计数器的联合应用实现长定时，定时器 T37 每 $18000 \times 100ms = 30min$ 产生一个脉冲，计数器 C0 计 21 个数时，其常开触点接通，Q0.0 有输出，此时计时时间为 $30min \times 21 = 10.5h$。

在图 6-24 中计数器的复位端由初始化脉冲 SM0.1 和外部复位按钮 I0.1 控制。其中初始化脉冲完成在 PLC 上电时对计数器的复位操作，如果所使用的计数器未设置为断电保护模式，则不需要初始化复位。在定时时间很长，定时精度要求不高的场合（如小于 1s 或 1min 的误差可以忽略不计），可以使

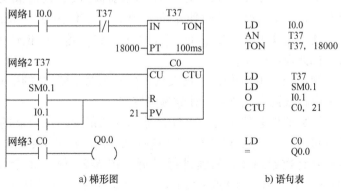

图 6-24　定时器与计数器联合应用实现长延时电路

141

用时钟脉冲 SM0.4（1min）或 SM0.5（1s）来构成长延时信号。另外也可以使用功能指令完成长延时信号的程序设计。

4. 顺序延时接通电路

采用定时器实现的顺序延时接通电路如图 6-25 所示，此电路实现三台设备的顺序起动。当输入 I0.0 接通时，定时器 T37、T38、T39 按次序分别计时 5s，控制 Q0.0 ～ Q0.3 按顺序接通，时间间隔为 5s。

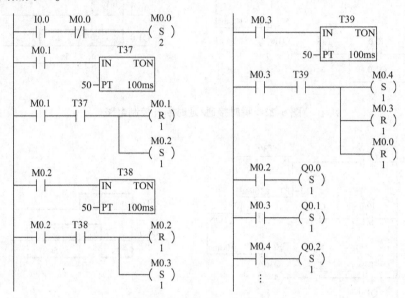

图 6-25　顺序延时接通电路

当 I0.0 接通时，M0.0 和 M0.1 置位，T37 开始计时；5s 后 T37 常开触点接通，M0.2 置位，Q0.0 接通，并且控制 T38 开始计时；5s 后 Q0.1 接通；同理，再间隔 5s Q0.2 接通。M0.0 用来防止系统的二次起动，应在程序最后一个节拍将其复位；M0.1 可认为是系统的预起动时间；M0.4 可认为是三台设备均起动后系统正常运行的标志。

6.2.7　计数控制电路

图 6-26 是用计数器与比较指令结合实现计数控制的电路。计数器 C0 的预设值为 8，当第 5 次按下计数按钮 I0.0 时，C0 的当前值为 5，此时满足比较条件，Q0.0 输出为 ON；当第 8 次按下按钮时，计数器复位，C0 的当前值清 0，比较条件不满足，Q0.0 输出为 OFF。此电路可实现用一个按钮和一个计数器控制一盏灯，按钮按下 5 次后灯亮，再按下 3 次后灯灭，如此循环反复。

图 6-26 的电路使用了比较指令来动态地监控 C0 的中间计数值。当然使用这种方法可以用一个计数器实现更多个计数输出控制。

计数器串联使用可扩大计数器的计数范围。计数器的计数范围是有限制的。一个计数器的最大计数值为 32767。当控制系统的计数实际需要大于计数器的允许设置范围时，就需要对计数器的计数范围进行扩展。图 6-27 使用 3 个计数器串级组合，在计数值达到 $C10 \times C20 \times C30 = 1000 \times 100 \times 3 = 300000$ 时，即当 I1.0 的上升沿脉冲数达到 300000 时，Q1.0 被置位接通。

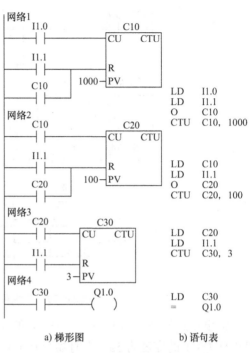

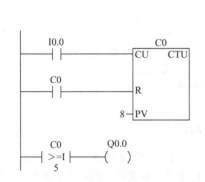

图 6-26　计数器与比较指令结合控制输出

图 6-27　计数器扩展程序

6.2.8　脉冲控制电路

1. 单脉冲电路

单脉冲往往是信号发生变化时产生的，其宽度就是 PLC 扫描一遍用户程序所需的时间，即一个扫描周期。在实际应用中，常用单脉冲电路来控制系统的启动、复位、计数器的清零等。图 6-28a 是利用输出继电器编写的单脉冲电路。图 6-28b 是利用定时器编写的单脉冲电路，在程序的运行过程中，Q1.0 每隔 3s 产生一次脉冲，其脉宽为一个扫描周期。

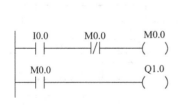

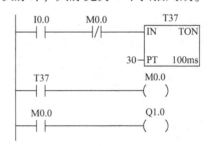

a) 利用输出继电器编写的单脉冲电路　　　　　b) 利用定时器编写的单脉冲电路

图 6-28　单脉冲电路

2. 可调脉宽控制电路

在 PLC 编程应用中有时会需要在输入信号脉冲宽度不规范的情况下，实现在每个输入信号的上升沿产生一个宽度固定的脉冲，该脉冲的宽度可以调节。该功能可由图 6-29 的控制电路实现。

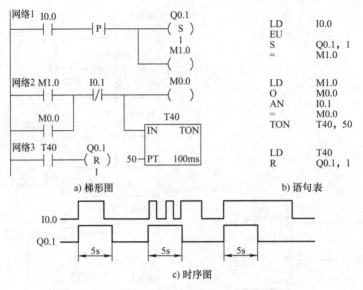

a) 梯形图　　　　　　　　　　　　　　b) 语句表

c) 时序图

图 6-29　产生可调脉冲宽度的控制信号

需要注意的是，输出 Q0.1 的接通和断开的条件，当 I0.0 的宽度大于或小于 5s 时，都可以使 Q0.1 的宽度为 5s。定时器 T40 的控制端两次上升沿的间距小于脉冲宽度时，该上升沿不起作用。改变定时器设定值的大小便可以控制 Q0.1 的输出脉冲宽度，且该宽度不受 I0.0 接通时间长短的影响。

6.2.9　其他电路

1. 闪光电路

闪光电路是一种实用电路，常用于报警和娱乐等场合。该电路既可以控制灯光的闪烁频率，也可以控制灯光的通断时间比，还可以控制其他负载，如电铃、蜂鸣器等。图 6-30 是一个典型闪光电路的程序及时序图。

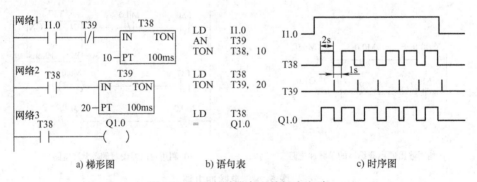

a) 梯形图　　　　　　　　b) 语句表　　　　　　　c) 时序图

图 6-30　用定时器实现的闪光电路

在实际用到闪光功能的程序设计中，往往直接用两个定时器产生闪光信号，其程序如图 6-31 所示。该设计中，PLC 一经通电，闪光电路就开始工作。当用到闪光功能时，把 T38 的常开触点串联上即可。通断的时间可以根据需要任意设定。

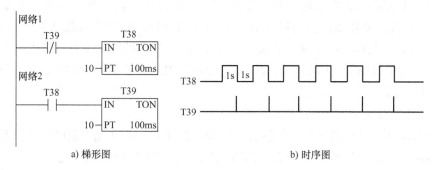

a) 梯形图   b) 时序图

图 6-31　实际常用的闪光电路

2. 单按钮启停控制电路

通常一个电路的启动和停止控制是由两只按钮分别完成的，当一台 PLC 控制多个具有启停操作的电路时，将占用很多输入点，这就面临着输入点不足的问题。通过增加 I/O 扩展单元固然可以解决，但有时候往往就缺少几个点而造成成本大大增加，因此单按钮启停控制目前得到了广泛的应用。

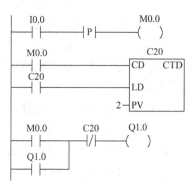

图 6-32 为一单按钮启停控制电路，这里计数器的预置值一定要设为 2。当按一下 I0.0 时，计数器减 1，C20 不通，Q1.0 启动；再按一下 I0.0，C20 接通，Q1.0 断电，使所接的设备停止运行，并且复位计数器。

图 6-32　单按钮启停控制电路

6.3　应用编程实例

结合前两节的知识，本节给出 PLC 应用编程的一些例子，这些例子虽然比较短小，但都比较典型，其编程思想可对以后编写大型复杂的 PLC 应用程序有所借鉴，以便读者在今后的工程实践中编出更好的程序。

6.3.1　电动机正反转控制

电动机正反转控制是应用最广泛的控制系统，采用传统接触器和继电器实现的电动机正反转控制电路如图 6-33 所示。用 PLC 进行控制只需一小段简单的程序即可实现可靠的系统控制。

1. 系统结构

系统利用 PLC 对一台三相感应电动机进行正反转控制。利用三个非自锁按钮来控制电动机的正反

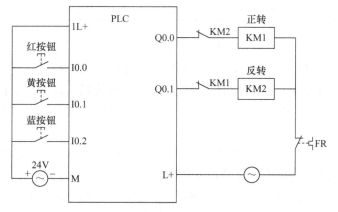

图 6-33　PLC 控制电动机正反转外部接线图

转。黄按钮按下表示电动机正转，蓝按钮按下表示电动机反转，红按钮按下表示电动机停止。图6-33是PLC和外部设备的接线图。图中KM1和KM2的常闭触点为外部硬件互锁，与PLC内部的软继电器互锁形成"软硬件双重互锁"。进行硬件互锁可以防止PLC内部软继电器互锁相差一个扫描周期引起的误动作，还能避免因接触器KM1和KM2的主触点熔焊而引起的主电路短路。

2. 系统的控制要求

系统要求实现电动机的正反转控制。当按动黄按钮时，若在此之前电动机没有工作，则电动机正转起动，并保持电动机正转；若在此之前电动机反转，则将电动机切换到正转状态，并保持电动机正转；若在此之前电动机已经是正转，则电动机的转动状态不变。电动机正转状态一直保持到蓝按钮或红按钮按下为止。

当按动蓝按钮时，若在此之前电动机没有工作，则电动机反转起动，并保持电动机反转；若在此之前电动机正转，则将电动机切换到反转状态，并保持电动机反转；若在此之前电动机已经是反转，则电动机的转动状态不变。电动机反转状态一直保持到黄按钮或红按钮按下为止。

当按下红按钮时，无论在此之前电动机的转动状态如何，都停止电动机的转动，直到重新起动电动机正转或反转为止。

注：电动机不可以同时进行正转和反转，否则会损坏系统。

3. PLC的I/O点的确定与分配

整个系统共需五个I/O点：三个输入点和两个输出点。三个输入点I0.0、I0.1、I0.2依次连接红按钮、黄按钮、蓝按钮；两个输出点Q0.0、Q0.1分别连接正转继电器线圈KM1和反转继电器线圈KM2。PLC的I/O点的分配见表6-1。

表6-1　电动机正反转控制PLC的I/O点分配表

PLC点名称	连接的外部设备	功能说明
I0.0	红按钮	停止命令
I0.1	黄按钮	电动机正转命令
I0.2	蓝按钮	电动机反转命令
Q0.0	正转继电器	控制电动机正转
Q0.1	反转继电器	控制电动机反转

4. 系统编程分析和实现

系统要求当按动黄按钮时，若在此之前电动机没有工作，则电动机正转启动，并保持电动机正转。因系统的命令按钮是非自锁按钮，故需用自锁电路来实现状态保持。实现电路如图6-34所示。同理可以得到电动机反转的控制电路，电动机初步正反转控制电路如图6-35所示。

系统要求电动机不可以同时进行正转和反转，如图6-36所示利用互锁电路可以实现（互锁电路控制过程分析参照上节）。

系统要求当按动黄按钮时，若在此之前电动机反转，则将电动机切换到正转状态，并保持电动机正转。因有了互锁电路，系统在反转时不可能进行正转，故在正转之前要求先切断反转通路，可以利用正转按钮来切断反转的控制通路。同理可以用反转按钮来切断正转的控制通路。其原理如图 6-37 所示。

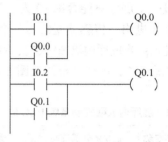

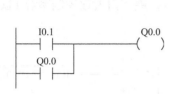

图6-34　电动机初步正转控制电路

图6-35　电动机初步正反转控制电路

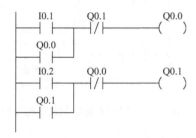

图6-36　电动机正反转的互锁电路

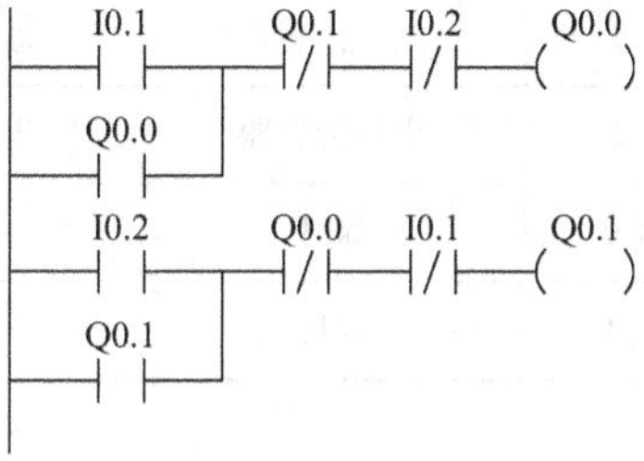

图6-37　电动机正反转的切换电路

系统要求当按下红按钮时，无论在此之前电动机的转动状态如何，都停止电动机的转动，即利用红色按钮同时切断正转和反转的控制通路。图6-38 即为电动机正反转的最终控制电路。

读者完全不必拘泥于上述的分析和设计过程，熟练后可以利用自己的设计经验和编程原则一次写出系统的完整 PLC 控制程序。控制程序的实现方法也并不局限于上述一种方法，采用置位/复位指令实现上述功能的电路如图 6-39 所示。

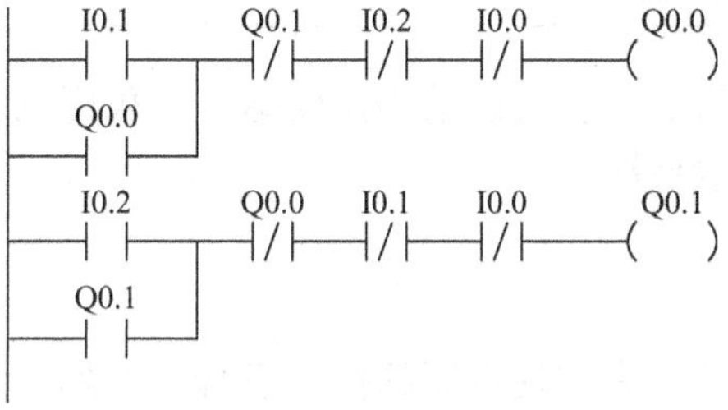

图 6-38　电动机正反转的最终控制电路

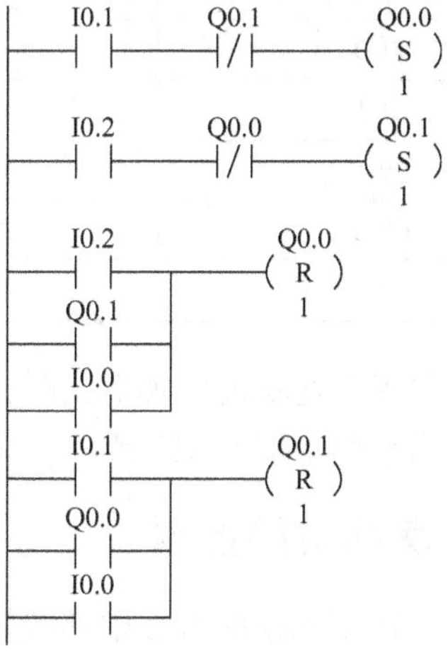

图 6-39　置位/复位指令实现的
电动机正反转控制电路

6.3.2 展厅人数控制

假设一个展厅只能容纳 80 人，当超过 80 人时就报警。在展厅进出口各装一个传感器，每当有 1 人进出，传感器就给出一个脉冲信号。当展厅内人数不足 80 时，绿灯亮，表示可以继续进入；当展厅内满 80 人时，红灯亮，表示不准进入。展厅内人数控制系统 PLC 的 I/O 点分配见表 6-2，PLC 梯形图如图 6-40 所示。

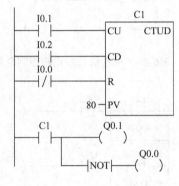

表 6-2 展厅内人数控制系统 PLC 的 I/O 点分配表

PLC 点名称	连接的外部设备	功能说明
I0.0	系统启动开关	启动计数系统
I0.1	进口传感器	进 1 人加 1
I0.2	出口传感器	出 1 人减 1
Q0.0	绿灯	可进入
Q0.1	红灯	不准进入

图 6-40 展厅人数控制系统梯形图

6.3.3 多台电动机顺序起动与逆序停止控制

某工业控制中有 3 台电动机，要求按规定的时间顺序起动，逆序关断。起动时每隔 20s 起动一台电动机，直到 3 台电动机全部起动运行。关断时按逆序进行，每隔 10s 停一台电动机，直到 3 台电动机全都停止。3 台电动机顺序起动与逆序停止控制的时序如图 6-41a 所示。

根据控制要求，系统共需 5 个 I/O 点：2 个输入点和 3 个输出点。I/O 点的分配见表 6-3。

表 6-3 3 台电动机顺序起动与逆序停止控制的 I/O 点分配表

PLC 点名称	连接的外部设备	功能说明
I0.0	起动按钮	起动控制
I0.1	停止按钮	停止控制
Q0.0	第 1 台电动机的接触器 KM1	控制第 1 台电动机的起停
Q0.1	第 2 台电动机的接触器 KM2	控制第 2 台电动机的起停
Q0.3	第 3 台电动机的接触器 KM3	控制第 3 台电动机的起停

编写实现上述功能的梯形图时，可以采用基本指令，也可以采用比较指令，采用比较指令实现的梯形图如图 6-41b 所示，采用比较指令简单易懂。

6.3.4 房间灯的控制

在一些宾馆和家庭客厅中的装饰灯是利用一个开关来实现不同的控制组合。例如，房间内有 1、2、3 号三个灯，开关闭合时灯亮，开关断开时灯灭。如果在 3s 之内每闭合一次开关，灯亮的个数由 1 个→2 个→3 个→2 个→1 个→0 个循环。如果开关断开的时间超过 3s，再闭合开关时，重复上述过程。

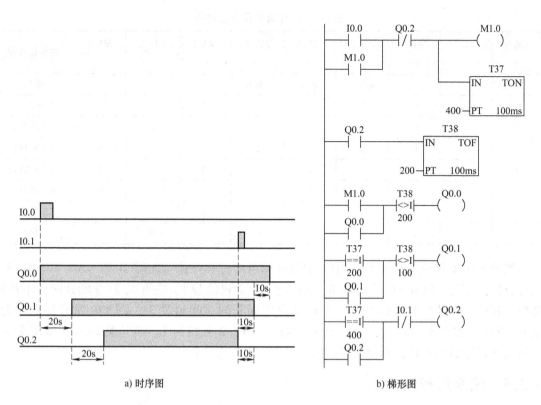

a) 时序图　　　　　　　　　　b) 梯形图

图 6-41　3 台电动机顺序起动与逆序停止控制

系统共需 4 个 I/O 点：1 个输入点和 3 个输出点，其 I/O 点分配见表 6-4。

表 6-4　房间灯控制 PLC 的 I/O 点分配表

PLC 点名称	连接的外部设备	功 能 说 明
I0.0	开关	开关命令
Q0.0	照明灯 1	照明
Q0.1	照明灯 2	照明
Q0.3	照明灯 3	照明

用一个开关控制三个照明灯的控制电路如图 6-42 所示。图中使用了特殊存储器 SM0.1，只在运行中第一次扫描时闭合，从第二次扫描开始断开并保持断开状态。这里使用 SM0.1 是程序初始化的需要。一进入程序，就将 MW0 置零，而后又将 M1.0、M1.1、M1.2 位置 1。MW0 中 M0.0～M1.0 位的移位过程见表 6-5。

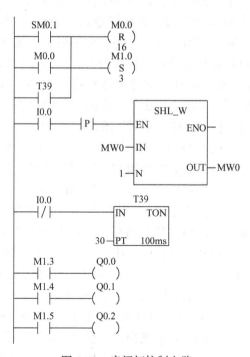

图 6-42　房间灯控制电路

表 6-5　移位寄存器移位过程

M0.0 ←	M1.7 ←	M1.6 ←	M1.5 ←	M1.4 ←	M1.3 ←	M1.2 ←	M1.1 ←	M1.0 ←	左移位过程
			Q0.2	Q0.1	Q0.0				输出
0	0	0	0	0	0	1	1	1	初始状态
0	0	0	0	0	1	1	1	0	第1次移位
0	0	0	0	1	1	1	0	0	第2次移位
0	0	0	1	1	1	0	0	0	第3次移位
0	0	1	1	1	0	0	0	0	第4次移位
	1	1	1	0	0	0	0	0	第5次移位
1	1	1	0	0	0	0	0	0	复位

当第 6 次闭合开关 I0.0 时，MB1 中的数据再次左移一位。此时 M1.3 = M1.4 = M1.5 = 0，此时灯全灭。M0.0 = 1，将 M1.0、M1.1、M1.2 置位为 1。在开关 I0.0 断开时，不执行移位，移位寄存器中的数据不变，若 I0.0 每次断开的时间超过 3s，则 T39 常开触点闭合，使 MW0 中的数据复位为 0，再将 M1.0、M1.1、M1.2 置位为 1。当开关 I0.0 再次闭合时，又从上述初始状态开始，重复循环过程。

6.3.5　流水灯控制

图 6-43 是某一流水灯控制的时序图，移位脉冲的周期为 1s，Q0.0 ~ Q0.7 分别控制 8 个流水灯的亮灭。I0.0 是流水灯的启动开关，当 I0.0 闭合时，流水灯 Q0.0 ~ Q0.7 在移位脉冲的作用下依次点亮，全亮后 8 个流水灯再按着相反的方向依次熄灭。全部熄灭后再沿 Q0.7 ~ Q0.0 的方向依次逐个点亮，全亮后再从 Q0.0 ~ Q0.7 逐个熄灭，如此循环往复。控制程序梯形图如图 6-44 所示。

图 6-44 中，定时器 T37 每隔 1s 产生一个脉冲，用于左移和右移的移位信号。定时器 T38 每隔 8s 发一个脉冲，用于对 MB0 进

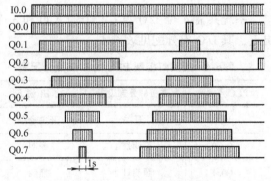

图 6-43　流水灯控制时序图

行加 1 计数控制。功能指令 INC_ B MB0 构成一个加 1 计数器，计数值用 MB0 表示，其中 M0.1 和 M0.0 的数值用于左右移位的控制。

I0.0 闭合，PLC 开始运行时，T38 常闭触点闭合，INC_ B 执行一次加 1 指令，此时 MB0 = 1，即 M0.1 = 0，M0.0 = 1，M0.1 常闭触点和 M0.0 常开触点为接通状态，则 Q0.0 置位；T37 每隔 1s 发一个脉冲，执行左移指令 SHL_ B，将 Q0.0 的 1 依次左移到 Q0.1 ~ Q0.7 中，1 号灯 ~ 8 号灯依次点亮，最后 QB0 = 11111111。

T38 隔 8s 后发出一个脉冲，执行一次 INC_ B 加 1 指令，计数值 MB0 = 2，即 M0.1 = 1，M0.0 = 0，M0.1 常开触点闭合，M0.0 常开触点断开，此时执行 SHR_ B 右移指令；T37 每隔 1s 发一个脉冲，QB0 = 11111111 右移一次，最左位补 0，变为 QB0 = 01111111，每右移一

次最左位补 0,最后 Q0.7~Q0.1 均为 0,8 个灯依次熄灭,最后 QB0 = 00000000。

T38 再隔 8s 后发出一个脉冲,执行一次 INC_ B 加 1 指令,计数值 MB0 = 3,即 M0.1 = 1,M0.0 = 1,M0.1 和 M0.0 常开触点均闭合,仍执行 SHR_ B 右移指令,并将 Q0.7 置位;QB0 = 00000000 右移一次,变为 QB0 = 10000000,T37 每隔 1s 发一个脉冲,将 Q0.7 的 1 依次右移到 Q0.7~Q0.0 中,最后 Q0.7~ Q0.0 均为 1,8 个灯依次点亮,最后 QB0 = 11111111。

T38 隔 8s 后发出一个脉冲,执行一次 INC_ B 加 1 指令,计数值 MB0 = 4,即 M0.1 = 0,M0.0 = 0,M0.1 常闭触点闭合,M0.0 常开触点断开,执行左移指令;QB0 = 11111111 左移一次,最右位补 0,变为 QB0 = 11111110,T37 每隔 1s 发一个脉冲,每左移一次最右位补 0,最后 Q0.7~Q0.1 均为 0,8 个灯依次熄灭,最后 QB0 = 00000000。

T38 每隔 8s 发出一个脉冲,不断重复上述过程。

6.3.6 小车自动往返控制

图 6-45 为小车在两个地点间自动往返控制的主电路和继电器控制电路。控制要求为:按下右行启动按钮 SB2 或左行启动按钮 SB3 后,小车在左限位开关 SQ1 和右限位开关 SQ2 之间循环往返运行,直至按下停止按钮 SB1。

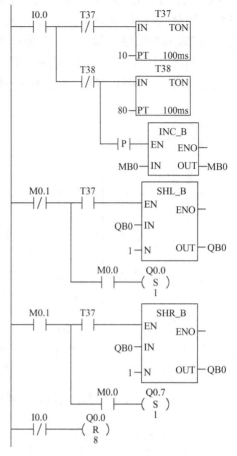

图 6-44 流水灯 PLC 控制梯形图

采用 PLC 实现小车自动往返控制的外部接线图如图 6-46 所示。图 6-47 为对应的 PLC 控制梯形图。

按下按钮 SB2,I0.0 变为 ON,其常开触点闭合,Q0.0 线圈接通并自锁,使 KM1 的线圈通电,小车开始右行;当压下右侧限位开关 SQ2 时,I0.4 变为 ON,其常闭触点断开,常开触点闭合,因此,Q0.0 断开,Q0.1 接通并自锁,KM2 线圈得电,小车开始左行,行至 SQ1 处又开始右行,如此循环往复,直至按下停止按钮 SB1。这种控制方式适用于小容量的感应电动机,并且往返不能太频繁,否则电动机将过热。

梯形图中 Q0.0 和 Q0.1 的常闭触点分别与对方线圈串联,形成“互锁”保护。梯形图中还设置了“按钮联锁”,即将按钮 I0.0 和 I0.1 的常闭触点分别与串于 Q0.1 和 Q0.0 的线圈串联,使小车可以从一个方向的运动直接过度至另一个方向的运行,而不需要经过停止按钮。梯形图中互锁和按钮联锁电路并不保险,因此在 PLC 外部设置了由 KM1 和 KM2 的辅助常闭触点构成的硬件互锁电路。

图 6-45 中热继电器 FR 的常闭触点与接触器 KM1 和 KM2 的线圈串联。当电动机过载时,FR 的常闭触点断开,使 KM1 和 KM2 的线圈断电。如果在图 6-46 中也将接在 PLC 输入

端 I0.5 处的 FR 触点改为常闭触点，未过载时它是闭合的，I0.5 为 ON，梯形图中 I0.5 的常开触点闭合，所以，此时应将 I0.5 的常开触点而不是常闭触点与 Q0.0 和 Q0.1 的线圈串联。过载时 FR 的常闭触点断开，I0.5 为 OFF，梯形图中 I0.5 的常开触点断开，使 Q0.0 或 Q0.1 断电，起到保护作用。这样继电器电路图中 FR 的触点类型（常闭）与梯形图中对应的 I0.5 的类型（常开）刚好相反，给电路的分析带来不便。

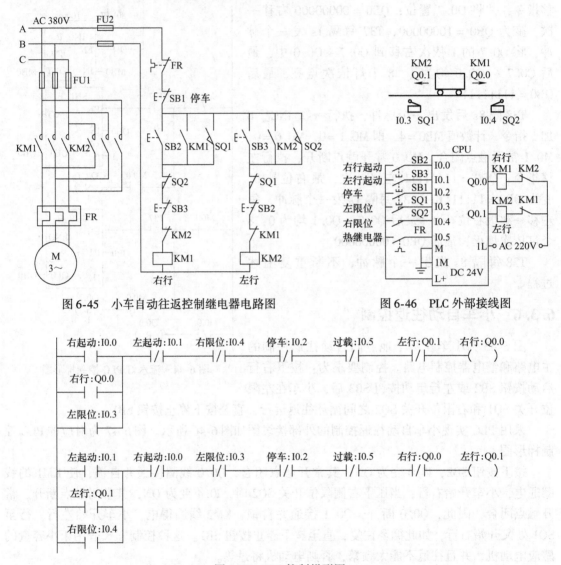

图 6-45 小车自动往返控制继电器电路图   图 6-46 PLC 外部接线图

图 6-47 PLC 控制梯形图

为了使梯形图和继电器电路图中的触点类型相同，建议尽可能地用常开触点作为 PLC 的输入信号。如果某些信号只能用常闭触点输入，可以按输入全部为常开触点来设计梯形图，这样可以将继电器电路直接翻译为梯形图。然后将梯形图中外接常闭触点的过程映像输入位的触点改为相反的触点，即常开触点改为常闭触点，常闭触点改为常开触点。

6.3.7 多地点控制

实际中常需要在不同地点实现对同一对象的控制，即多地点控制问题。如要求在三个不同的地方分别用三个开关控制一盏灯，任何一地的开关动作都可以使灯的状态发生改变，即不管开关是开还是关，只要有开关动作则灯的状态就发生改变。按着控制要求，系统共需 4 个 I/O 点：3 个输入点和 1 个输出点。PLC 的 I/O 分配见表6-6。

表6-6 三地控制一盏灯 I/O 分配

PLC 点名称	连接的外部设备	功能说明
I0.0	A 地开关 S1	在 A 地控制
I0.1	B 地开关 S2	在 B 地控制
I0.2	C 地开关 S3	在 C 地控制
Q0.0	灯	被控对象

根据控制要求可设计梯形图程序，如图 6-48 所示。

这里举的例子是三地控制一盏灯，读者从这个程序中不难发现其编程规律，并能很容易地把它扩展到四地、五地甚至更多地点的控制。

图 6-48 所示的程序虽可实现控制要求，但其设计方法完全靠设计者的经验，初学者不易掌握。下面利用数字电路中组合逻辑电路的设计方法，使编程者有章可循，这样更便于学习和掌握。

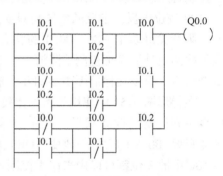

图 6-48 三地控制一盏灯程序 (1)

我们作如下规定：输入量为逻辑变量，输出量为逻辑函数；常开触点为原变量，常闭触点为反变量。这样就可以把继电控制的逻辑关系变成数字逻辑关系。表6-7 为三地控制一盏灯的逻辑函数真值表。

表6-7 三地控制一盏灯逻辑函数真值表

I0.2（开关 S1）	I0.1（开关 S2）	I0.0（开关 S1）	Q0.0
0	0	0	0
0	0	1	1
0	1	1	0
0	1	0	1
1	1	0	0
1	1	1	1
1	0	1	0
1	0	0	1

表中 I0.0、I0.1、I0.2 代表输入控制开关，Q0.0 代表输出继电器。真值表按照每相邻两行只允许一个输入变量变化的规则排列，便可满足控制要求，即三个开关中的任意一个开关状态的变化，都会引起输出 Q0.0 由"1"变到"0"，或由"0"变到"1"。根据此真值表可以写出输出与输入之间的逻辑函数关系式：

$$Q0.0 = \overline{I0.2} \cdot \overline{I0.1} \cdot I0.0 + \overline{I0.2} \cdot I0.1 \cdot \overline{I0.0} + I0.2 \cdot I0.1 \cdot I0.0 + I0.2 \cdot \overline{I0.1} \cdot \overline{I0.0}$$

$$= \overline{I0.2}(\overline{I0.1} \cdot I0.0 + I0.1 \cdot \overline{I0.0}) + I0.2(I0.1 \cdot I0.0 + \overline{I0.1} \cdot \overline{I0.0})$$

根据逻辑表达式，设计出 PLC 控制的接线图和梯形图如图 6-49 所示。

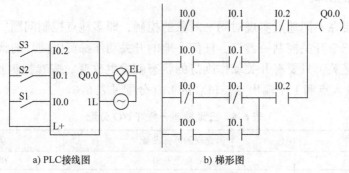

a) PLC接线图　　　　　　b) 梯形图

图 6-49　三地控制一盏灯程序（2）

为使程序更加简单，我们还可以使用逻辑运算指令。图 6-50 给出了应用按位取反编写的控制程序。该程序只用了两种指令，一是微分指令，二是按位求反的指令，该指令可对字节 QB0 按位求反。求反的条件是只要开关动作（不管开关是接通还是断开），即将 QB0 求反，则开关每动作一次，Q0.0 的状态就变化一次。程序中每一开关使用了两个微分指令，既可检测上升沿又可检测下降沿，十分巧妙地实现了控制要求。对于这种编程方式，无论多少个地方，只要在梯形图中多加几个输入触点和几条微分指令就可实现控制要求。

在梯形图 6-51 中使用了条件比较指令和数据传送指令，只要 IB0 中的内容同 MB0 中的内容不同，就把 QB0 求反。程序最后还把 IB0 送至 MB0，使两个寄存器中内容完全一样。这样只要 IB0 中的内容一改变，QB0 的状态就立即变化。这里因为使用了字节比较指令，所以 IB0 中的 8 位都可以用来作为控制开关，使程序大大简化。

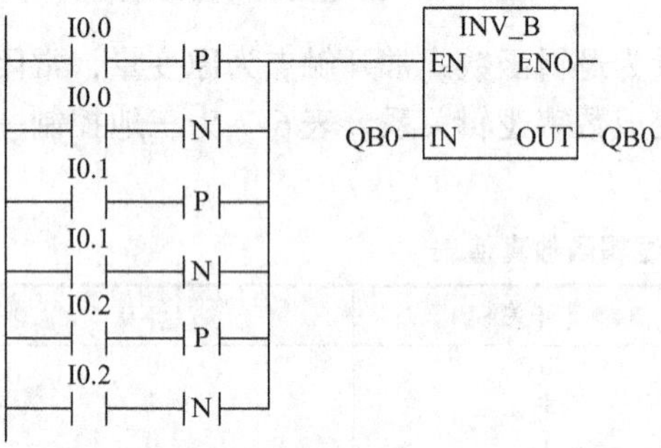

图 6-50　三地控制一盏灯程序（3） 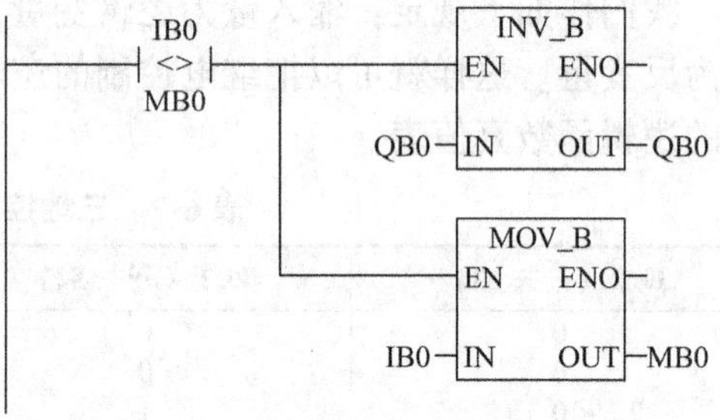　　　　图 6-51　三地控制一盏灯程序（4）

由上面的例子可以看到，由于 PLC 有丰富的指令集，所以其编程十分灵活。同样的控制要求可以选用不同的指令进行编程，指令运用得当可以使程序非常简短。这一点是传统的继电控制无法比拟的。而且因为 PLC 融入了许多计算机的特点，所以其编程的思路上也与继电控制图的设计思想有许多不同之处，如果只拘泥于继电控制图的思路，则不可能编出好的程序。特别是功能指令中诸如移位、码变换及各种运算指令，其功能十分强大，这正是 PLC 的精华所在。

6.3.8　燃烧机起动与停止控制

燃烧机起动过程为，先起动对应的风机，3min 后起动燃烧机。停止过程为，先停止燃烧机，3min 后停止对应的风机。

继电器控制电路图及 PLC 控制接线图如图 6-52 所示。整个系统共需 4 个 I/O 点：2 个输入点和 2 个输出点。I/O 点的分配见表 6-8。

表 6-8　燃烧机起动与停止控制 PLC 的 I/O 点分配表

PLC 点名称	连接的外部设备	功能说明
I0.0	起动按钮 SB1	燃烧机与风机起动
I0.1	停止按钮 SB2	燃烧机与风机停止
Q0.0	风机接触器 KM1	控制风机
Q0.1	燃烧机接触器 KM2	控制燃烧机

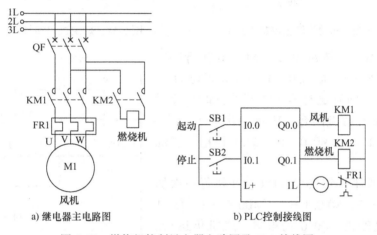

a) 继电器主电路图　　　　b) PLC控制接线图

图 6-52　燃烧机控制继电器电路图及 PLC 接线图

控制梯形图如图 6-53 所示。起动时，按下起动按钮 I0.0，Q0.0 线圈得电并自锁，风机起动。定时器 T37 开始计时，计时 3min 后 T37 常开触点闭合，接通 Q0.1，燃烧机得电；停止时，按下停止按钮 I0.1，M0.0 线圈得电并自锁，M0.0 常闭触点断开，Q0.1 失电，燃烧机断电。同时，定时器 T38 开始计时，计时 3min 后 T38 常闭触点断开，Q0.0 失电，风机断电。同时 T38 常闭触点断开 M0.0 和 T38。

通常我们习惯于使用通电延时型定时器，而不习惯使用断电延时型定时器。在本例中如果能够合理使用 S7 – 200 指令中的断电延时型定时器，会使控制程序更加简洁直观。如图 6-54 所示，起动时，按下起动按钮 I0.0，M0.0 线圈得电自锁，定时器 T37 和 T38 同时得电，T38 常开触点立即闭合，接通 Q0.0，风机得电起动。T37 常开触点延时 3min 后闭合，接通 Q0.1，燃烧机得电；停止时，按下停止按钮 I0.1，M0.0 线圈失电，定时器 T37 和 T38 同时也失电，T37 常开触点立即断开，Q0.1 失电，燃烧机停止。定时器 T38 的常开触点延时 3min 后断开，Q0.0 失电，风机断电。

以上两种方法是大多数人习惯于使用的常规设计方法。如果能够合理的利用 PLC 的编程技巧进行电路设计，往往能够简化电路，减少控制元件的使用，如图 6-55 所示的控制方法，只用了一个按钮和一个定时器。

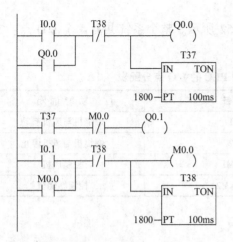

图 6-53 燃烧机起动与停止控制方案 1

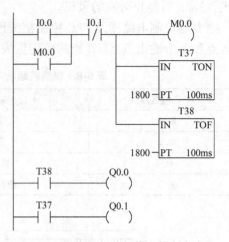

图 6-54 燃烧机起动与停止控制方案 2

起动时，按一下按钮 I0.0，INC_ B 执行一次加 1 指令，MB0 = 1，MB0.0 = 1，Q0.0 置位为 1，风机得电起动，同时定时器 T37 开始计时，计时 3min 后 T37 常开触点闭合，执行一次加 1 指令，MB0 = 2，M0.1 = 1，M0.0 = 0，Q0.1 得电，燃烧机得电工作。

停止时，按下按钮 I0.0，INC_ B 执行一次加 1 指令，MB0 = 3，MB0.1 = 1，MB0.0 = 1，Q0.1 失电，燃烧机停止，Q0.0 仍得电，风机仍运行。M0.0 常开触点闭合，定时器 T37 开始计时，计时 3min 后 T37 常开触点闭合，将 Q0.0 复位，风机停止，并执行一次加 1 指令，MB0 = 4，M0.1 = 0，M0.0 = 0，恢复到停止状态。

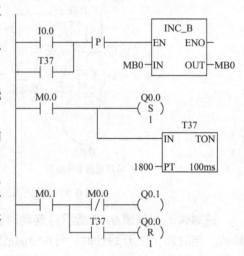

图 6-55 燃烧机起动与停止控制方案 3

6.3.9 彩灯控制

生活中，尤其每逢节日，我们经常会用到各种类型的彩灯，现设计一个彩灯控制电路，要求该彩灯电路由红、黄、绿、蓝四种颜色的灯泡组成。每种颜色的灯各由 4 只灯并联组成，共有 16 只灯，按一定规律排列而成，每秒变化一次，变化规律见表 6-9。

表 6-9 彩灯变化规律

次序	蓝灯	绿灯	黄灯	红灯
1	0	0	0	1
2	0	0	1	1
3	0	1	1	1
4	1	1	1	1
5	1	1	1	0
6	1	1	0	0
7	1	0	0	1
8	0	0	0	1

采用 PLC 控制的 I/O 点的分配见表 6-10。根据表 6-9，彩灯每次变化的状态用 1 位 16 进制数表示，则 8 次变化的状态可以用 8 位十六进制数 08CEF731 表示，见表 6-11。

表 6-10　彩灯控制 PLC 的 I/O 点分配表

PLC 点名称	连接的外部设备	功 能 说 明
Q0.0	红灯	控制红灯亮
Q0.1	黄灯	控制黄灯亮
Q0.2	绿灯	控制绿灯亮
Q0.3	蓝灯	控制蓝灯亮

表 6-11　四彩灯输出数值变化规律

次序	蓝灯	绿灯	黄灯	红灯	数值
1	0	0	0	1	1
2	0	0	1	1	3
3	0	1	1	1	7
4	1	1	1	1	F
5	1	1	1	0	E
6	1	1	0	0	C
7	1	0	0	0	8
8	0	0	0	0	0

PLC 接线图及控制梯形图分别如图 6-56 及图 6-57 所示。运行时由初始化脉冲 SM0.1 将 8 位十六进制数 08CEF731 传送到 32 位的 MD0 中。由秒时钟脉冲 SM0.5 对 MD0 进行右循环移位，每秒变化一次，每次移动 4 位。由 MD0 的低 4 位 M3.0 ~ M3.3 分别驱动输出继电器 Q0.0、Q0.1、Q0.2 及 Q0.3 控制彩灯变化。

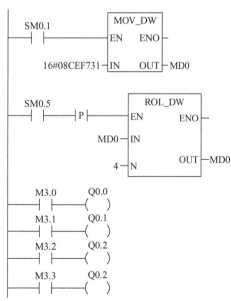

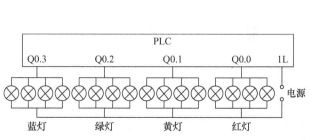

图 6-56　彩灯控制 PLC 接线图　　　　图 6-57　彩灯控制梯形图

6.3.10 门铃及警铃控制

门铃及警铃控制要求为，当有人按门铃按钮时，门铃以断续的声音响3s，当有人触及防盗报警系统时，发出报警信号，门铃直接响并保持，直至按下复位按钮。根据控制要求可确定PLC控制需要3个输入点，1个输出点，I/O点的分配见表6-12。

表6-12 燃烧机起动与停止控制PLC的I/O点分配表

PLC 点名称	连接的外部设备	功 能 说 明
I0.0	门铃按钮	控制门铃响
I0.1	复位按钮	警铃复位
I0.2	接近开关	报警
Q0.3	电铃	门铃兼警铃

PLC控制接线图及控制梯形图分别如图6-58及图6-59所示。当有人按动门铃按钮时，I0.0触点接通，辅助继电器M0.0和定时器T37得电并自锁。M0.0常开触点闭合，SM0.5接通和断开时间均为0.5s，因此Q0.0产生脉冲输出，使门铃产生断续响声，3s后由定时器T37常闭触点将M0.0及定时器断电，因此响铃停止。有人触及防盗报警系统时，I0.2触点接通，使辅助继电器M0.1得电并自锁，M0.1常开触点接通Q0.0，使电铃产生连续响声，只有按下复位按钮I0.1时，才能切断M0.1，从而解除铃声。

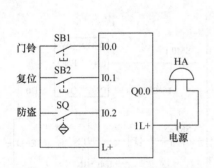

图6-58 门铃及警铃PLC控制接线图

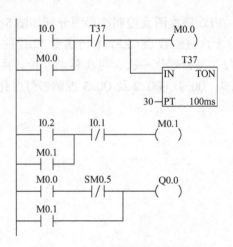

图6-59 门铃及警铃控制梯形图

习　题

6-1 指出图6-60中的错误之处。

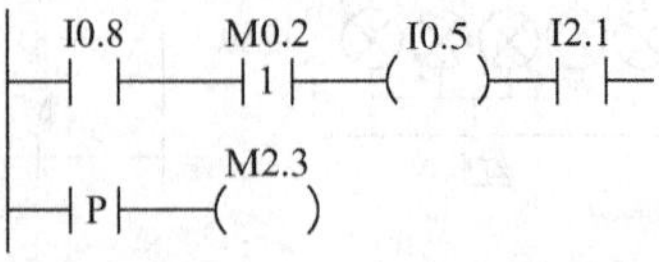

$$
\begin{array}{c}
\text{I0.8} \quad \text{M0.2} \quad \text{I0.5} \quad \text{I2.1} \\
\text{—| |——| |——( )——| |—} \\
\\
\text{M2.3} \\
\text{—|P|——( )—}
\end{array}
$$

图6-60 习题6-1图

6-2 画出图 6-61 中的语句表对应的梯形图。

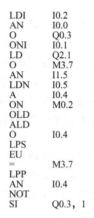

```
LDI    I0.2
AN     I0.0
O      Q0.3
ONI    I0.1
LD     Q2.1
O      M3.7
AN     I1.5
LDN    I0.5
A      I0.4
ON     M0.2
OLD
ALD
O      I0.4
LPS
EU
=      M3.7
LPP
AN     I0.4
NOT
SI     Q0.3，1
```

图 6-61 习题 6-2 图

6-3 试设计满足图 6-62 所示时序图的梯形图程序。

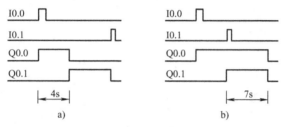

图 6-62 习题 6-3 图

6-4 用 I0.0 控制接在 QB0 的 8 个彩灯是否移位，每 2s 移 1 位。用 I1.0 控制左移或右移，首次扫描时将彩灯的初始值设置为 16#0E（仅 Q0.1 ~ Q0.3 为 ON），设计梯形图程序。

6-5 用 I1.0 控制接在 QB0 的 8 个彩灯是否移位，每 2s 左移 1 位。用 IB0 设置彩灯的初始值，在 I1.1 的上升沿将 IB0 的值传送到 QB0，设计梯形图程序。

6-6 利用定时器和计数器设计一个定时 20 小时的定时器，由 I0.0 控制定时器的启动，定时时间到驱动 Q0.0 输出。

6-7 设计一个计数值为 60000 的计数器。计数脉冲信号为 I1.0，计数至 60000 时驱动 Q0.0 输出。

6-8 如果 VW10 中的数大于等于 AIW2 中的数，令 M0.0 为 1，并保持；反之将 M0.0 复位为 0。设计梯形图和语句表。

6-9 有 3 个通风机，设计一个监视系统，监视通风机的运转，如果有两个或两个以上运行，信号灯持续发光。如果只有一个通风机运转，信号灯就以 2s 的时间间隔闪烁。如果 3 个都停转，信号灯就以 0.5s 的时间间隔闪烁。

6-10 有一套 16 点彩灯图案，启动它后从 1 到 16 点每隔 2s 亮一点，全亮后，每隔 1s 闪 3 次后，从后到前间隔 3s 依次熄灭，完成一次循环，每隔 5s 循环一次，10 次循环后自动停止。要求画出梯形图并调试程序。

6-11 用接在 I0.0 输入端的光电开关检测传送带上通过的产品，有产品通过时 I0.0 为 ON，如果在 10s 内没有产品通过，由 Q0.0 发出报警信号，用 I0.1 输入端外接的开关解除报警信号。画出梯形图，并写出对应的语句表程序。

6-12 用除法指令将 VW20 中的数（300）除以 6 后存放到 VW300 中。

6-13 试设计一个三人智力抢答器。首先由主持人给出题目，并按下主持人按钮，主持人抢答信号灯亮，开始抢答，先按下按钮的抢答信号灯亮，后按下的抢答信号灯不亮。抢答结束后，主持人再按下主持人按钮，抢答信号灯熄灭。

如果在主持人未按下按钮，主持人抢答信号灯未亮之前，抢答者先按下按钮，则抢答信号灯闪亮，表示犯规。主持人再按下主持人按钮，使抢答者信号灯熄灭。要求写出 I/O 分配表并画出梯形图。

6-14 试设计三台电动机的顺序起动、逆序停止控制程序。要求按下起动按钮，起动第一台电动机之后，每隔 5s 再起动一台；按停止按钮时，先停下第三台电动机，之后每隔 5s 逆序停下第二台和第一台电动机。写出其 I/O 分配表，并画出其梯形图程序及对应的时序图。

6-15 试设计一个高速计数器的程序，信号源是一个编码器，高速计数器对其输出的脉冲信号进行计数，要求实现：

(1) 当脉冲数为 50 的偶数倍时，点亮彩灯 L1，关断彩灯 L2。

(2) 当脉冲数为 50 的奇数倍时，点亮彩灯 L2，关断彩灯 L1。

(3) 当脉冲总计数值为 10000 时，计数器复位，并开始下一个循环。

第 7 章

S7-200 PLC 的通信与网络

本章知识要点：

(1) 基本通信方式的分类

(2) S7-200 PLC 的工业自动化通信网络

(3) S7-200 PLC 的自由口通信应用及实例

(4) S7-200 PLC 的 PPI 通信应用及实例

(5) S7-200 PLC 的 Modbus 通信应用及实例

(6) S7-200 PLC 的 USS 通信指令

7.1 S7-200 PLC 基本通信与网络简介

7.1.1 通信方式

1. 基本通信方式

数据的基本通信方式有两种：并行通信方式和串行通信方式。并行通信方式是指数据的所有位同时发送或接收，数据可以用字并行传送，也可以用字节并行传送。并行通信的优点是传送速度快，缺点是并行传送的数据有多少位，传输线就需要多少根。但是如果 PLC 位数较多，传送距离较远，则会使得线路复杂且成本较高。因此，并行通信方式一般只在 PLC 的内部各元件之间、主机与扩展模块到智能模块之间使用，只适合近距离传输。图 7-1 所示是 8 位二进制数同时由设备 A 传送到设备 B。

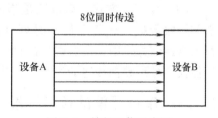

图 7-1 并行通信示意图

串行通信又分为异步通信和同步通信两种。串行通信是指数据的各位按顺序一位一位传送。其优点是只需一对传输线（如电话线），占用硬件资源少，从而降低了传输成本，特别适合于远距离通信；缺点是传送速度较慢。图 7-2 所示是串行通信示意图。

图 7-3 是异步通信的信息格式，发送的字符由一个起始位、7~8 个数据位、一个奇偶校验位（可以没有）、一个或两个停止位组成。在通信开始之前，通信的双方需要对所采用的信息格式和数据的传输速率作相同的约定。接收方检测到停止位和起始位之间的下降沿后，将它作为接收的起始点，在每一位的中点接收信息。由于一个字符中包含的位数不多，即使发送方和接收方的收发频率略有不同，也不会因为两台设备之间的时钟周期的积累误差而导致收发错位。异步通信传送附加的非有效信息较多，传输速率较低。

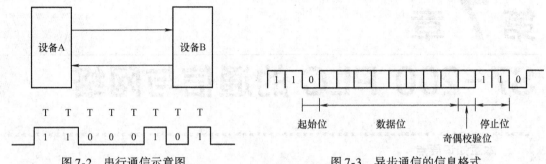

图 7-2 串行通信示意图   图 7-3 异步通信的信息格式

同步通信以字节为单位，每次传送 1~2 个同步字符、若干个数据字节和校验字符。同步字符起联络作用，用它来通知接收方开始接收数据。在同步通信中，发送方和接收方要保持完全的同步，这意味着发送方和接收方应使用同一个时钟脉冲。可以通过调制解调方式在数据流中提取出同步信号，使接收方得到与发送方完全相同的接收时钟信号。由于同步通信方式不需要在每个数据字符中增加起始位、停止位和奇偶校验位，只需要在数据块之前加一两个同步字符，所以传输效率高，但是对硬件的要求较高，一般用于高速通信。

2. 数据在线路上的传送方式

串行通信数据在线路上的传送方式分为单工、半双工和全双工方式，线路通信方式如图 7-4 所示。

（1）单工方式。单工通信是指信息的传递始终保持一个固定的方向，不能进行反方向传送，任一时刻线路总是一个方向的数据在传送。

（2）半双工方式。半双工是指在两个通信设备中同一时刻只能有一个设备发送数据，而另一个设备接收数据，至于哪个发送数据哪个接收数据没有限制，但两个设备不能同时发送和接收数据。

（3）全双工方式。全双工是指两个通信设备可以同时发

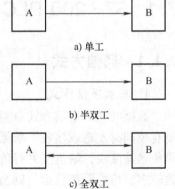

图 7-4 线路通信方式

送和接收数据，线路上任一时刻有两个方向的数据在传送。
在串行通信方式中，发送端与接收端之间的同步问题是数据通信中的一个重要问题，处理不当往往会导致数据传送的失败。为此，在串行通信中采用了同步通信与异步通信技术。

7.1.2 串行通信的接口标准

PLC 通信主要采用串行异步通信，其中常用的串行通信接口标准有 RS－232C、RS－422A 和 RS－485 等。

1. RS－232C 标准

RS－232C 是美国电子工业协会 EIA 于 1969 年公布的通信协议，它的全称是"数据终端设备（DTE）和数据通信设备（DCE）之间串行二进制数据交换接口技术标准"。RS－232C接口标准是目前计算机和 PLC 中最常用的一种串行通信接口。

RS－232C 采用负逻辑，用 $-5 \sim -15\text{V}$ 表示逻辑"1"，用 $+5 \sim +15\text{V}$ 表示逻辑"0"。噪声容限为 2V，即要求接收器能识别高至 +3V 的信号作为逻辑"0"，低到 -3V 的信号 作

为逻辑"1"。RS-232C 只能进行一对一的通信，RS-232C 可使用 9 针或 25 针的 D 型连接器。表 7-1 列出了 RS-232C 接口各引脚信号的定义以及 9 针与 25 针引脚的对应关系。PLC 一般使用 9 针的连接器。

表 7-1 RS-232C 接口引脚信号的定义

引脚号（9 针）	引脚号（25 针）	信　号	方　　向	功　　能
1	8	DCD	IN	数据载波检测
2	3	RxD	IN	接收数据
3	2	TxD	OUT	发送数据
4	20	DTR	OUT	数据终端装置（DTE）准备就绪
5	7	GND		信号公共参考地
6	6	DSR	IN	数据通信装置（DCE）准备就绪
7	4	RTS	OUT	请求传送
8	5	CTS	IN	清除传送
9	22	CI（RI）	IN	振铃指示

如图 7-5a 所示为两台计算机都使用 RS-232C 直接进行连接的典型连接，图 7-5b 所示为通信距离较近时只需 3 根连接线。

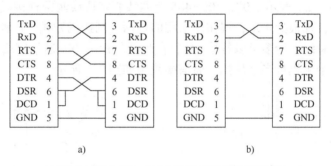

图 7-5　两台 RS-232C 数据终端设备的连接

如图 7-6 所示 RS-232C 的电气接口采用单端驱动、单端接收的电路，容易受到公共地线上的电位差和外部引入的干扰信号的影响，同时还存在以下不足之处：

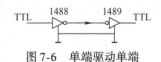

图 7-6　单端驱动单端
接收的电路

1）传输速率较低，最高传输速率为 20kbit/s。

2）传输距离短，最大通信距离为 15m。

3）接口的信号电平值较高，易损坏接口电路的芯片，又因为与 TTL 电平不兼容故需使用电平转换电路才能与 TTL 电路连接。

2. RS-422A 标准

RS-422 接口是一种单机发送、多机接收的单向、平衡传输规范，被命名为 TIA/EIA-422-A 标准。为扩展应用范围，EIA 又于 1983 年在 RS-422 接口基础上制定了 RS-485 标准，增加了多点、双向通信能力，即允许多个发送器连接到同一条总线上，同时增加了发送器的驱动能力和冲突保护特性，扩展了总线共模范围，后命名为 TIA/EIA-485-A 标准。

由于 EIA 提出的建议标准都是以"RS"作为前缀，所以在通信工业领域，仍然习惯将上述标准以"RS"作前缀称谓。

RS-422A 接口标准全称是"平衡电压数字接口电路的电气特性"，它定义了接口电路的特性。实际上还有一根信号地线，共 5 根线。由于接收器采用高输入阻抗和发送驱动器比 RS-232 更强的驱动能力，因此允许在相同传输线上连接多个接收节点，最多可接 10 个节点。即一个主设备（Master），其余为从设备（Salve），从设备之间不能通信，所以 RS-422A 接口支持点对多的双向通信。接收器输入阻抗为 4kΩ，故发端最大负载能力是 10 × 4kΩ + 100Ω（终接电阻）。RS-422A 四线接口由于采用单独的发送和接收通道，因此不必控制数据方向，各装置之间任何必须的信号交换均可以按照软件方式（XON/XOFF 握手）或硬件方式（一对单独的双绞线）进行。

RS-422A 接口的最大传输速率为 10Mbit/s 时，允许的最大通信距离为 12m。只有在很短的距离下才能获得最高速率传输，一般 100m 长的双绞线上所能获得的最大传输速率为 1Mbit/s。传输速率为 100kbit/s 时，才可能达到最大传输距离 1219m，一台驱动器可以连接 10 台接收器。RS-422A 是全双工，用 4 根导线传送数据，两对平衡差分信号线分别用于发送和接收，通信接线图如图 7-7 所示。

3. RS-485 标准

RS-485 实际上是 RS-422 的简化变形，RS-485 采用差分信号负逻辑，+2V ~ +6V 表示"1"，-6V ~ -2V 表示"0"。RS-485 有两线制和四线制两种接线，四线制只能实现点对点的通信方式，现很少采用，现在多采用的是两线制接线方式，这种接线方式为总线式拓扑结构，在同一总线上最多可以挂接 32 个节点。在 RS-485 通信网络中一般采用的是主从通信方式，即一个主机带多个从机。通信接线图如图 7-8 所示。

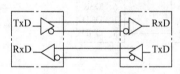

图 7-7　RS-422A 通信接线图

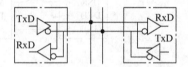

图 7-8　RS-485 通信接线图

7.1.3　S7-200 PLC 的通信协议

一个完整的通信标准定义了硬件、软件规范，包括通信端口的具体电气性能、接插件的物理规格以及信息的组织格式等，典型的如 AS-Interface。通信协议主要规定了数据的组织格式（帧格式）。同一种通信协议可以通过不同的硬件传输；同一种传输介质也可以传输不同的通信协议，如 PPI、MPI 和 PROFUBUS-DP 协议都可以在 RS-485 总线上传输；而 PROFIBUS-DP 协议也可通过光纤传输。

如果通信对象支持相同的通信协议，但通信口的硬件标准不同，就需要使用接口转换器件。例如，S7-200 编程软件通过 PPI 协议与 CPU 通信，计算机上的 RS-232 串口就需要 RS-232/PPI 电缆才能与 CPU 上的 RS-485 串口通信，RS-232/PPI 电缆在这里也起到了 RS-232 和 RS-485 之间的转换作用。这也包括光/电传输信号的转换、电信号与无线电信号之间的转换等。表 7-2 列出了 S7-200 PLC 系统支持的通信协议，其中专用的通信协议有 PPI、MPI、自由口和 USS 等；通用协议有 PROFIBUS、AS-i、工业以太网、Modbus 和 Modem 等。

表 7-2　S7 – 200 PLC 系统支持的通信协议

协议类型	端口位置	接口类型	传输介质	通信速率/(bit/s)	备　注
PPI	EM241 模块	RJ11	模拟电话	33.6k	数据传输速率
	CPU 口 0/1	DB – 9 针	RS – 485	9.6k，19.2k，187.5k	主、从站
MPI				19.2k，187.5k	仅从站
PROFIBUS – DP	EM277	DB – 9 针	RS – 485	19.2k…187.5k…12M	速率自适应
				9.6k，19.2k…187.5k…12M	从站
S7	CP243 – 1/ CP243 – 1 IT	RJ45	以太网	10M，100M	自适应
AS – Interface	CP243 – 2	接线端子	AS – i 网络	5ms/10ms 循环周期	主站
USS	CPU 口 0	DB – 9 针	RS – 485	1200…9.6k…115.2k	主站 自由口库指令
MODBUS RTU					主站/从站 自由口库指令
	EM241	RJ11	模拟电话	33.6k	数据传输速率
自由口	CPU 口 0/1	DB – 9 针	RS – 485	1200…9.6k…115.2k	

7.1.4　西门子的通信网络

PLC 的通信包括 PLC 之间、PLC 与上位机之间，以及 PLC 与其他智能设备之间的通信。PLC 与计算机可以直接或者通过通信处理器、通信转接器相连构成网络，以实现信息的交换，可以构成"集中管理、分散控制"的分布式控制系统，满足工厂自动化系统发展的需要。各 PLC 或远程 I/O 模块按功能各自放置在生产现场进行分散控制，然后用网络连接，构成集中管理的分布式网络系统。

西门子公司的全集成自动化（TIA）系统将自动化控制、制造执行系统（Manufacturing Execute System，MES）和企业资源规划系统（Enterprise Resource Planning，ERP）三者完美地整合在一起。TIA 系统的核心内容包括组态和编程的集成、数据管理的集成和通信的集成。TIA 不仅通过现场总线技术实现了系统自身与现场设备的纵向集成，同时也实现了系统与系统之间的横向联系，使通信覆盖整个企业，确保了现场实时数据的及时、准确和统一。

7.2　S7 – 200 PLC 的 PPI 通信应用

PPI（Point to Point Interface）协议是点对点通信协议，它是主/从协议。在 PPI 协议中，所有 S7 – 200 PLC 都默认为从站，主站可以是其他 CPU 主机（如 S7 – 300/400 等）、编程用计算机或 SIMTIC 编程器、文本显示器或触摸屏等。

如果在用户程序中将 S7 – 200 PLC 设置为 PPI 主站模式，则这个 S7 – 200 PLC 在 RUN 模式下可以作为主站，此时它可以利用网络读（NETR）和网络写（NETW）指令来读写另外一个 S7 – 200 PLC 中的数据。S7 – 200 PLC 作为 PPI 主站时，也可以作为从站来响应其他主站的通信请求或查询。PPI 没有限制可以有多少个主站和一个从站通信，但在网络中只能有 32 个主站。标准的 PPI 通信距离为 50m，如果使用一对 RS-485 中继器，中继器可以达到 1200m。

7.2.1 PPI 网络的硬件接口与网络配置

1. 多主站 PPI（点对点接口）电缆

多主站 PPI 电缆用于计算机与 S7-200 之间的通信。S7-200 的通信接口为 RS-485，计算机可以使用 RS-232C 或 USB 通信接口，因此有 RS-232C/PPI 和 USB/PPI 两种电缆。多主站电缆的价格便宜，使用方便，但是通信速率较低。

在运行 Windows 操作系统的个人计算机（PC）上安装了 STEP 7-Micro/WIN 编程软件后，PC 作为网络中的主站。若使用 CP 通信卡，则可以获得相当高的通信速率，但是 CP 通信卡的价格较高。台式计算机与笔记本电脑使用不同的通信卡。

表 7-3 给出了可以供用户选择的 STEP 7-Micro/WIN 支持的 CP 卡和协议。S7-200 还可以通过 EM 277 PROFIBUS-DP 模块连接到 PROFIBUS-DP 现场总线网络，各通信卡提供一个与 PROFIBUS 网络相连的 RS-485 通信口。

表 7-3　STEP 7-Micro/WIN 支持的 CP 卡和协议

配　　置	波特率/(bit/s)	协　　议
RS-232C/PPI 和 USB/PPI 多主站电缆	9.6k~187.5k	PPI
CP 5511 类型 II、CP5512 类型 II PCMCIA 卡	9.6k~12M	PPI、MPI 和 PROFIBUS
CP 5611 PCI 卡	9.6k~12M	PPI、MPI 和 PROFIBUS
CP1613、CP1612、SoftNet PCI 卡	10M 或 100M	TCP/IP
CP1512、SoftNet7 PCMCIA 卡	10M 或 100M	TCP/IP

2. 单主站 PPI 网络

一台编程站（主站）通过 PPI 电缆或编程站上的 CP 通信卡与 S7-200 CPU（从站）通信。人机界面（HMI，如 TD200 和触摸屏）也可以作主站。单主站与一个或多个从站相连，STEP 7-Micro/WIN 每次和一个 S7-200 CPU 通信，但是它可以访问网络中所有的 CPU。单主站 PPI 网络连接图如图 7-9 所示。

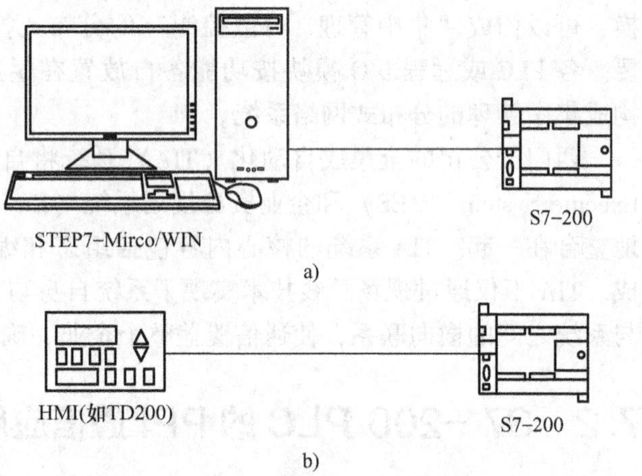

STEP7-Mirco/WIN　　　　S7-200

a)

HMI(如TD200)　　　　S7-200

b)

图 7-9　单主站 PPI 网络

3. 多主站 PPI 网络

编程站和 HMI 是通信网络中的主站，如果使用 PPI 多主站电缆，该电缆作为主站，并且使用 STEP 7-Micro/WIN 提供给它的地址，S7-200 CPU 作为从站。

对于多主站网络，应在编程软件中设置使用 PPI 协议，并选中"多主站网络"复选框和"高级 PPI"复选框。如果使用 PPI 多主站电缆，可以忽略这两个复选框。

高级 PPI 功能允许在 PPI 网络中与一个或多个 S7-200 CPU 建立多个连接，S7-200 CPU 的通信口 0 和通信口 1 分别可以建立 4 个连接，EM277 可以建立 6 个连接。

在多主站网络中，两台 S7－200 CPU 之间可以用网络读写指令相互读写数据，即点对点通信。多主站 PPI 网络连接图如图 7-10 所示。

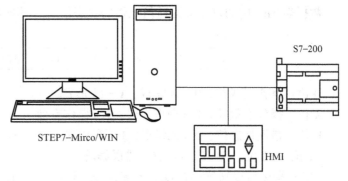

STEP7–Mirco/WIN

HMI

S7–200

图 7-10　多主站 PPI 网络

7.2.2　网络读/写指令

S7－200PLC 提供的网络读/写指令，适用于 S7－200 PLC 之间的联网通信，网络读/写指令只能由主站的 PLC 执行，从站 PLC 只需准备通信的数据，当某个 S7－200 PLC 被定义为 PPI 主站模式时，该 S7－200 PLC 就可以应用网络读/写指令对另外的 S7－200 PLC 进行读/写操作。

1. 网络读/写指令

网络读（Network Read，NETR）及网络写（Network Write，NETW）指令格式如图 7- 11 所示。

读 NETR 指令功能：通过指定的通信端口（PORT），读取远程设备的数据，并存储在数据表（TBL）中。

写 NETW 指令功能：通过指定的通信端口（PORT），向远程设备写入数据表（TBL）中的数据。

数据表（TBL）中的参数定义见表 7-4。

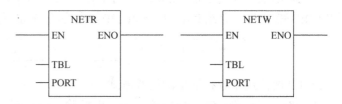

TBL：数据表首地址，操作数为字节。

PORT：操作端口，CPU224XP 和 CPU226 可为 0 或 1，其他 CPU 只能为 0。

图 7-11　NETR/NETW 指令格式

表 7-4　网络读/写指令数据表的参数定义

字节偏移量	名　　称	描　　述
0	状态字节	反映网络指令的执行结果状态及错误码
1	远程站地址	存放被访问的 PLC 从站地址
2		
3	远程站数据区的指针	存放被访问数据区（I、Q、M 和 V 数据区）的首地址
4		
5		
6	数据长度	远程站上被访问数据的字节数
7	数据字节 0	对 NETR 指令，执行后，从远程站读取的数据存放在这个数据区
8	数据字节 1	
⋮	⋮	对 NETW 指令，执行前，将要发送到远程站的数据存放到这个数据区
22	数据字节 15	

数据表 TBL 中的首字节为通信操作的状态信息，其各位含义如下：

D7							D0
D	A	E	0	E1	E2	E3	E4

D 位：操作完成位，0 = 未完成；1 = 已完成。

A 位：操作有效位，0 = 操作无效；1 = 操作有效。

E 位：错误标志位，0 = 无错误；1 = 有错误。

E1 位、E2 位、E3 位、E4 位：错误编码。

NETR 指令可以从远程站点上最多读取 16 个字节的信息，NETW 指令则可以向远程站点最多写 16 个字节信息。在程序中可以使用任意条网络读/写指令，但在任意时刻，最多只能有 8 条 NETR 或 NETW 指令同时有效。

2. PPI 通信主站定义

S7-200 CPU 用于自由口通信模式定义的特殊标志字节有 SMB30 和 SMB130，SMB30 用于 S7-200 的端口 0 的通信，SMB130 用于 S7-200 的端口 1 的通信，两者的格式一样，下面以 SMB130 为例，介绍其组成。SMB130 各位的含义如下：

P	P	D	B	B	B	M	M

1）PP 两位用于选择通信的校验方式。

00：无校验；01：偶校验；10：无校验；11：奇校验。

2）D 位用于选择通信的数据位数。

D = 1：7 个数据位；D = 0：8 个数据位。

3）自由口通信速率由控制字的"BBB"来控制，这三位的组合和通信波特率的关系如下：

BBB = 000：38400bit/s；

BBB = 001：19200bit/s；

BBB = 010：9600bit/s；

BBB = 011：4800bit/s；

BBB = 100：2400bit/s；

BBB = 101：1200bit/s；

BBB = 110：11520bit/s；

BBB = 111：57600bit/s。

4）通信口的工作模式由控制字最低的两位"MM"来决定。

MM = 00：点对点接口模式；PPI 从站模式；

MM = 01：自由口通信模式；

MM = 10：PPI/主站模式；

MM = 11：保留（PPI/从站模式）。

7.2.3 PPI 通信实例

在图 7-12 所示的网络中，编程用计算机的站地址为 0，两台 S7-200 PLC 的站地址分别为 2、3。要求在 RUN 模式下，两台 S7－200 PLC 之间实现 PPI 通信。控制要求如下：

1) 站 2 作主站，站 3 作从站。

2) 主站用起动按钮 SB1 和停止按钮 SB2 控制从站三相笼型异步电动机的丫/△起动和停止。

3) 主站监视从站电动机运行状态，并通过指示灯显示其运行状态。

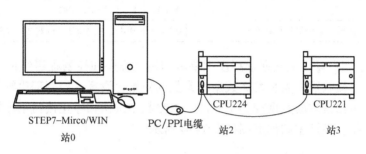

图 7-12　计算机及两台 S7－200 PLC 的网络结构

设计过程如下：

1) 设置主站和从站使用的输入/输出信号及 I/O 地址分配见表 7-5。

表 7-5　输入/输出信号及 I/O 地址分配表

主　站	从　站
起动按钮 SB1 接 I0.0：控制从站电动机丫-△起动	Q0.0：控制从站电动机主接触器线圈 KM0
停止按钮 SB2 接 I0.1：停止从站电动机运行	Q0.1：控制从站电动机丫联结接触器线圈 KM1
Q0.0：从站电动机丫联结起动的指示灯	Q0.2：控制从站电动机△联结接触器线圈 KM2
Q0.1：从站电动机△联结正常运行的指示灯	KM1 辅助常开触点接 I0.0：监视从站是否丫联结起动
	KM2 辅助常开触点接 I0.1：监视从站是否△联结运行

从站三相笼型异步电动机丫-△控制主电路如图 7-13 所示。

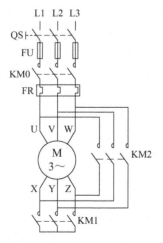

图 7-13　从站电动机丫/△控制主电路

2) 设置主站的接收数据表和发送数据表见表 7-6。

表 7-6 主站接收数据表和发送数据表

接收数据表		发送数据表	
VB100	网络指令执行状态	VB110	网络指令执行状态
VB101	2，从站地址	VB111	3，从站地址
VD102	&MB20，从站被访问的数据区首地址	VD112	&QB0，从站被写入数据的数据区首地址
VB106	1，读取的字节数	VB116	1，发送的字节数
VB107	接收的从站数据（电动机运行状态）	VB117	MB10，主站发送来的数据（控制电动机Y/△起动）

3）主站梯形图设计。主站通信程序主要由初始化程序和控制程序组成，初始化程序完成通信协议选择、接收数据表和发送数据表参数的初始化设置；控制程序则循环执行网络读和网络写指令、根据读取的数据控制指示灯、根据起动按钮和停止按钮组成控制从站Y/△起动和停止的命令字。设计主站梯形图如图 7-14 所示。

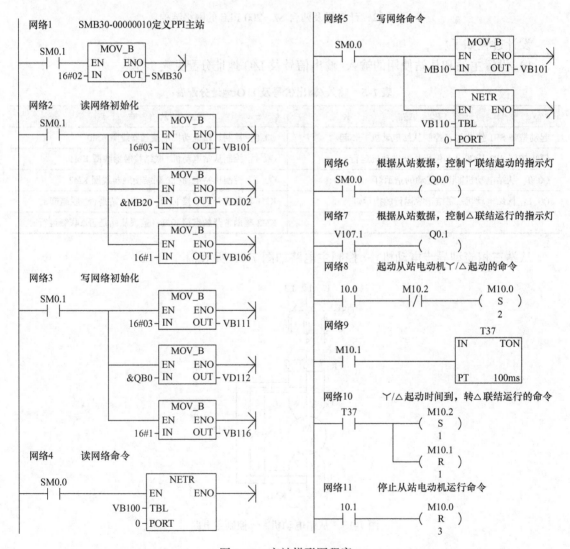

图 7-14 主站梯形图程序

4）从站梯形图设计。由主站发来的控制命令已直接写入从站的输出端 QB0，所以从站程序主要是检测电动机是Y联结起动或△联结运行，根据其运行状态设置主站要读取的数据单元。从站梯形图如图 7-15 所示。

7.3 S7－200 PLC 的自由口通信应用基础

自由口通信就是建立在 RS－485 半双工硬件基础上的串行通信功能，其字节传输格式为：一个起始位、7 位或 8 位数据、一个可选的奇偶校验位、一个停止位。凡支持此格式的通信对象，一般都可以与 S7－200 通信。在自由口模式下，通信协议完全由通信对象或者用户决定。

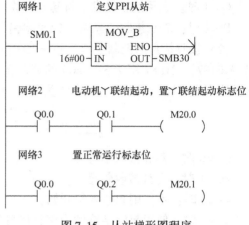

图 7-15 从站梯形图程序

7.3.1 自由口通信简介

自由口通信协议是指通过应用程序控制 S7－200 CPU 通信口的操作模式来进行通信，S7－200 CPU 上的通信口（Port0、Port1）可以工作在"自由口"模式下。选择"自由口"模式后，用户程序就可以与串行打印机、条码阅读器等通信。S7－200 PLC 的 CPU 上的通信口在电气上是标准的 RS－485 半双工串行通信口。因此，此串行字符通信的格式同样包括：一个起始位；7 或 8 位字符（数据字节）；一个奇/偶校验位，或者没有校验位；一个停止位。

自由口通信速波特率可以设置为 1200bit/s、2400bit/s、4800bit/s、9600bit/s、19200bit/s、38400bit/s、57600bit/s 或 112500bit/s。凡是符合这些格式的串行通信设备，都可以和 S7－200 CPU 通信。S7－200 PLC 可以通过自由口通信协议访问下列设备：打印机、调制解调器、第三方 PLC 以及条码等。

7.3.2 自由口通信特殊字节与指令

1. 特殊字节

（1）接收信息的状态字节。S7－200 在自由口通信时用于接受信息的状态有 SMB86 和 SMB186，SMB86 用于 S7－200 的端口 0 的通信，SMB186 用于 S7－200 的端口 1 的通信，两者的格式一样，下面以 SMB186 为例，介绍其组成。SMB186 各位的含义如下：

N	R	E	0	0	T	C	P

N = 1 时：表示禁止接收信息；

R = 1 时：表示接收信息结束；

E = 1 时：表示收到结束字符；

T = 1 时：表示接收信息超时错误；

C = 1 时：表示接收信息字符超长错误；

P = 1 时：表示接收信息奇、偶校验错误；

（2）接收信息的控制字节。S7-200 在自由口通信时用于接收信息的控制字节有 SMB87 和 SMB187，SMB87 用于 S7-200 的端口 0 的通信，SMB187 用于 S7-200 的端口 1 的通信，两者的格式一样，下面以 SMB187 为例，介绍其组成。SMB187 各位的含义如下：

en	sc	ec	il	c/m	tmr	bk	0

en = 0 时：禁止接收信息；

en = 1 时：允许接收信息；

sc = 0 时：不使用起始字符开始；

sc = 1 时：使用起始字符做为接收信息的开始；

ec = 0 时：不使用结束字符结束；

ec = 1 时：使用结束字符做为接收信息的结束；

il = 0 时：不使用空闲线检测；

il = 1 时：使用空闲线检测；

c/m = 0 时：定时器是字符定时器；

c/m = 1 时：定时器是信息定时器；

tmr = 0 时：不使用超时检测；

tmr = 1 时：使用超时线检测；

bk = 0 时：不使用中断检测；

bk = 1 时：使用中断检测；

其他和自由口通信有关的特殊字节见表 7-7。

表 7-7   其他和自由口通信有关的特殊字节

SMB88、SMB188	信息字符开始
SMB89、SMB189	信息字符结束
SMW90、SMW190	字数据：以毫秒为单位给出的空闲线时段。空闲线时间失败后收到的第一个字符是新信息的开始
SMW92、SMW192	字数据：以毫秒为单位给出的字符间/信息间计时器超时数值。如果超过时段，接收信息被终止
SMB94、SMB194	最长接收字符数（1~255B）

2. 发送与接收指令

（1）发送指令。发送指令 XMT 在自由端口模式中使用，通过通信端口传送数据，其指令格式如图 7-16 所示，以字节为单位。

发送指令用于激活发送数据缓冲区 TBL 中的数据，数据缓冲区中的第一个数据是指定要发送的数据的总字节数，最大为 255 个，从第二个数据开始是依次要发送的数据。PORT 指定用于发送的端口，在发送完缓冲区中的最后一个数据时产生中断事件。如图 7-17 所示，VB99 = 5，说明发送的数据长度为 5B，则被发送的数据是 VB100 ~ VB104；PORT 输入为 0，说明使用 PLC 端口 0 进行发送数据。TBL 为数据缓冲区首地址，只指定要发送的数据字符数量。PORT 为通信端口号，0 或 1。

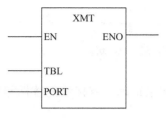

图 7-16 发送指令 XMT 的指令格式

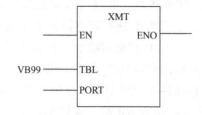

图 7-17 发送指令 XMT 示例

（2）接收指令。接收（RCV）指令开始或终止"接收信息"服务。必须指定一个开始条件和一个结束条件，"接收"方框才能操作。通过指定端口（PORT）接收的信息存储在数据缓冲区（TBL）中。数据缓冲区中的第一个条目指定接收的字节数目。RCV 的指令格式如图 7-18 所示，以字节为单位。

接收指令 RCV 用于从指定的端口接收数据，并将接收到的数据存储到其参数 TBL 所指定的缓冲区内，缓冲区的第一个字节指示接收到的字节数量，第二个字节指示接收的起始字符，最后一个字节指示的是结束字符。起始字符和结束字符之间的是接收到的数据，同发送缓冲区一样，接收缓冲区的最大数量也是 255 个字节。如图 7-19 所示，VB999 = 10，说明接收的数据长度为 10B，则接收的数据是从 VB1000 至 VB1009；PORT 输入 0，说明使用 PLC 端口 0 进行接收数据。TBL 为数据缓冲区首地址，只指定要接收的数据字符数量。PORT 为通信端口号，0 或 1。

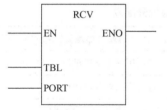

图 7-18 接收指令 RCV 的指令格式

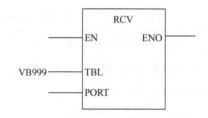

图 7-19 接收指令 RCV 示例

XMT 和 RCV 指令与通信网络上通信对象的地址无关，只对本地 PLC 的通信端口操作。另外，由于自由口通信是半双工的，所以如果考虑节省内存，发送缓冲区和接收缓冲区可以相同。

7.3.3 自由口通信实现步骤

1. 作为主站，实现自由口通信步骤

1）根据自由口协议定义发送缓冲区。

2）在 CPU 首次扫描中设置相关通信参数，如波特率、端口等。

3）在 CPU 首次扫描中"接收完成中断"和"发送消息"中断。

4）启用发送 XMT 指令，把缓冲区数据发送出去。

5）在发送完成中断程序里，调用接收 RCV 指令。

6）在接收完成中断程序里，判断接收是否正确，如果正确，调用发送 XMT 指令，重新请求数据；如果不正确，可考虑在此重发一次请求。

2. 作为从站，实现自由口通信步骤

1) 在 CPU 首次扫描中设置相关通信参数，如波特率、端口等。

2) 在 CPU 首次扫描中"接收完成中断"和"发送消息"中断。

3) 启用接收 RCV 指令，等待主站发送过来的请求。

4) 在接收完成中断程序里，判断接收是否正确，如果正确，将接收的数据相应的放到缓冲区里；如果不正确，重新调用接收 RCV 指令。

5) 在发送完成中断程序里，调用接收 RCV 指令。

7.3.4 自由口通信应用实例

在图 7-12 所示的网络中，编程用计算机的站地址为 0，两台 S7－200 PLC 的站地址分别为 2、3。假设 2 号站称为甲站，3 号站称为乙站。要求在 RUN 模式下，两台 S7－200 PLC 之间通过自由口互相通信。要求实现以下控制功能：

1) 甲站用起动按钮 SB1 和停止按钮 SB2 控制乙站的三相笼型异步电动机的星形-三角形起动和停止。

2) 乙站用起动按钮 SB3 和停止按钮 SB4 控制甲站的三相笼型异步电动机的星形-三角形起动和停止。

设计过程如下：

1) 设置甲站和乙站使用的输入/输出信号及 I/O 地址分配见表 7-8。

表 7-8 输入/输出信号及 I/O 地址分配表

甲站（站地址：2）	乙站（站地址：3）
SB1 接 I0.0：控制乙站电动机星形-三角形起动	SB3 接 I0.2：控制甲站电动机星形-三角形起动
SB2 接 I0.1：停止乙站电动机运行	SB4 接 I0.3：停止甲站电动机运行
Q0.3：控制甲站电动机主接触器线圈	Q0.0：控制乙站电动机主接触器线圈
Q0.4：控制甲站电动机星形接触器线圈	Q0.1：控制乙站电动机星形接触器线圈
Q0.5：控制甲站电动机三角形接触器线圈	Q0.2：控制乙站电动机三角形接触器线圈
VB100：发送数据缓冲区	VB100：发送数据缓冲区
VB200：接收数据缓冲区	VB200：接收数据缓冲区
MB10：存放甲站控制乙站星形-三角形起动的命令	MB20：存放乙站控制甲站星形-三角形起动的命令

两台 S7－200 PLC 之间的自由口通信通过接收中断和发送中断等程序实现。

2) 甲站通信程序设计。甲站通信程序主要由主程序、初始化子程序、甲站控制子程序、定时中断程序、发送完成中断程序和接收完成中断程序组成。

甲站主程序完成调用初始化子程序、循环调用控制子程序、接收状态计时、超时自动暂停。甲站主程序如图 7-20 所示。

甲站初始化子程序 SBR0 完成通信参数初始化和中断设置。设置甲站在自由口模式、波特率 9600bit/s、允许接收、回车符作结束字符、空闲时间 5ms、最多接收 14 个字节；设置定时 50ms，建立定时中断与 INT0 的连接、发送中断与 INT1 的连接，接收中断与 INT2 的连接，全局开中断。子程序 SBR0 如图 7-21 所示。

甲站控制子程序 SBR1 根据甲站的操作信号设置控制乙站电动机星形-三角形起动及停止的命令字；根据接收的乙站命令，控制甲站电动机星形-三角形起动。控制子程序 SBR1 如图 7-22 所示。

甲站定时中断程序 INT0 完成定时发送控制乙站的命令数据，每次发送两个字节数据：控制乙站电动机星形-三角形起动的命令字和回车符，定时中断程序 INT0 如图 7-23 所示。

甲站发送并完成中断程序 INT1 后开始接收，接收过程中关闭定时中断，如图 7-24 所示。

甲站接收完成中断程序 INT2，完成接收后允许定时中断，如图 7-25 所示。

3）乙站通信程序设计。乙站通信程序主要由主程序、初始化子程序、乙站控制子程序、接收完成中断程序、发送完成中断程序和定时中断程序组成。

乙站主程序完成调用初始化子程序后，循环调用控制子程序，如图 7-26 所示。

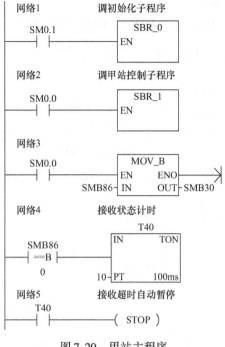

图 7-20　甲站主程序

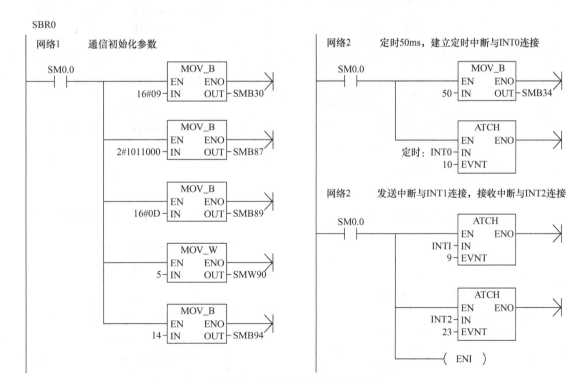

图 7-21　甲站初始化子程序 SBR0

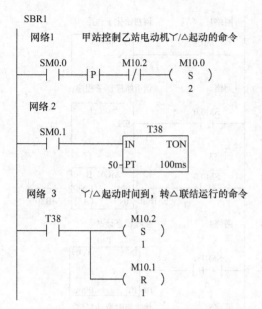

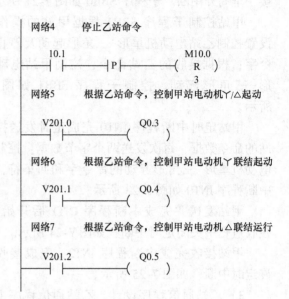

图 7-22   甲站控制子程序 SBR1

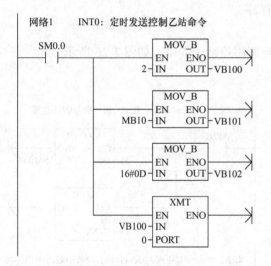

图 7-23   甲站定时中断程序 INT0

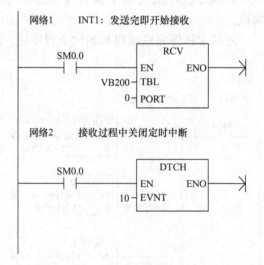

图 7-24   甲站发送完成中断程序 INT1

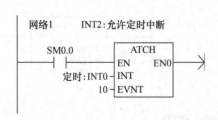

图 7-25   甲站接收完成中断程序 INT2

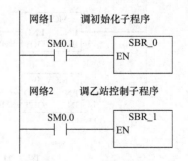

图 7-26   乙站主程序

　　乙站初始化子程序 SBR0 完成通信参数初始化和中断设置。设置乙站通信在自由口模式、波特率 9600bit/s、允许接收、回车符作结束字符、空闲时间 5ms、最多接收 14 个字节；创建发送中断与 INT1 的连接，接收中断与 INT0 的连接，全局开中断；接收甲站数据。初始化子程序 SBR0 如图 7-27 所示。

　　乙站控制子程序 SBR1 根据乙站的操作信号设置控制甲站电动机星形-三角形起动及停止的命令字；根据接收的甲站命令，控制乙站电动机星形-三角形起动。控制子程序 SBR1 如图 7-28 所示。乙站接收并完成中断程序 INT0 后设置禁止接收，建立定时 50ms 的中断，再与中断程序 INT2 连接，接收并完成中断 INT0 的程序如图 7-29 所示。

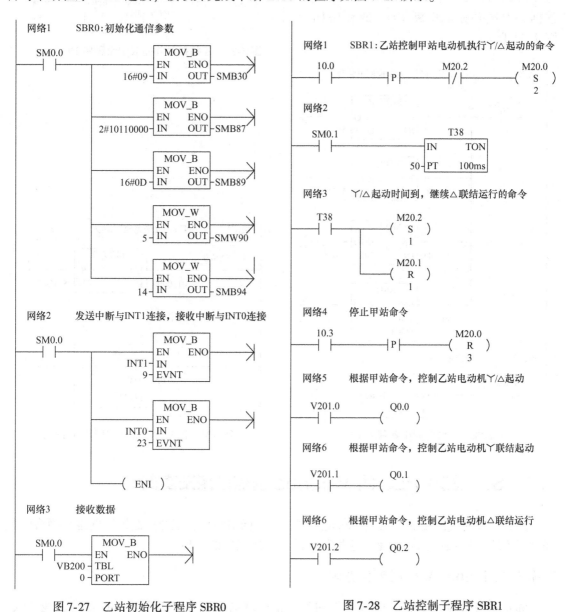

图 7-27　乙站初始化子程序 SBR0　　　　　图 7-28　乙站控制子程序 SBR1

乙站定时中断程序 INT2 完成定时发送控制甲站的命令数据，每次发送两个字节数据，控制甲站星形-三角形起动的命令字和回车符，同时关闭定时中断，定时中断程序 INT2 如图 7-30 所示。

乙站发送完成中断程序 INT1 后设置允许乙站接收，同时开始接收甲站的数据，发送并完成中断 INT1 的程序如图 7-31 所示。

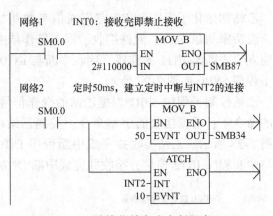

图 7-29 乙站接收并完成中断程序 INT0

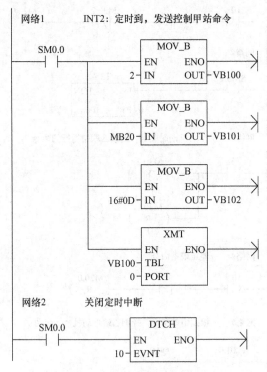

图 7-30 乙站定时中断程序 INT2

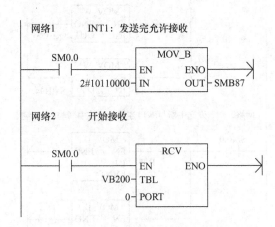

图 7-31 乙站发送完成中断程序 INT1

7.4 S7-200 PLC 的 Modbus 通信应用及实例

随着工业时代的发展，工业自动化控制已进入网络时代，工业控制器连网也为网络管理提供了方便。Modbus 通信就是工业控制器的网络协议中的一种。

7.4.1 Modbus RTU 通信协议

Modbus 是由 Modicon 在 1979 年发明的，是全球第一个真正用于工业现场的总线协议。通过此协议，控制器经由网络（如以太网）和其他设备之间可以通信，此协议支持传统的 RS-232、RS-422、RS-485 和以太网设备。许多工业设备，包括 PLC、DCS、变频器、智能仪表等都在使用 Modbus 协议作为设备之间的通信标准，它可应用于各种数据采集和过程监控。S7 - 200 可以通过 Modbus RTU 协议，实现相互之间、与其他品牌 PLC 或变频器之间的通信。

　　Modbus 通信协议分为串行链路上的 Modbus 协议和基于 TCP/IP 的 Modbus 协议。Modbus 串行链路协议是一个主-从协议，采用请求-响应方式，主站发出带有从站地址的请求消息，具有该地址的从站接收到后发出响应消息进行应答。串行总线上只有一个主站，可以有 1 ~ 247 个从站。Modbus 通信只能由主站发起，从站在没有接收到来自主站的请求时，不会发送数据，从站之间也不会互相通信。

　　Modbus 协议有 ASCII 和 RTU（远程终端单元）这两种信息传输模式，S7 - 200 采用 RTU 模式。消息以字节为单位进行传输，采用循环冗余校验（CRC）进行错误检查，消息最长为 256B。Modbus 网络上所有的站都必须使用相同的传输速率和串口参数。

7.4.2　使用 Modbus 协议的要求

　　使用 Modbus 协议通信需要安装 STEP - Micro/WIN V32 指令库，安装后在指令树的"库"文件夹中，可以看到用于 Modbus 主站协议通信的文件夹"Modbus Master Port0"和"Modbus Master Port1"，以及用于 Modbus 从站协议通信的文件夹"Modbus Slave Port0"。其中文件夹提到的"Port0"是 CPU 的第一个 RS - 485 端口，"Port1"（端口 1）是 CPU224XP 和 CPU226 的第二个 RS - 485 端口，端口 1 只能作 Modbus 主站。在程序中使用 Modbus 指令时，一个或多个相关的子程序将会被自动添加到项目中。

　　调用 Modbus 指令时，将会占用下列的 CPU 资源：

　　1）通信端口 0 或端口 1 被 Modbus 通信占用时，不能用于其他用途，包括与 HMI 的通信。为了将 CPU 的端口 0 切换回 PPI 模式，以便与 STEP 7 - Micro/WIN 通信，应将 Modbus 的初始化指令的参数 Mode 设置为 0，或将 S7 - 200 CPU 上的模式开关切换到 STOP 模式。

　　2）Modbus 指令影响与分配给它的端口和自由端口通信有关的所有特殊存储器 SM。

　　3）Modbus 主站指令使用 3 个子程序和 1 个中断程序，1620B 的程序空间和 284B 的 V 存储器块。其起始地址由用户指定，保留给 Modbus 变量使用。固定版本为 V2.0 或更高的 CPU 才支持 Modbus 主站协议库。

　　4）Modbus 从站指令使用 3 个子程序和 2 个中断程序，变量要求 799 字节的 V 区域和 1857 字节的程序空间，该区域的起始地址由用户指定，保留给 Modbus 使用，程序中不可以使用库存储区占用的地址。

7.4.3　Modbus RTU 主站协议的通信

　　实际中使用最多的是 PLC 作 Modbus RTU 主站，变频器、伺服驱动器、称重仪表、流量计、智能仪表和其他 PLC 等设备作 Modbus RTU 从站。

　　1. 主站协议的初始化和执行时间

　　主站协议在每次扫描时都需要用少量的时间来执行初始化主设备指令 MBUS_ CTRL（后面将详细介绍）。首次扫描时 MBUS_ CTRL 指令初始化 Modbus 主站的时间约为 1.11ms，以后每次扫描时需要约 0.41ms 的时间来执行 MBUS_ CTRL 指令。

主站向 Modbus 从站发送请求信息（简称为请求），然后处理从站返回的响应信息（简称为响应）。MBUS_ MSG 指令执行请求时，扫描时间将会延长。大多数时间用于计算请求和响应的 Modbus CRC。对于请求和响应中的每个字，扫描时间会延长约 1.85ms。最大的请求/响应（读取或写入 120 个字）使扫描时间延长约 222ns。

2. MBUS_ CTRL 指令

用于 S7-200 端口 0 的 MBUS_ CTRL 指令，可初始化、监视或禁用 Modbus 通信。在使用 MBUS_ MSG 指令之前，必须正确执行 MBUS_ CTRL 指令。指令完成后立即设定"完成"位，才能继续执行下一条指令。在每次扫描且 EN 输入打开时执行该指令。MBUS_ CTRL 指令必须在每次扫描时（包括首次扫描）被调用，以允许监视随 MBUS_ MSG 指令启动的任何传出消息的进程。除非每次调用 MBUS_ CTRL，否则 Modbus 主设备协议将不能正确运行。MBUS_ CTRL 指令格式如图 7-32 所示。

输入参数 Mode（模式）用来选择通信协议，Mode 为 1 时将 CPU 端口分配给 Modbus 协议并启用该协议；输入值 0 将 CPU 端口分配给 PPI 系统协议并禁用 Modbus 协议。

Baud（波特率）可以设为 1200bit/s、2400bit/s、4800bit/s、9600bit/s、19200bit/s、38400bit/s、57600bit/s 或 115200bit/s。

Parity "奇偶校验" 参数应被设为与 Modbus 从站奇偶校验相匹配。所有设置使用一个起始位和一个停止位。可接受的数值 0、1、2 分别表示无奇偶校验、奇校验和偶校验。

参数 Timeout（超时）设为等待来自从站应答的毫秒时间数。"超时" 数值可以设置的范围为 1~32767ms，典型值是 1000ms（1s）。

MBUS_ CTRL 指令如果被成功地执行，输出位 Done（完成）为 ON。

Error（错误）输出字节包含指令执行后的错误代码，详见表 7-9。

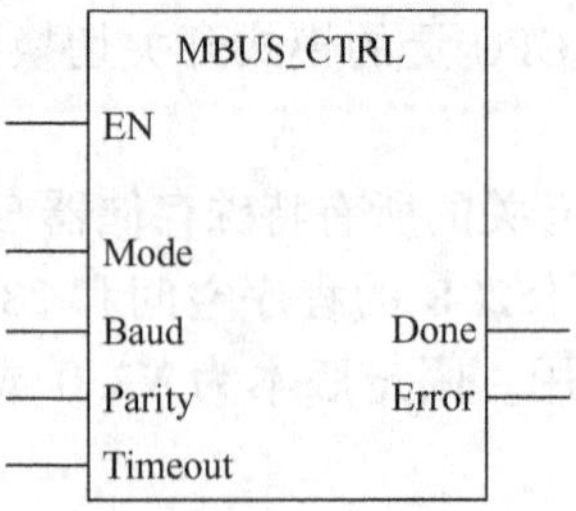

表 7-9 MBUS_ CTRL 执行错误代码

错误代码	描　述
0	无错误
1	奇偶校验选择无效
2	波特率选择无效
3	超时选择无效
4	模式选择无效

图 7-32　MBUS_ CTRL 指令

3. MBUS_ MSG 指令

MBUS_ MSG 指令用于向 Modbus 从站发送请求消息，以及处理从站返回的响应信息。

MBUS_ MSG 指令（或用于端口 1 的 MBUS_ MSG_ P1）用于启动对 Modbus 从站的请求并处理应答。当 EN 输入和 "首次" 输入打开时，BUS_ MSG 指令启动对 Modbus 从站的请求。发送请求、等待应答及处理应答通常需要多次扫描。EN 输入必须打开以启用请求的发送，并应该保持打开直到 "完成" 位被置位，一次只能激活一条 MBUS_ MSG 指令。如果启用了多条 MBUS_ MSG 指令，则将处理所执行的第一条 MBUS_ MSG 指令。表 7-10 为 MBUS_ MSG 指令的参数表。表 7-11 为 Modbus 主站 MBUS_ MSG 执行的错误代码。

表 7-10　MBUS_ MSG 指令参数表

子　程　序	输入/输出	说　　明	数 据 类 型
MBUS_MSG EN First Slave RW　　Done Addr Count　Error DataPtr	EN	使能	BOOL
	First	"首次"参数应该在有新请求要发送时才打开以进行一次扫描。" 首次" 输入应当通过一个边沿检测元素（如上升沿）打开,这将导致请求被传送一次。参见实例程序。	BOOL
	Slave	"从站"参数是 Modbus 从站的地址。允许的范围是 0～247。地址 0 是广播地址,只能用于写请求。不存在对地址 0 的广播请求的应答。并非所有的从站会支持广播地址。S7－200 Modbus 从站协议库不支持广播地址。	BYTE
	RW	"读写"参数指定是否要读取或写入该消息。" 读写" 参数允许使用下列两个值,即 0：读; 1：写	BYTE
	Addr	"地址"参数是起始的 Modbus 地址。允许使用下列取值范围： 00001～09999 是离散输出（线圈）; 10001～19999 是离散输入（触点）; 30001～39999 是输入寄存器; 40001～49999 是保持寄存器。 "地址"的指定取值范围基于 Modbus 从站支持的地址	DWORD
	Count	"计数"参数指定在该请求中读取或写入的数据元素的数目。"计数"值是位数（对于位数据类型）和字数（对于字数据类型）。 地址 0xxxx　是要读取或写入的位数; 地址 1xxxx　是要读取的位数; 地址 3xxxx　是要读取的输入寄存器的字数; 地址 4xxxx　是要读取或写入的保持寄存器的字数; MBUS_ MSG 指令将读取或写入最大 120 个字或 1920 个位（240 字节的数据）。" 计数" 的实际限值将取决于 Modbus 从站中的限制	INT
	DataPtr	"DataPtr"参数是指向 S7－200 CPU 的 V 存储器中与读取或写入请求相关的数据的间接地址指针。对于读取请求,DataPtr 应该指向用于存储从 Modbus 从站读取的数据的第一个 CPU 存储器位置。对于写入请求,DataPtr 应该指向要发送到 Modbus 从站的数据的第一个 CPU 存储器位置。 DataPtr 值作为间接地址指针传递到 MBUS_ MSG。例如,如果要写入 Modbus 从站的数据从 S7－200 CPU 中的地址 VW200 开始,则 DataPtr 的数值将会是 &VB200（VB200 的地址）。指针必须始终是 VB 类型,即使它们指向字数据	DWORD
	Done	在发送请求和接收响应期间,Done 输出关闭。当响应完成或 MBUS_ MSG 指令因出错而中止时,Done 输出接通。只有在 Done 输出接通时,Error 输出才有效	BOOL
	Error	执行结构,见表 7-11。	BYTE

表 7-11 Modbus 主站 MBUS_ MSG 执行错误代码

错误代码	描 述
0	无错误
1	应答时奇偶校验错误：仅当使用偶校验或奇校验时才会发生。传输被干扰，可能会收到不正确的数据。该错误通常是由电气故障（如错误接线或者影响通信的电噪声）引起的
2	未使用
3	接收超时：在"超时"时间内，没有来自从站的应答，可能有以下一些原因：与从站的电气连接有问题、主设备和从站设置为不同的波特率/奇偶校验设置，以及错误的从站地址
4	请求参数出错：一个或多个输入参数（从站、读写、地址或计数）被设置为非法值。检查文档中输入参数的允许值
5	Modbus 主设备未启用：在调用 MBUS_ MSG 前，每次扫描时都调用 MBUS_ CTRL
6	Modbus 忙于处理另一个请求：一次只能激活一条 MBUS_ MSG 指令
7	应答时出错：收到的应答与请求不相关。这表示从站中出现了某些错误或者错误的从站应答了请求
8	应答时 CRC 错误：传输被干扰，可能会收到不正确的数据。该错误通常是由电气故障（如错误接线或者影响通信的电噪声）引起的
101	从站不支持在该地址处所请求的功能：请参阅"使用 Modbus 主设备指令"帮助主题中的所需 Modbus 从站功能支持表
102	从站不支持数据地址："地址"加上"计数"所要求的地址范围超出了从站所允许的地址范围
103	从站不支持数据类型：该"地址"类型不被从站支持
104	从站故障
105	从站已接收消息但应答延迟：这是 MBUS_ MSG 的错误，用户程序应在稍后重新发送请求
106	从站忙，因此拒绝消息：可以再次尝试相同的请求，以获得应答
107	从站因未知原因而拒绝消息
108	从站存储器奇偶校验错误：从站中有错误

图 7-33 为 Modbus 主站的示例程序，调用 MBUS_ CTRL 指令设置端口的波特率为 9600bit/s，无奇偶校验，超时时间为 1s。

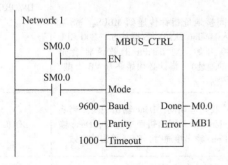

通过每次扫描时调用MBUS_CTRL来初始化和监视Modbus主设备。

Modbus主设备设置为9600bit/s，无奇偶校验。从站允许1000ms(1s)的应答时间。

图 7-33 Modbus 主站的示例程序

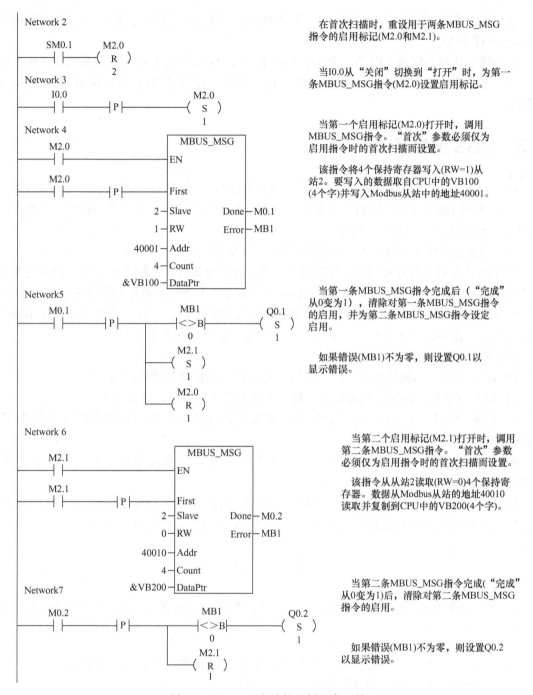

图 7-33　Modbus 主站的示例程序（续）

7.4.4　从站指令

MBUS_ INIT：初始化指令，用于启动、初始化或禁止 Modbus 通信。当启动 Modbus 协议后，就将端口 0 指定给 Modbus 协议，并影响与自由口通信有关的所有特殊存储器位。

MBUS_ SLAVE：该指令用于响应 Modbus 主设备发出的请求，并且在每次扫描时都被执行，以便检查和响应 Modbus 请求。在使用 MBUS_ SLAVE 指令之前，必须执行正确的 MBUS_ INIT 指令。

上述两条从站协议指令内部包含 3 个子程序及两个中断服务程序来完成其功能，运行时需要 779 个字节的变量存储区，变量存储区的起始地址由用户进行设置，保留给 Modbus 变量使用。

7.5 USS 通信指令

USS（Universal Serial Interface，即通用串行通信接口）使用对应的 USS 通信协议，用户程序可以很方便地通过子程序调用的方式实现 S7-200 PLC 与变频器之间的通信，一台 S7-200 PLC 最多可以监控 31 台变频器。

USS 通信指令用于实现 PLC 与变频器等驱动设备之间的通信及控制。

当使用 USS 指令进行通信时，使用通信口 0，此时通信口 0 不能再做它用，包括与编程设备的通信或自由口通信；USS 指令使用 14 个子程序、3 个中断程序和累加器 AC0 ~ AC3；USS 指令影响与端口 0 的自由口通信有关的所有特殊存储器位。另外，需要 400 个字节的变量存储区，变量存储区的起始地址由用户进行设置，留给 USS 指令使用。

USS 通信指令包括：

1）USS_ INT。初始化指令，用于允许、初始化或禁止变频器的通信。

2）USS_ CTRL。控制变频器指令，每台变频器能使用一条这样的指令。

3）USS_ RPM_ W（D、R）。读指令，读取变频器的一个无符号字类型（双字类型、实数类型）的参数。

4）USS_ WPM_ W（D、R）。写指令，向变频器写入一个无符号字类型（双字类型、实数类型）的参数。

应注意，同一时刻只能有一个读（USS_ RPM_ X）或写（USS_ WPM_ X）指令被激活，使用 USS 指令对变频器进行控制时，必须对变频器的有关参数进行设置。

习　题

7-1　S7-200PLC 能否安装 Profibus 协议库？如果要使用 S7-200PLC 通过 Profibus 的通信协议和其他的控制器通信，应该如何做？

7-2　S7-200PLC 是否支持 Profibus 的通信协议？

7-3　简述 S7-200PLC 支持的通信协议类型、端口位置、接口类型、传输介质、通信速率。

7-4　使用自由口通信模式进行通信时应注意什么问题？

7-5　S7-200 PLC 进行 PPI 通信时，网络读写指令的数据表是如何规定的？

7-6　USS 通信指令包括几种命令？

7-7　S7-200 PLC 与计算机之间可以用哪些方法通信？

7-8　编写一段自由口通信的梯形图程序。控制要求如下：用一台 CPU226 作为本地 PLC，一台 CPU224 作为远程 PLC；由一外部脉冲起动本地 PLC 向远程 PLC 发送 100 个字节的信息，任务完成后用指示灯进行显示；波特率要求为 4800bit/s，每个字符 8 位，无奇偶校验，不设立超时时间。

第8章

监控组态软件与PLC应用综合设计

本章知识要点：
(1) 力控监控组态软件的使用
(2) 自动售货机PLC控制与监控组态设计及调试
(3) 五层楼电梯PLC控制与监控组态设计及调试

8.1 监控组态软件简介和实例入门

8.1.1 监控组态软件简介

1. 概念

组态软件指一些数据采集与过程控制的专用软件，它们是在自动控制系统监控层的软件平台和开发环境，能以灵活多样的组态方式（而不是编程方式）提供良好的用户开发界面和简捷的使用方法，其预设置的各种软件模块可以非常容易地实现和完成监控层的各项功能，并能同时支持各种硬件厂家的计算机和I/O设备，与高可靠的工控计算机和网络系统结合，可向控制层和管理层提供软、硬件的全部接口进行系统集成。

组态软件具有远程监控、数据采集、数据分析、过程控制等强大功能，日益渗透到自动化系统的各个角落，占据越来越多的份额，逐渐成为工业自动化系统中的核心和灵魂。

2. 组态软件的发展和现状

在20世纪80年代末期，由于个人计算机的普及，PC开始走上工业监控的历史舞台，与此同时开始出现基于PC总线的各种数据I/O板卡，加上软件工业的迅速发展，开始有人研究和开发通用的PC监控软件——组态软件。世界上第一个把组态软件作为商品进行开发、销售的专业软件公司是美国Wonderware公司，它于20世纪80年代末率先推出第一个商品化的监控组态软件Intouch，此后组态软件得到了迅猛的发展。目前世界上的组态软件有几十种之多，国际上较为知名的监控组态软件有iFix、Intouch、Wincc、LabVIEW、Citech等。

组态软件市场在中国有较快的增长大约开始于1995年年底。自2000年以来，国内监控组态软件产品、技术、市场都取得了飞快发展，应用领域日益拓展，用户和应用工程师数量不断增多。

监控组态软件是工业应用软件的重要组成部分，它是在信息化社会的大背景下，随着工业IT技术的不断发展而诞生并发展壮大起来的。在整个工业自动化软件大家庭中，监控组态软件属于基础性工具平台,它给工业自动化、信息化及社会信息化带来的影响是深远的,组态软件作为新生事物尚处于高速发展时期,目前还没有专门的研究机构就它的理论与实践进行研究、总结和探讨,更没有形成独立、专门的理论研究机构。

3. 组态软件的特点

监控组态软件作为通用软件平台,具有很大的使用灵活性。为了既照顾"通用"又兼顾"专用",监控组态软件扩展了大量的组件,用于完成特定的功能,如批次管理、事故追忆、温控曲线、协议转发组件、专家报表、历史追忆组件、事件管理等。

组态软件最突出的特点就是实时多任务。数据的输入/输出、数据的处理、显示、存储及管理等多个任务能在同一个系统中同步快速地运行。

组态软件的用户是自动化工程设计人员,使用组态软件的目的就是让用户迅速开发出适合自己需要的可靠的应用系统。因此,组态软件一般具备以下特点:

1) 使用简单,用户只需编写少量自己所需的控制算法代码,甚至可以不写代码。

2) 运行可靠,用户在组态软件平台上开发出的应用系统可以长时间的连续可靠运行,在运行期间实现免维护。

3) 提供数据采集设备的驱动程序,把控制现场的数据采集到计算机中,并把运算的控制结果送回到控制现场的执行机构。

4) 提供自动化应用系统所需的通用监控软件的组件。

5) 强大的图形设计工具。

8.1.2 力控监控组态软件简介

北京三维力控科技软件公司推出的力控监控组态软件(ForceControl V7.0)是一个面向对象的 HMI/SCADA(Human Machine Interface/Supervisory Control and Data Acquisition)平台软件。它基于流行的 32/64 位 Windows 平台,其丰富的 I/O 驱动能够连接到各种现场设备,分布式实时多数据库系统,可提供访问工厂和企业系统数据的一个公共入口。内置 TCP/IP 的网络服务程序使用户可以充分利用 Intranet 或 Internet 的网络资源。

ForceControl V7.0 的应用范围广泛,可用于开发石油、化工、半导体、汽车、电力、机械、冶金、交通、食品、医药、环保等多个行业和领域的工业自动化、过程控制、管理检测、工业现场监视、远程监视/远程诊断、企业管理/资源计划等系统。力控监控组态软件与仿真软件间通过高速数据接口连为一体,在教学、科研仿真应用中越来越广泛。

1. ForceControl V7.0 集成环境

ForceControl V7.0 是一个集成的、开放的 HMI/SCADA 系统开发平台,全面支持微软的 32/64 位 Windows XP、Windows 7 及 Windows Server 2008 操作系统。以下是集成环境的核心部分:

(1) 开发系统(Draw):开发系统是一个集成环境,可以完成创建工程画面、配置各种系统参数、脚本、动画、启动力控其他程序组件等。

(2) 界面运行系统(View):界面运行系统用来运行由开发系统 Draw 创建的画面,脚本、动画连接等工程,操作人员通过它来实现实时监控。

(3) 实时数据库(DB):实时数据库是力控软件系统的数据处理核心,构建分布式应用系统的基础，它负责实时数据处理、历史数据存储、统计数据处理、报警处理、数据服务请求处理等。

（4）I/O 驱动程序（I/O Server）：I/O 驱动程序负责力控与控制设备的通信，它将 I/O 设备寄存器中的数据读出后，传送到力控的实时数据库，最后界面运行系统会在画面上动态显示。

（5）网络通信程序（NetClient/NetServer）：网络通信程序采用 TCP/IP，可利用 Intranet/Internet 实现不同网络节点上力控软件之间的数据通信，可以实现力控软件的高效率通信。

ForceControl V7.0 集成环境的结构功能示意图如图 8-1 所示。

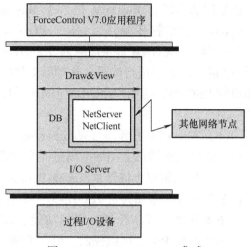

图 8-1　ForceControl V7.0 集成
环境的结构示意图

2. ForceControl V7.0 中其他可选程序组件

（1）通用数据库接口（ODBCRouter）。该组件用来完成工业组态软件的实时数据库与通用数据库（如 Oracle、Sybase、FoxPro、DB2、Informix、SQL Server 等）的互联，实现双向数据交换，通用数据库既可以读取实时数据，也可以读取历史数据；实时数据库也可以从通用数据库实时地读入数据。通用数据库接口组态环境用于指定要交换的通用数据库的数据库结构、字段名称及属性、时间区段、采样周期、字段与实时数据库数据的对应关系等。

（2）网络通信程序（CommServer）。该通信程序支持串口、以太网、移动网络等多种通信方式，通过力控软件在两台计算机之间实现通信，使用 RS - 232C 接口，可实现一对一（1：1 方式）的通信；如果使用 RS - 485 总线，还可实现一对多台计算机（1：N 方式）的通信，同时也可以通过电台、Modem、移动网络的方式进行通信。

（3）无线通信程序（Commbridge）。目前自动化工业现场很多远程监控采用电台和拨号的方式，随着移动 GPRS 网络的建设，移动网络有不受地理、地域等限制的诸多优点，对传统的无线通信起到了有效的补充，但各家 GPRS 厂商对外通信标准的不统一给 GPRS 的透明通信造成了麻烦，不同厂家的设备和软件如何通过第三方厂家的 GPRS 进行透明通信传输是国内自动化目前应用 GPRS 的主要问题之一。Commbridge 可以有效地解决这个问题，可以将国内大部分厂商的产品统一集成到一个系统内，该组件可以广泛地应用于电力、石油、环保等诸多领域，可以通过移动网络进行关键的数据采集与处理。

（4）通信协议转发组件（DataServer）。由于历史原因，国内企业的自动化系统中，存在着大量的不同厂家和不同通信方式的设备。设备之间的数据不能共享已经制约了企业信息化的发展，在一个自动化工程当中，自动化工程技术人员经常因为各种自动化装置之间的通信调试而花费大量的时间。使用 DataServer 以后，使各种自动化装置之间的通信变得轻松简便，对远程设备的监控成为可能。DataServer 通信协议转发器是一种新型的通信协议自动转发程序，主要用于各种综合自动化系统之间的互连通信，实现数据共享，彻底解决信息孤岛问题，也适用于其他需要通信协议转换的应用。

（5）实时数据库编程接口（DBCOMM）。DBCOMM 主要是解决第三方系统访问力控实时数据库的问题。DBCOMM 是基于 Microsoft 的 COM 技术开发的，支持绝大多数的 32 位 Windows 平台编程环境，如.Net、VC++、VB、ASP、VFP、DELPHI、FrontPage、C++ Builder 等。DBCOMM 提供面向对象的编程方式，通过 DBCOMM 可以访问本地或远程 DB，对 DB 的实时数据进行读写，并对历史数据进行查询。当 DB 数据发生变化时，通过事件主动通知 DBCOMM 应用程序。DBCOMM 采用快速数据访问机制，适用于编写高速、大数据量的应用。

（6）Web 服务器程序（Web Server）。Web 服务器程序可为处在世界各地的远程用户实现在台式机或便携机上用标准浏览器实时监控现场生产过程。

（7）控制策略生成器（StrategyBuilder）。控制策略生成器是面向控制的新一代软逻辑自动化控制软件，采用符合 IEC61131-3 标准的图形化编程方式，提供包括变量、数学运算、逻辑功能、程序控制、常规功能、控制回路、数字点处理等在内的十几类基本运算块，内置常规 PID、比值控制、开关控制、斜坡控制等丰富的控制算法。同时提供开放的算法接口，可以嵌入用户自己的控制程序。控制策略生成器与力控的其他程序组件可以无缝连接。

8.1.3　力控组态软件实例入门

1. 建立工程

首先运行程序"力控 ForceControl V7.0"，进入"工程管理器"，选择图标"新建"，在"新建工程"对话框中输入一个项目名称，不妨命名为"MonitorPLC"，单击"确定"按钮。在工程列表中会出现新的工程，选中该工程并单击"开发"图标进入开发系统界面，开始组态编辑工作。

2. 创建点

（1）在"工程-项目"选项卡下双击"数据库组态"启动组态程序 DbManager（如未见到"工程项目"选项卡，请激活菜单命令"查看/工程项目"导航栏），如图 8-2 所示。

（2）启动 DbManager 后出现 DbManager 主窗口，如图 8-3 所示。

图 8-2　工程项目导航栏　　　　　　图 8-3　DbManager 主窗口

（3）选择菜单命令"点/新建"或在右侧的点列表上双击任一空白行，出现"请指定节点、点类型"对话框，如图 8-4 所示。

（4）选择"区域 1"节点及"数字 I/O 点"点类型，然后单击"继续＞＞"按钮，进入"点定义"对话框，如图 8-5 所示。

图 8-4 "请指定节点、点类型"对话框

图 8-5 "点定义"对话框

（5）在"点名"文本框内输入点名"MI0"，其他参数可以采用系统提供的默认值。单击"确定"按钮，在点列表中增加一个点"MI0"，如图 8-6 所示。

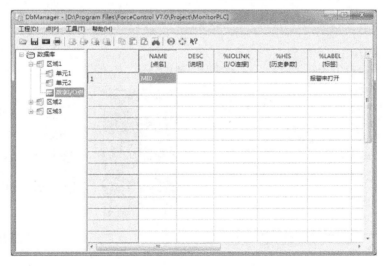

图 8-6 DbManager 窗口

（6）重复以上步骤，创建 MI1、MQ0、MQ1、MQ2 点。

最后单击"保存"按钮保存组态内容，然后关闭"DbManager 窗口"，返回到主窗口。

3. 定义 I/O 设备

在数据库中定义了上述 5 个点后，下面将建立一个 I/O 设备——PLC，上述定义好的 5 个点值将取自 PLC。

（1）在"工程项目导航栏"中双击"I/O 设备组态"项使其展开，在展开项目中选择"PLC"项并双击使其展开，然后继续选择厂商名"SIEMENS（西门子）"并双击使其展开后，选择项目"S7-200（PPI USB）"双击并按图 8-7 定义。

（2）双击项目"S7-200（PPI USB）"出现"设备配置-第一步"对话框，在"设备名称"文本框内输入一个自定义的名称，为了便于记忆，不妨为"NEWPLC"（大小写不限），而且它连接的正是我们做实验用的 PLC 设备。其余保持默认值，如图 8-8a 所示。单击"下一步"按钮，进入设备配置的第二步"设备组态"，本机 ID 号设为 0，PLC 站号设为 2，USB 参数的设置可参考力控 7.0 软件中的驱动帮助文件，其设置如图 8-8b 所示，单击"完成"按钮，西门子 S7-200 PPI 协议的 USB 通信驱动设置完成。如果采用其他通信方式，具体参数配置详见力控 7.0 软件中的驱动帮助文件。

此时在 IOManager 窗口右半侧增加了一项"NEWPLC"。

（3）数据连接。现在将已经创建的 5 个数据库点与 NEW-PLC 联系起来，以使这 5 个点的 PV 参数值能与 I/O 设备 NEWPLC 进行实时数据交换。这个过程就是建立数据连接的过程。由于数据库可以与多个 I/O 设备进行数据交换，所以必须确定哪些点与哪个 I/O 设备建立数据连接。

图 8-7　建立 I/O 设备窗口

a) 设备配置第一步　　　　　　　　　　　　b) 设备配置第二步

图 8-8　I/O 设备定义窗口

1）启动数据库组态程序 DbManager，双击点"MIO"，切换到"数据连接"一页，出现如图 8-9 所示对话框。

2）单击参数"PV"，在"连接 I/O 设备"的"设备"下拉列表框中选择设备"NEWPLC"。建立连接项时，单击"增加"按钮，出现如图 8-10 所示的"点组态对话框"。

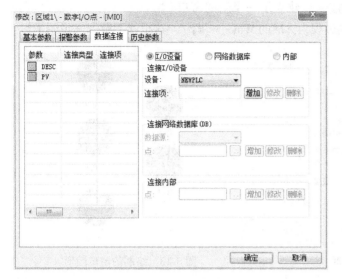
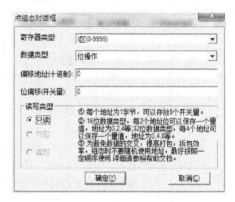

图 8-9　数据连接窗口　　　　　　　　　　　图 8-10　点组态对话框

在"寄存器类型"下拉列表中选择"I区（0-9999）"，在"偏移地址（十进制）"文本框中输入 0，"位偏移（开关量）"文本框中输入"0"，单击"确定"按钮返回。重复上述步骤，可连接所有定义过的点。在重复上述步骤时，对于同一个继电器，位偏移依次加 1。对话框中填写的值见表 8-1。

表 8-1　点的对应关系

	MI0	MI1	MQ0	MQ1	MQ2
设备内存区	I（按位）	I（按位）	Q（按位）	Q（按位）	Q（按位）
数据格式	bit	bit	bit	bit	bit
地址	0	0	0	0	0
位偏移	0	1	0	1	2

最终结果如图 8-11 所示。关闭该窗口，返回主窗口。

图 8-11　定义点的最终结果列表

4. 创建绘图窗口

选择"文件（F）/新建"命令出现"新建"窗口，选择"创建空白界面"按钮，出现"窗口属性"对话框，如图 8-12 所示。

全部保持默认值，单击"确定"按钮，建立了一个新的窗口。

按图8-13所示绘制窗口图形。绘制过程为标准的Windows操作，这里就不做——说明了。

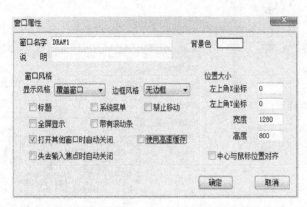

图8-12 "窗口属性"对话框

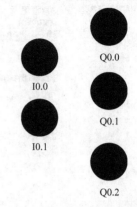

图8-13 绘制的窗口图形

5. 制作动画连接

前面已经做了很多工作，包括制作显示画面和创建数据库点，并已通过一个自己定义的I/O设备"NEWPLC"把数据库点的过程值与该设备连接起来。现在回到开发环境中，通过制作动画连接使显示画面活动起来。

(1) 定义数据源。前面已经讲到，界面系统和数据库系统都是一个开发系统。界面系统在与数据库系统通信时还可以通过DDE、ActiveX或其他接口从第三方应用程序中获取数据；另外还有一个重要的概念，ForceControl系统是支持分布式应用的。或者说，界面系统除了可以访问本地数据库（即与界面系统运行在同一台PC上的数据库）外，还可以通过网络访问安装在其他计算机上的ForceControl数据库中的数据。因此，当在界面系统中创建变量时，如果变量引用的是外部数据源（包括ForceControl数据库、DDE服务或其他第三方数据提供方），首先要对引用的外部数据进行定义。

(2) 激活菜单"功能（S）/变量管理"，出现"变量管理"对话框，如图8-14所示。单击其中"数据源"按钮，出现"数据源列表"对话框，如图8-15所示，列表框中已经存在了一个数据源"系统"。这是系统默认定义的数据源，它指向本机上的数据库。保持默认的数据源，单击"返回"按钮，退出"数据源列表"对话框。

(3) 动画连接。有了变量之后就可以制作动画连接。一旦建立了一个图形对象，给它加上动画连接就相当于赋予它"生命"使其"活动"起来。动画连接使图形

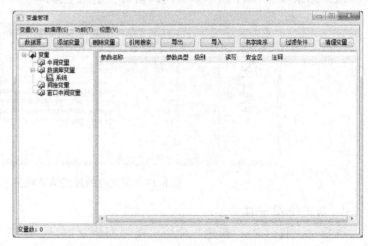

图8-14 "变量管理"对话框

对象按照变量的值改变其显示。双击"I0.0"上面的图形,弹出如图 8-16 所示的"动画连接"窗口。

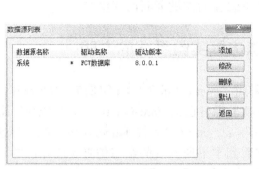

图 8-15 "数据源列表"对话框

图 8-16 "动画连接"窗口

单击"颜色相关动作"一列中的"条件"按钮,弹出"颜色变化"对话框,如图 8-17 所示。

单击"变量选择"按钮,弹出"变量选择"对话框,选择"区域1",如图 8-18 所示。

图 8-17 "颜色变化"对话框

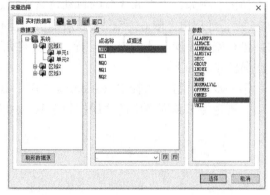

图 8-18 "变量选择"对话框

在图 8-18 中,选择"MI0"和"PV",单击"选择"按钮。然后确认每一个对话框,则第一个圆的动画连接就制作完成。

同理,按上述步骤定义其余图形的动画连接。注意变量选择与相应的标注相同,即 MI0 为监视 PLC 中的 I0.0 的触点,依次类推。保存制作结果。

6. 配置系统

在页面左侧的"配置"选项卡中单击"系统配置"(若没出现"配置"选项卡,请激活主菜单命令"查看/系统配置"导航栏),双击"初始启动窗口"按钮,弹出"初始启动窗口"对话框,单击"增加"按钮,选择"DRAW1",然后单击"确定"按钮,如图 8-19 所示。

图 8-19 "初始启动窗口"对话框

至此，上位机的组态程序已制作完成。连接 PLC 和计算机，启动 STEP7 - MicroWIN，编辑一小段 PLC 程序下载到 PLC 装置中使其执行，再关闭 STEP7 - Micro WIN 或使其最小化。在 ForceControl 工程管理器中选择应用程序"MonitorPLC"，"进入运行"。接通 PLC 的 I0.0 及 I0.1 点可以看到组态画面上的图形颜色随 PLC 上触点的通断而变化。

8.2　安装力控软件和 PLC 控制组态仿真实验系统的说明

本书中的 PLC 控制组态虚拟仿真实验课件采用 ForceControl 7.0 和 STEP7 - Micro/WIN V4.0 SP9 进行开发的。本书配套电子资源所带的实验课件已与 ForceControl 7.0 系统程序融为一体，故将 ForceControl V 7.0 系统程序安装完毕后，运行"力控 ForceControl V7.0"进入其"工程管理器"程序后，在打开的窗口中将看到本书所开发的组态仿真实验课件的应用名称，选定某个课件图标即可进入该实验课件组态系统的开发或运行状态，并能以此组态界面上的虚拟对象，作为 PLC 的控制对象，进行 PLC 程序的开发和调试工作。

由于配套电子资源中的力控 ForceControl 7.0 为开发试用版，在使用该软件进行开发时有数据库组态 I/O 点数的限制，最多为 64 点，当然这对于一般的仿真实验系统已经足够用了。由力控公司授权可进行该软件的安装注册，注册以后可以扩展数据库的组态 I/O 点数和开发功能。例如，本书 8.3 节的自动售货机组态仿真系统，由于使用的数据库组态 I/O 点数为 75 点，已超出上限 64 点，未注册的版本运行时就会出现点数限制提示，所以需要对力控软件进行安装注册，才能成功运行。在安装完力控 ForceControl 7.0 软件之后，对该软件进行注册的步骤如下：

第一步，运行"力控 ForceControl 7.0"，出现"工程管理器"窗口，选择"工具列表"选项，再选择工具列表中的注册授权工具，如图 8-20 所示。

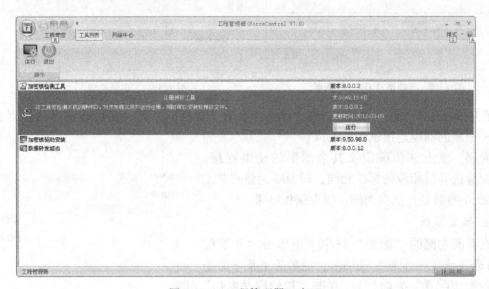

图 8-20　"工程管理器"窗口

第二步，单击"运行"按钮，在打开的"UniSafeTool"窗口中单击"搜索"按钮，获得计算机 PCID 码如图 8-21 所示，复制计算机 PCID 码到粘贴板。

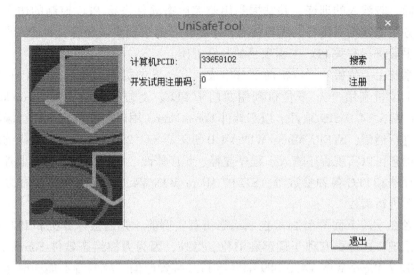

图 8-21 "UniSafeTool" 窗口

第三步,双击运行注册码生成器程序"RegCodeMaker"(由力控公司提供),将前面的计算机 PCID 码粘贴到"客户机标识码"文本框中,单击"计算"按钮,获得客户机注册码如图 8-22 所示。

第四步,将获得的客户机注册码复制到图 8-23 窗口中的"开发试用注册码"文本框中,单击"注册"按钮,此时计算机显示注册成功,如图 8-23 所示。

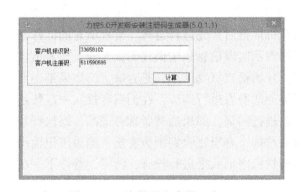

图 8-22 "注册码生成器"窗口

图 8-23 注册成功

特别提示: 作者已与北京三维力控科技有限公司达成协议,有需要注册码生成器程序" RegCodeMaker"的读者,可直接与该公司联系索取。

8.3　自动售货机 PLC 控制与监控组态设计

本节和下节给出了两个利用力控监控组态软件进行 PLC 控制系统设计的实例,目的是使读者学完前几章有关 PLC 的基本应用之后,在进一步利用 PLC 进行控制系统设计方面得到一次较全面、较深入的训练，并掌握利用监控组态软件进行 PLC 控制的仿真过程。相信此仿真设计方法能够提高读者的编程技巧，丰富读者的工程实践经验，科研人员也可以利用此仿真设计手段进行有关 PLC 工程项目的开发工作。

本仿真系统由上位机和下位机两部分组成，上、下位机通过串行口或 USB 口进行通信交换数据。上位机利用 PC，下位机利用西门子 PLC。上位机内装力控 ForceControl 7.0 和 STEP7 Micro/WIN V4.0 SP9 软件。组态软件 ForceControl 用以制作仿真画面、编写仿真程序并与下位机进行通信；STEP7 Micro/WIN V4.0 SP9 是 S7–200 PLC 与 PC 联机的编程支持工具，用户利用它可以实现程序输入、程序注释、程序修改、程序编译、状态监控和测试以及设置系统寄存器和 PLC 各种参数等。STEP7 Micro/WIN V4.0 SP9 有多种编程方式，本章主要利用梯形图进行编程。

建议读者在学习下面两个 PLC 控制组态仿真实例前，先连接计算机和 PLC 装置实际运行一下仿真系统，这样更有利于理解和消化。另外，因为力控组态软件 ForceControl 和 PLC 编程软件 STEP7 Micro/WIN V4.0 SP9 都要与 PLC 装置通信，故两者不能同时运行。特别是在下载和运行 STEP7 Micro/WIN V4.0 SP9 前一定要退出力控 ForceControl 的所有程序尤其是 "进程管理器" 程序，否则就会出现通信故障。

8.3.1 自动售货机功能分析

这部分阐述了自动售货机的各种动作功能和控制要求，给出了完整的自动售货机操作规程，并介绍了自动售货机运行系统中所包括的人工操作步骤。

1. 自动售货机工作流程和基本功能

自动售货机的工作流程如下：自动售货机开机运行后首先进行自检，检查所有的部件是否处在正常运行状态，如有非正常状态部件，则提示错误信息或错误代码以方便工作人员进行维修；如果所有部件运行正常，则自检通过，开始检查货物信息，是否缺货，如果某一商品缺少，则停止售卖该商品，显示无货；然后等待消费者进行购买，在消费者投入一定数量的货币后，可购买商品的提示灯亮起，提示可以进行购买，如果消费者选择商品，则执行售卖模块，将商品送出售货机并且等待下一次商品选择，直至接收到消费者按下退币按钮输出的退币信号后，执行退币找零程序，并对自动售货机内部数据进行检查，清零，等待下一次服务。

举一个简单的例子来说明，例如，售货机中有 10 种商品，其中 01 商品（代表第一种商品）价格为 2.60 元，02 商品为 3.50 元，以此类推。现投入 1 枚 1 元硬币，此时售货机应该显示已投入的币值，再投入则显示累计的币值，当投入的货币超过 01 商品的价格时，01 商品选择按钮处应有所变化，提示可以购买，其他商品同样如此。当按下选择 01 商品的按钮时，售货机进行减法运算，从投入的货币总值中减去 01 商品的价格，同时起动相应的电动机，提取 01 商品到出货口。此时售货机继续等待外部命令，如继续交易，则同上，如果此时不再购买而按下退币按钮，售货机则要进行退币操作，退回相应的货币，并在程序中清 0，完成此次交易。

这个过程只是对自动售货机最基本的功能描述，在实际的设计过程中，还有很多其他的因素需要考虑在内，用来保证售货机可靠稳定运行。

2. 仿真实验系统中售货机的功能分析

仿真实验系统中，由于售货机的全部功能是在上位机上模拟的，所以售货机的部分硬件功能是由计算机软件来模拟替代的。例如，钱币识别系统可以用按压某个"仿真对象"输出一个脉冲直接给 PLC 发布命令，而传动系统也是由计算机来直接模拟的，但这些并不会影响实际的操作顺序，完全能模拟现实中自动售货机的运行状态。

1）实验状态假设。由于是在计算机上模拟运行，实验中有一些区别于实际情况的假设：

① 自送售货机只出售 10 种商品。

② 自动售货机可识别 20 元、10 元、5 元纸币和 1 元、5 角硬币。

③ 自动售货机可退币 20 元、10 元、5 元纸币和 1 元、5 角硬币。

④ 自动售货机有余额显示功能。

⑤ 仿真实验中忽略了售货机各种故障以及缺货等因素。

2）仿真交易过程分析。为了方便分析，我们以一次交易过程为例。

① 初始状态。自动售货机所有商品灯均显示无法购买状态，余额显示为 0。

② 投币状态。按下投入硬币按钮，显示硬币投入界面，选择相应的硬币投入，显示屏显示投入金额；按下投入纸币按钮，显示纸币投入界面，选择相应的纸币投入，显示屏显示投入的总额，当投入的金额超过商品的定价时，对应的商品选择按钮发生变化，提示可以购买。

③ 购买状态。按下可进行购买的商品的选择按钮时，所选商品在出货框中出现，同时余额发生变化，取走全部货物后出货框自动消失。

④ 退币状态。按下退币按钮，显示退币框，同时显示出应退出的货币值及数量，按下相应的货币按钮，则该货币消失，取走全部货币后退币框自动消失。

以上过程为自动售货机一次完整的服务过程，这也是本仿真系统的设计思想。

8.3.2 设计任务的确定

在清楚自动售货机运行工作过程的基础上，制定出设计方案，确定任务的目标，以设计出合理的仿真系统。

首先，应该做上位机与下位机之间的分工：上位机主要用来完成仿真界面的制作工作，而下位机则主要用来完成 PLC 程序的编写。其次，要分别对上位机和下位机进行资料的查找与收集。例如，在进行仿真界面的设计时可以去观看一下真正的售货机的外观，必要时可以借助一些宣传图片来设计自动售货机的外形；在进行 PLC 程序的编写时需要先分配 PLC 的 I/O 点，确定上、下位机的接口。再次，对上位机和下位机分别进行设计工作。最后，进行上位机设计结果与下位机设计结果的配合工作，经调试后完成整个系统的设计。

另外，上位机与下位机的设计工作是密切配合的。它们无论在通信中使用的变量，还是在仿真中控制的对象都应该保持协调一致。总体上讲，仿真界面是被控对象，利用 PLC 来控制这个仿真的自动售货机，仿真的自动售货机接受 PLC 的控制指令并完成相应的动作；另外，仿真界面中的仿真自动售货机的运行，都是由组态界面所提供的命令语句来完成的。

清楚了自动售货机仿真系统的整体设计思路，下面就可以开始着手设计了。

8.3.3　PLC 与组态程序设计

这部分内容是整个系统设计的主体部分。要求完成的任务是仿真系统的上位计算机程序设计和 PLC 下位机程序设计。

1. 程序设计说明

仿真程序的编写利用了组态软件 ForceControl 7.0。下位机程序的编制则是利用 S7－200 编程软件 STEP7 MicroWIN V4.0 SP9。

在设计过程中，就像上面所叙述的那样，并非孤立地分别进行上位机和下位机的设计工作，而是互相配合的，因此在以下的详细设计过程中，并没有将上位机的设计与下位机的设计整体分开来写，而是相互交替，同时尽量清晰地叙述，在相应的设计部分中注明是上位机的设计还是下位机的设计。

2. PLC 程序设计

可以将一次自动售货机的交易过程分为几个程序块：初始化过程，投币过程，价格比较过程，选购过程，找零过程。

（1）初始化过程。仿真系统运行初期，要将每个商品的价格输入到 PLC 程序中，并将用来余额显示的寄存器清 0，同时也要将出货数量和退币币值的计数器清 0。程序编制过程中，要用到特殊存储器 SM0.1 和数据传送指令 MOVW。初始化过程时所定义的变量见表 8-2。

表 8-2　初始化过程变量表

说　　明	对应 PLC 地址	说　　明	对应 PLC 地址
余额显示	VW0	03 商品出货个数	C22
01 商品价格	VW40	04 商品出货个数	C23
02 商品价格	VW42	05 商品出货个数	C24
03 商品价格	VW44	06 商品出货个数	C25
04 商品价格	VW46	07 商品出货个数	C26
05 商品价格	VW48	08 商品出货个数	C27
06 商品价格	VW50	09 商品出货个数	C28
07 商品价格	VW52	10 商品出货个数	C29
08 商品价格	VW54	退币 20 元个数	C100
09 商品价格	VW56	退币 10 元个数	C101
10 商品价格	VW58	退币 5 元个数	C102
01 商品出货个数	C20	退币 1 元个数	C103
02 商品出货个数	C21	退币 5 角个数	C104

根据表 8-2 编制的 PLC 梯形图程序如图 8-24 所示。在图 8-24 中，系统初始化时，通过运用特殊存储器 SM0.1 仅在首次扫描时为 ON 的功能，给 VW0、VW40～VW58、C20～C29 及 C100～C104 赋初值。赋值功能通过数据传送指令 MOVW 实现。

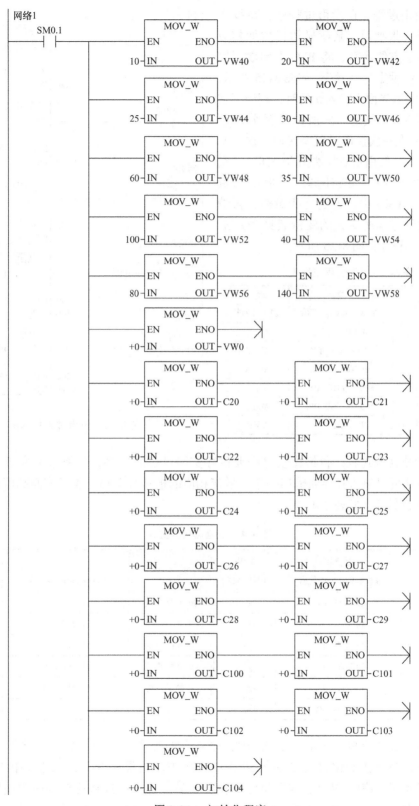

图 8-24　初始化程序

（2）投币过程。在投币过程中，每投入一枚硬币或一张纸币，余额显示将增加相应的币值。为了方便计算，将 PLC 内部数据钱币的计算单位设定为"角"。如图 8-25 所示，当在上位机仿真界面中投入 5 角时，相当于在梯形图中使 M0.1 接通。之所以用微分指令"P"，就是要在一次投币时仅能接通一次，不能永远加下去。使用整数加法指令 ADD_I 实现货币总额（余额）的计算，且货币总额（余额）存入 VW0 中。先建立变量表，再编写程序。投币过程所定义的变量表见表 8-3，对应的梯形图程序如图 8-25 所示。

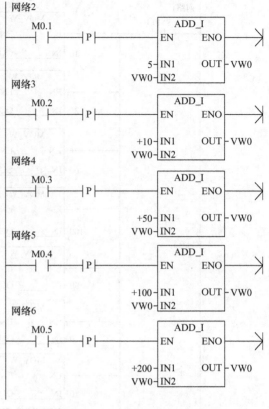

图 8-25　投币过程梯形图

表 8-3　投币过程变量表

说　明	上位机 ForceControl 变量	对应 PLC 地址
5 角投入	MONEY5. PV	M0. 1
1 元投入	MONEY10. PV	M0. 2
5 元投入	MONEY50. PV	M0. 3
10 元投入	MONEY100. PV	M0. 4
20 元投入	MONEY200. PV	M0. 5
货币总额（余额）	TOTAL. PV	VW0

（3）价格比较过程。价格比较过程要贯穿实验过程的始终，只要余额大于某种商品的价格，PLC 就可以向仿真界面输出一个信号使相应的指示灯亮起，表示该商品可以购买。价格比较过程的变量表见表 8-4。

表 8-4　价格比较变量表

说　明	上位机 ForceControl 变量	对应 PLC 地址	说　明	上位机 ForceControl 变量	对应 PLC 地址
程序开始	START. PV	M0. 0	06 商品灯亮	LIGHT5. PV	Q0. 5
01 商品灯亮	LIGHT0. PV	Q0. 0	07 商品灯亮	LIGHT6. PV	Q0. 6
02 商品灯亮	LIGHT1. PV	Q0. 1	08 商品灯亮	LIGHT7. PV	Q0. 7
03 商品灯亮	LIGHT2. PV	Q0. 2	09 商品灯亮	LIGHT8. PV	Q1. 0
04 商品灯亮	LIGHT3. PV	Q0. 3	10 商品灯亮	LIGHT9. PV	Q1. 1
05 商品灯亮	LIGHT4. PV	Q0. 4			

根据变量表和控制要求编写的梯形图程序如图 8-26 所示。设本仿真自动售货机装有 10 种商品，其价格在初始化过程已输入到 PLC 程序中。当程序开始运行时要由组态软件向 PLC 发出程序开始信号 M0.0，来帮助完成价格比较过程。在价格比较程序中使用了整数比较指令，如在 01 商品的价格比较过程中，设定 01 商品价格为 1 元，即 10 角，当货币余额

大于或等于该商品价格时，Q1.0 接通使相应的指示灯亮起，提示顾客 01 商品可以购买。其余 9 种商品的价格比较过程均类似。

（4）选购过程。选购程序由商品选择程序、价格运算程序和商品送出程序组成。商品选择程序用于接受顾客选择商品的信号并传递给商品送出程序和价格运算程序，当货币总额可以购买某种商品时，按下商品下面的信号灯按钮即可在出货口中出现该种商品并显示购买商品的数量，同时在余额中扣除已经消费的币值。在商品没有被取走前，一直保持显示状态，用鼠标单击该商品代表已经取走，出货口中的商品隐藏。选购过程建立的变量表见表 8-5。

表 8-5　选购过程变量表

说　明	上位机 ForceControl 变量	PLC 地址	说　明	上位机 ForceControl 变量	PLC 地址
选择 01 商品	GOODS0. PV	M2. 0	02 商品数量	COUNTB. PV	VW22
选择 02 商品	GOODS1. PV	M2. 1	03 商品数量	COUNTC. PV	VW24
选择 03 商品	GOODS2. PV	M2. 2	04 商品数量	COUNTD. PV	VW26
选择 04 商品	GOODS3. PV	M2. 3	05 商品数量	COUNTE. PV	VW28
选择 05 商品	GOODS4. PV	M2. 4	06 商品数量	COUNTF. PV	VW30
选择 06 商品	GOODS5. PV	M2. 5	07 商品数量	COUNTG. PV	VW32
选择 07 商品	GOODS6. PV	M2. 6	08 商品数量	COUNTH. PV	VW34
选择 08 商品	GOODS7. PV	M2. 7	09 商品数量	COUNTI. PV	VW36
选择 09 商品	GOODS8. PV	M3. 0	10 商品数量	COUNTJ. PV	VW38
选择 10 商品	GOODS9. PV	M3. 1	取 01 商品	GETA. PV	M8. 0
01 商品出现	BOUGHT0. PV	Q2. 0	取 02 商品	GETB. PV	M8. 1
02 商品出现	BOUGHT1. PV	Q2. 1	取 03 商品	GETC. PV	M8. 2
03 商品出现	BOUGHT2. PV	Q2. 2	取 04 商品	GETD. PV	M8. 3
04 商品出现	BOUGHT3. PV	Q2. 3	取 05 商品	GETE. PV	M8. 4
05 商品出现	BOUGHT4. PV	Q2. 4	取 06 商品	GETF. PV	M8. 5
06 商品出现	BOUGHT5. PV	Q2. 5	取 07 商品	GETG. PV	M8. 6
07 商品出现	BOUGHT6. PV	Q2. 6	取 08 商品	GETH. PV	M8. 7
08 商品出现	BOUGHT7. PV	Q2. 7	取 09 商品	GETI. PV	M7. 2
09 商品出现	BOUGHT8. PV	Q1. 2	取 10 商品	GETJ. PV	M7. 3
10 商品出现	BOUGHT9. PV	Q1. 3	取货挡板	GETALL. PV	M7. 4
01 商品数量	COUNTA. PV	VW20			

图 8-27 为商品选择梯形图程序，其中 M6.0～M7.1 是购买商品的中间变量。以 01 商品为例，M2.0 为 01 商品的选择按键，Q0.0 为 01 商品的显示灯。此时只有在 01 商品可购买时（01 商品灯亮），顾客按下选择按键，才会使 M6.0 置位发出顾客购买的信号。

价格运算梯形图程序如图 8-28 所示。以 01 商品为例，在接收到商品选择信号 M6.0 时，通过上升沿微分指令执行一次减法运算，将 01 商品的价格从余额中减去，并将剩余的数值重新存入 VW0 中，作为新的余额。

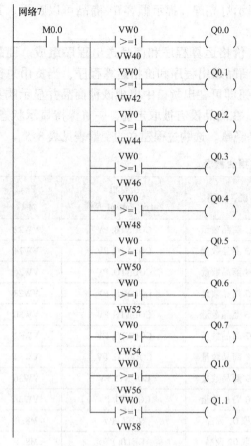

图 8-26　价格比较梯形图

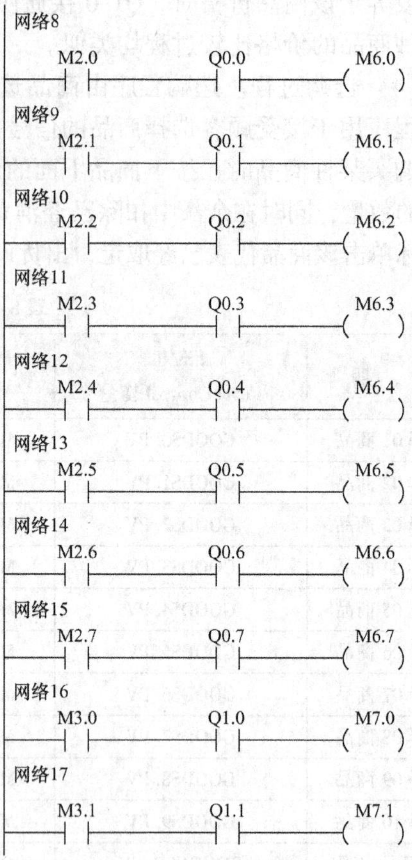

图 8-27　商品选择梯形图

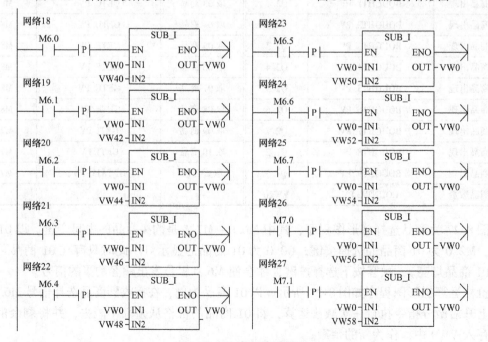

图 8-28　价格运算梯形图

图 8-29 为商品计数梯形图程序。图 8-30 为商品送出梯形图程序。以 01 商品为例，每当接收到商品选择信号 M6.0 时，都会通过上升沿微分指令向计数输入端 CU 发出一个脉冲，使计数器 C20 计数一次。设置计数器 C20 的设定值输入端 PV 为 1，当计数器 C20 当前值达到设定值 1 时，计数器 C20 的状态位置 1，使 Q2.0 得到信号，从而使 01 商品及其购买数量在仿真界面的出货框中显示，表示成功送出商品。当在出货框中取走 01 商品时，上位机会向 PLC 发送 M8.0 信号，使计数器 C20 清零，同时 01 商品及其购买数量在出货框中隐藏，表示商品已被取走。M7.4 为通过取货挡板取走全部商品的信号。利用计数器 C20 来记录 01 商品购买的个数，用传送指令将计数器 C20 的当前值存入 VW20 中，VW20 用来存放 01 商品的数量。其他计数器以此类推。

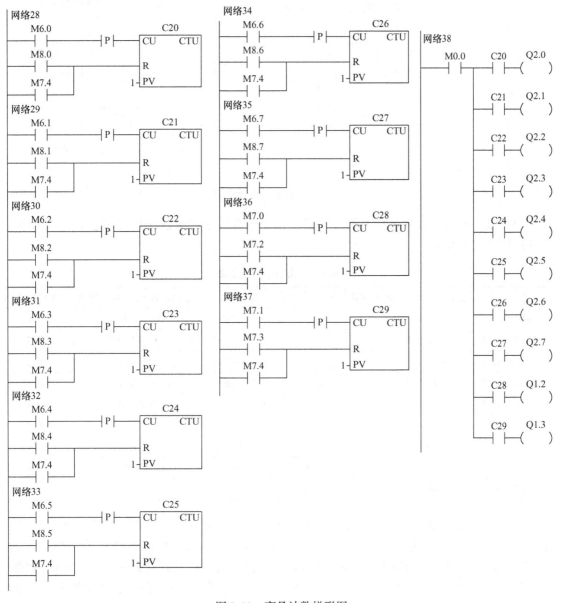

图 8-29　商品计数梯形图

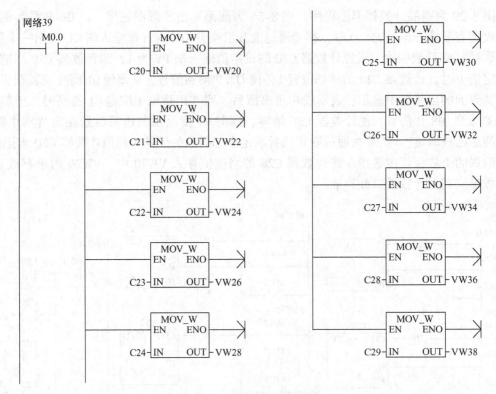

图 8-30 商品送出梯形图

（5）找零过程。找零过程由循环程序、找零运算程序和零钱送出程序组成。程序中所用到的变量见表 8-6。

表 8-6 找零过程变量表

说　明	上位机 ForceControl 变量	PLC 地址	说　明	上位机 ForceControl 变量	PLC 地址
退币手柄	GHANGEBUTTON. PV	M1.7	1 元硬币数量	COUNT10. PV	VW10
20 元纸币出现	CHANGE200. PV	M5.0	5 角硬币数量	COUNT5. PV	VW12
10 元纸币出现	CHANGE100. PV	M5.1	取 20 元纸币	GET200. PV	M9.0
5 元纸币出现	CHANGE50. PV	M5.2	取 10 元纸币	GET100. PV	M9.1
1 元硬币出现	CHANGE10. PV	M5.3	取 5 元纸币	GET50. PV	M9.2
5 角硬币出现	CHANGE5. PV	M5.4	取 1 元硬币	GET10. PV	M9.3
20 元纸币数量	COUNT200. PV	VW4	取 5 角硬币	GET5. PV	M9.4
10 元纸币数量	COUNT100. PV	VW6	取零窗口	GETMONEY. PV	M1.6
5 元纸币数量	COUNT50. PV	VW8			

　　图 8-31 为找零运算程序。找零过程采用了循环找零的方式，当在上位机界面单击退币手柄时，M1.7 会短暂的接通，使 M0.6 输出并且自锁，在找零结束前即货币余额不为零，M0.7 一直为常闭状态（由图 8-31 程序的最后一行决定），找零程序持续运行。M0.6 接通，使定时器 T39 得到信号，T39 计时 0.2s 后达到设定值使其常开触点闭合，从而使定时器 T40 开始计时，T40 计时 0.2s 后达到设定值使其常开触点闭合、常闭触点断开。假设定时器 T40

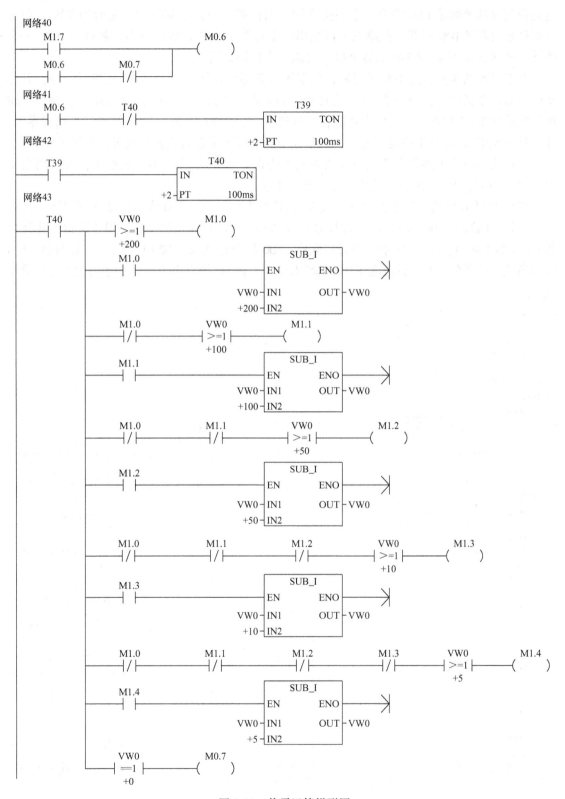

图 8-31 找零运算梯形图

达到设定值的瞬间是 PLC 的第一个扫描周期，则在第二个扫描周期时，定时器 T39 会断开从而使定时器 T40 也断开。在第三个扫描周期定时器 T39 开始重新计时，如此每 0.4s 一个循环，即每 0.4s 定时器 T40 的常开触点接通一个扫描周期。

在定时器的常开触点 T40 接通时，找零的运算部分开始运行。以 20 元找零为例，首先使用整数比较指令将余额与 20 元进行比较，若余额大于或等于 20 元，则 M1.0 接通，开始执行减法运算，将 20 元从余额中扣除，并且找零 20 元。在 10 元、5 元、1 元、5 角找零中，其运算类似于 20 元找零的运算方式，只是在小面额找零中含有大面额找零的互锁常闭触点，用以防止找零时找出的货币不规律或出现找零失误。每 0.4s 找零出 1 枚钱币，直到当余额 VW0 等于 0 时，M0.7 闭合，找零运算程序结束。

图 8-32 为零钱送出梯形图程序。以 20 元找零为例说明：当接收到找零运算程序的命令 M1.0 后，计数器 C100 加 1。利用计数器 C100 来记录找出 20 元的个数，用传送指令将计数器 C100 的当前值存入 VW4 中。设置计数器 C100 的设定值输入端 PV 为 1，当计数器 C100 当前值达到设定值 1 时，计数器 C100 的状态位置 1 使 M5.0 得到信号，从而使 20 元纸币及

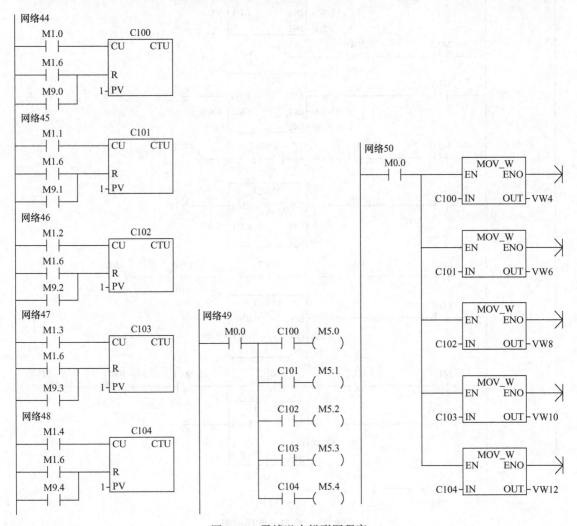

图 8-32　零钱送出梯形图程序

其找出数量在仿真界面中显示，表示找零成功。当在仿真界面取走 20 元纸币时上位机会向 PLC 发送 M9.0 信号，使计数器清零，同时 20 元纸币及其数量在仿真界面中隐藏，表示零钱已被取走。M1.6 为通过取零窗口取走全部零钱的信号。

8.3.4　售货机仿真界面的设计

下面利用力控组态软件 ForceControl 设计自动售货机仿真系统。先分几部分进行仿真界面的设计。

1. 售货机前面板的设计

售货机前面板是一个不动的画面，可以利用图片处理的方法按照制定样式的功能画出售货机的整体图。该仿真售货机前面板的设计参考了编者所在学校教学楼里的真实售货机，其整体效果如图 8-33 所示。

2. 显示屏部分的设计

利用组态软件 ForceControl 设计的显示界面如图 8-34 所示。其作用是在交易过程中时刻显示所剩的余额，图中的数字为余额的具体数值，是可定义的变量。定义变量的方式将在下面介绍，这里只是给出了显示界面的效果。

图 8-33　售货机的整体效果图

图 8-34　余额显示界面

3. 按钮的设计

包括两种按钮的设计，一种是选货按钮，另一种是投、退币按钮。选货按钮的设计要反映出可以购买和不可购买时的差异。这里的选货按钮就是商品下方椭圆形的选货按钮指示灯，在不可购买的情况下按钮是灰色的，当某种货物满足购买条件时，相应的选货按钮灯亮起变蓝，提示可以购买。投币按钮分为投入纸币和投入硬币两类，如图 8-35 所示。这里的投入纸币按钮是图中投入纸币的长条形的投币口，投入硬币的按钮是图中圆形中间有小长方形的投币口，退币按钮就是图中的退币手柄。投、退币按钮均可以动作。

4. 投、退币提示框的设计

投、退币提示框中要有可以投入的硬币、纸币以及框架，其中硬币、纸币、框架和字符"a"均是可以定义的变量。其中的货币在满足条件后可以出现，鼠标单击后可以消失表示已取走。投、退币提示框效果如图 8-36 所示。

图 8-35　投、退币按钮界面

图 8-36　投、退币提示框

5. 出货框的设计

出货框中要有 01 至 10 号商品的示意图以及出货数量显示。其中的商品在满足条件后可以出现，鼠标单击后可以消失表示已取走，因此也是可以定义的变量，效果如图 8-37 所示。

6. 出货挡板与取零窗口的设计

在进行取货与取走零钱的操作时，除了可以通过鼠标单击货物来取走商品，还可以通过单击出货挡板来取走全部出货框里的商品。单击取零窗口可以取走全部退币框里的零钱。出货挡板与取零窗口如图 8-38 所示。

图 8-37　出货框

图 8-38　出货挡板与取零窗口

8.3.5　售货机仿真界面中各变量的含义

仿真程序若实现各部分的仿真功能，就必须定义相应的变量，再与 PLC 程序中的软继电器相匹配，这样才能实现 PLC 的控制功能。有些变量直接与计算机通信，使计算机实现某种功能，如投币框的出现与消失，因此定义的变量分成内部中间变量和数据库变量，下面分别就这两种变量加以讨论。

1. 中间变量

中间变量的作用域为整个应用程序，不限于单个窗口，一个中间变量在所有的窗口中均可以引用。即在对某一窗口的控制中，对中间变量的修改将对其他引用此中间变量的窗口的控制产生影响，窗口中间变量也是一种临时变量，它没有自己的数据源，中间变量适于作为整个应用程序动作控制的全局型变量、全局引用的计算变量或用于保存临时的结果。

该仿真实验系统中有 4 个中间变量。

1）WindowPaper。WindowPaper 变量是控制投入纸币框的，WindowPaper = 1 时显示投入纸币框，WindowPaper = 0 时投入纸币框消失。

2）WindowCoin。WindowCoin 变量是控制投入硬币框的，WindowCoin = 1 时显示投入硬币框，WindowCoin = 0 时投入硬币框消失。

3）WindowGoods。WindowGoods 变量是控制出货框的，WindowGoods = 1 时显示出货框，WindowGoods = 0 时出货框消失。

4）WindowChange。WindowChange 变量是控制退币框的，WindowChange = 1 时显示退币框，WindowChange = 0 时退币框消失。

2. 数据库变量

当要在界面上显示处理数据库中的数据时，需要使用数据库变量。一个数据库变量对应数据库中的一个点参数。数据库变量的作用域为整个应用程序。

数据库变量根据数据类型的不同共有三种：实型数据库变量、整型数据库变量和字符型数据库变量。本仿真系统中有 75 个实型数据库变量，分别对应 PLC 程序中的 75 个软继电器，这在前面已经介绍过。

3. 仿真界面与 PLC 程序的配合定义

在这一段中，我们将仔细分析仿真界面各部分是如何与 PLC 程序连接的。分析过程是按照一次交易的实际情况来进行的，即由初始状态、投币状态、购买状态、退币状态到交易结束。

1）初始状态。通过以上分析得知，显示屏上的数字为购买过程中的总余额。双击显示屏上的数字，来到"动画连接"界面，动画连接是指仿真界面中的对象与变量或者表达式的对应关系。建立了动画连接后，在界面运行系统中，对象将根据变量或表达式的数据变化，改变其颜色、大小外观等。"动画连接"界面如图 8-39所示。

显示屏上数字对应的变量 TO-TAL. PV 与 PLC 程序中的地址 VW0 相匹配，假设 VW0 存储的数据为 25，如何在显示屏上显示 2.5 元呢？在开发系统中，双击显示屏上的数字，来到"动画连接"画面。选择"数值输出"中的"模拟"项，键入"TO-

图 8-39　"动画连接"界面

TAL. PV/10" 即可，由 25 到 2.5 实际是计算机来完成的。模拟值输出设置界面如图 8-40 所示。

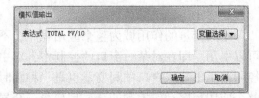

图 8-40　模拟值输出设置界面

2）投币状态。售货机有投入硬币和投入纸币两种投币方式。以投入硬币为例，当投币时，按下"投入硬币"按钮，出现投币框。如何定义投币呢？双击"投入硬币"窗口，来到"动画连接"界面，选择"触敏动作"中的"左键动作"，在"动作描述"框中作如下定义：按下鼠标时，WindowCoin = 1。WindowCoin 这个变量是控制投币框的。当 WindowCoin = 1 时，出现硬币和投币框；WindowCoin = 0，硬币和投币框隐藏。

下面分别定义硬币和投币框，双击投币框，来到"动画连接"界面，选择"显示/隐藏"项，定义 WindowCoin = 1 时显示，各硬币也用同样的方法定义，这样就使在按下"投入硬币"窗口时，变量 WindowCoin = 1，从而出现投币框，以及硬币等。我们只是定义了投币框的显示状态，用鼠标单击代替了实际过程中的硬币投入动作，最重要的任务是投币运算，下面介绍钱币的定义方法。

以投入 1 元硬币为例，双击 1 元硬币，来到"动画连接"界面，选择"触敏动作"中的"左键动作"，在动作描述中如下定义：按下鼠标时，MONEY10. PV = 1；释放鼠标时，MONEY10. PV = 0。"动作描述"界面如图 8-41 所示。

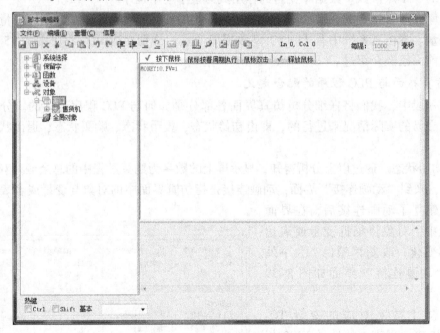

图 8-41　"动作描述"界面

当 MONEY10. PV = 1 时给 PLC 发出一个接通信号，由于 MONEY10. PV 对应的 PLC 地址是 M0.2，使得 M0.2 继电器接通，从而执行相应的加 1 元程序。同样定义其他钱币，注意其对应的 PLC 软继电器。最后还要定义投币框。要实现的功能是单击投币框时，所有的硬币及投币框本身均消失。这里作如下定义：双击投币框，来到"动画连接"界面，选择"触敏动作"中的"左键动作"；在动作描述中作如下定义：按下鼠标时，WindowCoin = 0。

WindowCoin = 0 时，所有的硬币和投币框均消失，这是由计算机控制的内部变量。

选货按钮指示灯要根据余额是否满足购买条件进行变色处理。此时需要用到"显示/隐藏"功能来实现按钮灯的变色。以 01 商品指示灯为例，余额不满足条件时亮灯隐藏，满足条件后亮灯会显示。定义过程如下：双击"选择"按钮，来到"动画连接"界面，选择"显示/隐藏"项，在可见性定义对话框中定义 LIGHT0. PV = =1 时亮灯显示。定义界面如图 8-42 所示。

定义好了投币状态的上位机仿真变量，配合 PLC 程序可以实现投币功能。图 8-43 是一幅投币时的画面，投入 5 元，还未买商品，注意看显示屏的显示以及指示灯按钮颜色的变化，此时还不能购买 5 元以上的商品。

图 8-42 "可见性定义"界面

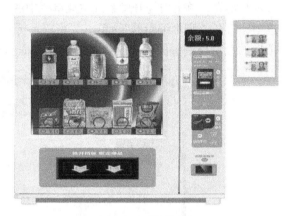

图 8-43 投币界面

3）购买状态。定义了投币状态，就可以购买商品了。当选择指示灯变成蓝色以后，按下它，将会在出货口处出现购买的商品。这样定义指示灯按钮：双击按钮，来到"动画连接"界面，选择"触敏动作"中的"左键动作"。以 01 商品为例，在动画描述中如下定义：按下鼠标时，GOODS0. PV = 1。释放鼠标时，GOODS0. PV = 0。GOODS0. PV 与 PLC 程序中的 M2. 0 相对应。当进行购买操作时要使 WindowGoods = 1，让出货框显示，WindowGoods 的设置方法会在下面进行介绍。按下购买 01 商品的按钮，转而执行相应的 PLC 程序，使余额减少 1 元，同时在出货框内出现 01 商品，01 商品的出现通过"显示/隐藏"功能就可以完成。此外还应定义 01 商品的出货个数，双击 01 商品旁的个数字符"a"，出现动画连接，选择"数值输出"中的"模拟"项，键入"COUNTA. PV"即可。其他商品的定义方法同上。

4）退币状态。当按下退币手柄时，PLC 要进行退币运算。所以按下退币手柄时就要与 PLC 进行通信，执行退币计算。下面来定义退币按钮，双击退币手柄，出现"动画连接"界面，选择"触敏动作"中的"左键动作"。动作描述为：按下鼠标时，GHANGEBUTTON. PV = 1；释放鼠标时，GHANGEBUTTON. PV = 0。GHANGEBUTTON. PV 与 PLC 程序中的 M1. 7 对应。当进行退币操作时要使 WindowChange = 1，让退币框显示，WindowChange 的设置方法会在下面进行介绍。退币框中要有 2 种硬币和 3 种纸币，还要有表示货币个数的数字。由于计算中采用的算法使得退币时按照币值大小顺序退币，例如，退币 5 元，只退一张 5 元纸币，而不是 5 个 1 元。在退币时，要退出的钱币及个数显示，而不退的钱币隐藏。定义钱币及其个数是否隐藏的方法与购买状态下定义商品时相同。

5）取货、取币状态。在一次购买过程的最后，要将出货的商品和退出的钱币取走。取走出货框及退币框中所有的商品及钱币代表完成此次交易，因此取货、取币状态的定义十分重要。以 01 商品为例，双击出货框中的 01 商品，来到"动画连接"界面，选择"触敏动作"中的"左键动作"。在动作描述中如下定义：按下鼠标时，GETA. PV = 1，释放鼠标时，GETA. PV = 0。GETA. PV 对应的 PLC 地址是 M8.0，M8.0 导通使得 01 商品及其数量显示消失，表示商品已经取走。其他商品和货币的取走定义方式与 01 商品相同。

出货挡板与取零窗口的作用是在单击后取走所有的商品及钱币，其定义方式与 01 商品相同。在取走全部货物及钱币后出货框和退币框应自动消失，即 WindowGoods = 0、WindowChange = 0。通过"窗口动作"功能来判断出货框与退币框中是否存在商品及钱币，控制其显示与消失。单击力控开发系统主菜单栏中的"功能"菜单，选择"动作"中的"窗口动作"选项，打开"脚本编辑器"，单击"窗口运行时周期执行"，在该窗口中输入判断出货框与退币框的显示与消失的程序。出货框和退币框的显示与消失脚本编辑器界面如图 8-44 所示。

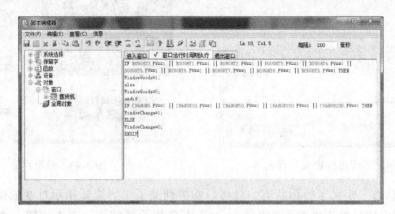

图 8-44   出货框和退币框的显示与消失脚本编辑器界面

8.3.6   数据连接

1. 定义 I/O 设备

数据库是从 I/O 驱动程序中获取过程数据的，而数据库同时可以与多个 I/O 驱动程序进行通信，一个 I/O 驱动程序也可以连接一个或多个设备。下面创建 I/O 设备。

（1）在左侧"工程项目导航栏"中双击打开"I/O 设备组态"项，在项目页面中单击"PLC"项使其展开，在 PLC 子目录中选择厂商名 SIMENS（西门子），选择其中的 S7 - 200（PPI USB），弹出设备配置窗口并按图 8-45 定义。

（2）单击"完成"按钮返回，在页面右侧增加了一项名称为"PLC1"的项目。如果要对 I/O 设备"PLC1"的配置进行修改，双击项目"PLC1"，会再次出现"PLC1"的 I/O 设备定义对话框。若要删除 I/O 设备"PLC1"，用鼠标右键单击项目"PLC1"，在弹出的右键菜单中选择"删除"。

2. 数据连接

刚刚创建了一个设备名为"PLC1"的 I/O 设备，而且它连接的正是做实验用的 PLC 设备。现在的问题是如何将已经创建的多个数据库点与 PLC 设备联系起来，以使这些点的 PV

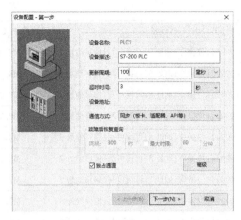

a) 设备配置第一步

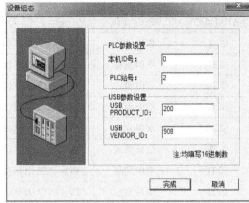

b) 设备配置第二步

图 8-45　设备配置窗口

参数值能与 I/O 设备 PLC 进行实时数据交换，这个过程就是建立数据连接的过程。由于数据库可以与多个 I/O 设备进行数据交换，所以必须指定哪些点与哪个 I/O 设备建立数据连接。为方便起见，我们将所用数据及其对应关系整理成表 8-7。

表 8-7　数字 I/O 表

序号	NAME[点名]	DESC[说明]	%IOLINK[I/O 连接]	对应 PLC 地址
1	START	程序开始	PV = PLC1;M 区(0－9999)│位操作│地址 0│可读可写│偏移地址 0	M0.0
2	MONEY5	5 角投入	PV = PLC1;M 区(0－9999)│位操作│地址 0│可读可写│偏移地址 1	M0.1
3	MONEY10	1 元投入	PV = PLC1;M 区(0－9999)│位操作│地址 0│可读可写│偏移地址 2	M0.2
4	MONEY50	5 元投入	PV = PLC1;M 区(0－9999)│位操作│地址 0│可读可写│偏移地址 3	M0.3
5	MONEY100	10 元投入	PV = PLC1;M 区(0－9999)│位操作│地址 0│可读可写│偏移地址 4	M0.4
6	MONEY200	20 元投入	PV = PLC1;M 区(0－9999)│位操作│地址 0│可读可写│偏移地址 5	M0.5
7	GETMONEY	取零窗口	PV = PLC1;M 区(0－9999)│位操作│地址 1│可读可写│偏移地址 6	M1.6
8	GHANGEBUTTON	退币手柄	PV = PLC1;M 区(0－9999)│位操作│地址 1│可读可写│偏移地址 7	M1.7
9	GOODS0	选择 01 商品	PV = PLC1;M 区(0－9999)│位操作│地址 2│可读可写│偏移地址 0	M2.0
10	GOODS1	选择 02 商品	PV = PLC1;M 区(0－9999)│位操作│地址 2│可读可写│偏移地址 1	M2.1
11	GOODS2	选择 03 商品	PV = PLC1;M 区(0－9999)│位操作│地址 2│可读可写│偏移地址 2	M2.2
12	GOODS3	选择 04 商品	PV = PLC1;M 区(0－9999)│位操作│地址 2│可读可写│偏移地址 3	M2.3
13	GOODS4	选择 05 商品	PV = PLC1;M 区(0－9999)│位操作│地址 2│可读可写│偏移地址 4	M2.4
14	GOODS5	选择 06 商品	PV = PLC1;M 区(0－9999)│位操作│地址 2│可读可写│偏移地址 5	M2.5
15	GOODS6	选择 07 商品	PV = PLC1;M 区(0－9999)│位操作│地址 2│可读可写│偏移地址 6	M2.6
16	GOODS7	选择 08 商品	PV = PLC1;M 区(0－9999)│位操作│地址 2│可读可写│偏移地址 7	M2.7
17	GOODS8	选择 09 商品	PV = PLC1;M 区(0－9999)│位操作│地址 3│可读可写│偏移地址 0	M3.0
18	GOODS9	选择 10 商品	PV = PLC1;M 区(0－9999)│位操作│地址 3│可读可写│偏移地址 1	M3.1
19	GETA	取 01 商品	PV = PLC1;M 区(0－9999)│位操作│地址 8│可读可写│偏移地址 0	M8.0
20	GETB	取 02 商品	PV = PLC1;M 区(0－9999)│位操作│地址 8│可读可写│偏移地址 1	M8.1

（续）

序号	NAME[点名]	DESC[说明]	%IOLINK[I/O 连接]	对应 PLC 地址
21	GETC	取 03 商品	PV = PLC1:M 区(0-9999)|位操作|地址 8|可读可写|偏移地址 2	M8.2
22	GETD	取 04 商品	PV = PLC1:M 区(0-9999)|位操作|地址 8|可读可写|偏移地址 3	M8.3
23	GETE	取 05 商品	PV = PLC1:M 区(0-9999)|位操作|地址 8|可读可写|偏移地址 4	M8.4
24	GETF	取 06 商品	PV = PLC1:M 区(0-9999)|位操作|地址 8|可读可写|偏移地址 5	M8.5
25	GETG	取 07 商品	PV = PLC1:M 区(0-9999)|位操作|地址 8|可读可写|偏移地址 6	M8.6
26	GETH	取 08 商品	PV = PLC1:M 区(0-9999)|位操作|地址 8|可读可写|偏移地址 7	M8.7
27	GETI	取 09 商品	PV = PLC1:M 区(0-9999)|位操作|地址 7|可读可写|偏移地址 2	M7.2
28	GETJ	取 10 商品	PV = PLC1:M 区(0-9999)|位操作|地址 7|可读可写|偏移地址 3	M7.3
29	CHANGE200	20 元纸币出现	PV = PLC1:M 区(0-9999)|位操作|地址 5|可读可写|偏移地址 0	M5.0
30	CHANGE100	10 元纸币出现	PV = PLC1:M 区(0-9999)|位操作|地址 5|可读可写|偏移地址 1	M5.1
31	CHANGE50	5 元纸币出现	PV = PLC1:M 区(0-9999)|位操作|地址 8|可读可写|偏移地址 2	M5.2
32	CHANGE10	1 元硬币出现	PV = PLC1:M 区(0-9999)|位操作|地址 5|可读可写|偏移地址 3	M5.3
33	CHANGE5	5 角硬币出现	PV = PLC1:M 区(0-9999)|位操作|地址 5|可读可写|偏移地址 4	M5.4
34	LIGHT0	01 商品灯亮	PV = PLC1:Q 区(0-9999)|位操作|地址 0|可读可写|偏移地址 0	Q0.0
35	LIGHT1	02 商品灯亮	PV = PLC1:Q 区(0-9999)|位操作|地址 0|可读可写|偏移地址 1	Q0.1
36	LIGHT2	03 商品灯亮	PV = PLC1:Q 区(0-9999)|位操作|地址 0|可读可写|偏移地址 2	Q0.2
37	LIGHT3	04 商品灯亮	PV = PLC1:Q 区(0-9999)|位操作|地址 8|可读可写|偏移地址 3	Q0.3
38	LIGHT4	05 商品灯亮	PV = PLC1:Q 区(0-9999)|位操作|地址 0|可读可写|偏移地址 4	Q0.4
39	LIGHT5	06 商品灯亮	PV = PLC1:Q 区(0-9999)|位操作|地址 0|可读可写|偏移地址 5	Q0.5
40	LIGHT6	07 商品灯亮	PV = PLC1:Q 区(0-9999)|位操作|地址 0|可读可写|偏移地址 6	Q0.6
41	LIGHT7	08 商品灯亮	PV = PLC1:Q 区(0-9999)|位操作|地址 0|可读可写|偏移地址 7	Q0.7
42	LIGHT8	09 商品灯亮	PV = PLC1:Q 区(0-9999)|位操作|地址 1|可读可写|偏移地址 0	Q1.0
43	LIGHT9	10 商品灯亮	PV = PLC1:Q 区(0-9999)|位操作|地址 1|可读可写|偏移地址 1	Q1.1
44	BOUGHT0	01 商品出现	PV = PLC1:Q 区(0-9999)|位操作|地址 2|可读可写|偏移地址 0	Q2.0
45	BOUGHT1	02 商品出现	PV = PLC1:Q 区(0-9999)|位操作|地址 2|可读可写|偏移地址 1	Q2.1
46	BOUGHT2	03 商品出现	PV = PLC1:Q 区(0-9999)|位操作|地址 2|可读可写|偏移地址 2	Q2.2
47	BOUGHT3	04 商品出现	PV = PLC1:Q 区(0-9999)|位操作|地址 2|可读可写|偏移地址 3	Q2.3
48	BOUGHT4	05 商品出现	PV = PLC1:Q 区(0-9999)|位操作|地址 2|可读可写|偏移地址 4	Q2.4
49	BOUGHT5	06 商品出现	PV = PLC1:Q 区(0-9999)|位操作|地址 2|可读可写|偏移地址 5	Q2.5
50	BOUGHT6	07 商品出现	PV = PLC1:Q 区(0-9999)|位操作|地址 2|可读可写|偏移地址 6	Q2.6
51	BOUGHT7	08 商品出现	PV = PLC1:Q 区(0-9999)|位操作|地址 2|可读可写|偏移地址 7	Q2.7
52	BOUGHT8	09 商品出现	PV = PLC1:Q 区(0-9999)|位操作|地址 1|可读可写|偏移地址 2	Q1.2
53	BOUGHT9	10 商品出现	PV = PLC1:Q 区(0-9999)|位操作|地址 1|可读可写|偏移地址 3	Q1.3
54	TOTAL	货币总额(余额)	PV = PLC1:V 区(0-9999)|16 位无符号|地址 0|只可读	VW0
55	COUNT200	20 元纸币数量	PV = PLC1:V 区(0-9999)|16 位无符号|地址 4|只可读	VW4
56	COUNT100	10 元纸币数量	PV = PLC1:V 区(0-9999)|16 位无符号|地址 6|只可读	VW6

（续）

序号	NAME[点名]	DESC[说明]	%IOLINK[I/O 连接]	对应 PLC 地址
57	COUNT50	5 元纸币数量	PV = PLC1;V 区(0 - 9999)|16 位无符号|地址 8|只可读	VW8
58	COUNT10	1 元硬币数量	PV = PLC1;V 区(0 - 9999)|16 位无符号|地址 10|只可读	VW10
59	COUNT5	5 角硬币数量	PV = PLC1;V 区(0 - 9999)|16 位无符号|地址 12|只可读	VW12
60	COUNTA	01 商品数量	PV = PLC1;V 区(0 - 9999)|16 位无符号|地址 20|只可读	VW20
61	COUNTB	02 商品数量	PV = PLC1;V 区(0 - 9999)|16 位无符号|地址 22|只可读	VW22
62	COUNTC	03 商品数量	PV = PLC1;V 区(0 - 9999)|16 位无符号|地址 24|只可读	VW24
63	COUNTD	04 商品数量	PV = PLC1;V 区(0 - 9999)|16 位无符号|地址 26|只可读	VW26
64	COUNTE	05 商品数量	PV = PLC1;V 区(0 - 9999)|16 位无符号|地址 28|只可读	VW28
65	COUNTF	06 商品数量	PV = PLC1;V 区(0 - 9999)|16 位无符号|地址 30|只可读	VW30
66	COUNTG	07 商品数量	PV = PLC1;V 区(0 - 9999)|16 位无符号|地址 32|只可读	VW32
67	COUNTH	08 商品数量	PV = PLC1;V 区(0 - 9999)|16 位无符号|地址 34|只可读	VW34
68	COUNTI	09 商品数量	PV = PLC1;V 区(0 - 9999)|16 位无符号|地址 36|只可读	VW36
69	COUNTJ	10 商品数量	PV = PLC1;V 区(0 - 9999)|16 位无符号|地址 38|只可读	VW38
70	GETALL	取货挡板	PV = PLC1;M 区(0 - 9999)|位操作|地址 7|可读可写|偏移地址 4	M7.4
71	GET200	取 20 元纸币	PV = PLC1;M 区(0 - 9999)|位操作|地址 9|可读可写|偏移地址 0	M9.0
72	GET100	取 10 元纸币	PV = PLC1;M 区(0 - 9999)|位操作|地址 9|可读可写|偏移地址 1	M9.1
73	GET50	取 5 元纸币	PV = PLC1;M 区(0 - 9999)|位操作|地址 9|可读可写|偏移地址 2	M9.2
74	GET10	取 1 元硬币	PV = PLC1;M 区(0 - 9999)|位操作|地址 9|可读可写|偏移地址 3	M9.3
75	GET5	取 5 角硬币	PV = PLC1;M 区(0 - 9999)|位操作|地址 9|可读可写|偏移地址 4	M9.4

3. 运行

保存所有的组态内容，然后退出所有的力控程序；将自动售货机的 PLC 参考程序或自编程序下载到 PLC 装置中并让其运行；再次启动力控的工程管理器，选择本工程，单击"进入运行"按钮启动整个运行系统。在运行中，可以按照实际自动售货机的功能来操作，以检验所编程序的正确与否。

8.4 五层楼电梯 PLC 控制与监控组态设计

8.4.1 电梯的基本功能

在进行电梯 PLC 控制程序编写以及进行组态仿真之前，首先要分析电梯本身的组成和所具有的功能，并且分析电梯在运行过程中，乘客的操作对电梯的影响与效果，下面将根据具体情况做出分析。

1. 电梯的部件组成及其功能介绍

电梯硬件由内部按钮和内部指示灯、外部按钮和外部指示灯、行程开关和驱动电动机等多个部分组成，它们分别完成各自的功能，以保证电梯的正常运行。

（1）电梯内部部件功能简介。在电梯内部，应该有开门、关门按钮，楼层显示器，上升和下降显示器。当乘客进入电梯后，电梯内应该有能让乘客按下的代表其要去目的地的楼层按钮，即5个楼层（1~5层）按钮，称为内呼叫按钮。电梯停层时，应该具有开门、关门的功能，即电梯门可以自动打开，经过一定的延时后，又可以自动关闭。而且，在电梯内部也应该有控制电梯开门、关门的按钮，使乘客可以在电梯停下时随时控制电梯的开门和关门。电梯内部还应配有指示灯，用来显示电梯现在所处的状态，即电梯是上升还是下降以及电梯所处的楼层，这样可以使电梯里的乘客清楚地知道自己所处的位置，离自己要到的楼层还有多远，电梯是上升还是下降。

（2）电梯的外部部件功能简介。电梯的外部共分5层，每层都应该有呼叫按钮、呼叫指示灯、上升和下降指示灯及楼层显示器。呼叫按钮是乘客用来发出呼叫的工具，呼叫指示灯在完成相应的呼叫请求之前应一直保持为亮，它和上升指示灯、下降指示灯、楼层显示器一样，都是用来显示电梯所处状态的。5层楼电梯中，1层只有上呼叫按钮，5层只有下呼叫按钮，其余3层都同时具有上呼叫和下呼叫按钮，而对于上升、下降指示灯以及楼层显示器，5层电梯均应该相同。

不论是内部部件还是外部部件，对于电梯运行状态和所处楼层等信息的显示应该保持一致。

（3）行程开关及驱动电动机。行程开关在每个楼层都安装有一个或多个，用来判断电梯运行时所处的位置。驱动电动机则是电梯轿厢上升、下降或者停止的动力源，对于电梯门来说，还需要开关门行程开关和驱动开关电梯门的电动机。

本书使用的是力控组态软件仿真的电梯，并非实际电梯，所以在硬件部件上做了一些省略和简化。行程开关在每层只使用了一个；驱动电动机则对应高电平运行、低电平停止，启停过程没有变速等；电梯内、外层的机械结构并没有体现，做了较大简化。

2. 电梯的初始状态、运行中状态和运行后状态分析

（1）电梯的初始状态。为了方便分析，假设电梯位于1层待命，各层显示器都被初始化，电梯处于以下状态：

1）各层呼叫灯均不亮。

2）电梯内部及外部各楼层显示器显示均为"1"。

3）电梯内部及外部各层电梯门均关闭。

（2）电梯运行中状态：

1）按下某层呼叫按钮（1~5层）后，该层呼叫灯亮，电梯响应该层呼叫。

2）电梯上行或下行直至该层。

3）各楼层显示随电梯移动而改变，各层指示灯也随之而变。

4）运行中电梯门始终关闭，到达指定层时，门才打开。

5）在电梯运行过程中，支持其他呼叫。

（3）电梯运行后状态：在到达指定楼层后，电梯会继续待命，直至新命令产生。

1）电梯在到达指定楼层后，电梯门会自动打开，经过一段时间延时后自动关闭，在此过程中，支持手动开门或关门。

2）各楼层显示值为该层所在位置，且上行与下行指示灯均灭。

8.4.2 电梯实际运行中的情况分析

实际中，电梯服务的对象是许多乘客，乘客乘坐电梯的目的地是不完全一样的，而且，每一位乘客呼叫电梯的时间有前有后，因此，将电梯在实际中的各种具体情况加以分类，做出分析，以便于编制程序。

1. 分类分析

（1）电梯上行分析。若电梯在上行过程中，某楼层有呼叫产生，可以分以下两种情况：

1）若呼叫层处于电梯当前运行层之上目标层之下，则电梯应在完成前一指令之前先上行至该层，完成该层呼叫后再由近至远地完成其他各个呼叫动作。

2）若呼叫层处于电梯当前运行层之下，则电梯在完成前一指令之前不响应该指令，直至电梯重新处于待命状态。

（2）电梯下行分析。

1）若呼叫层处于电梯当前运行层之下目标层之上，则电梯应在完成前一指令之前先下行至该层，完成该层呼叫后再由近至远地完成其他各个呼叫动作。

2）若呼叫层处于电梯当前运行层之上，则电梯在完成前一指令之前不响应该指令，直至电梯重新处于待命状态。

2. 总结规律

由以上各种分析可以看出，电梯在接受指令后，总是由近至远地完成各个呼叫任务。电梯响应机制只要以此原则进行设计动作，就不会在运行时出现电梯上下乱跑的情况了。在分析的同时，我们也知道了电梯系统中哪些是可以人工操作的设备。根据以上分析，图 8-46 给出了 5 层电梯控制组态仿真界面。

图 8-46 的左半部分是电梯的内视图，其中包括楼层显示灯、开门按钮、关门按钮、1 层到 5 层的呼叫按钮以及电梯的上升和下降状态指示灯等。两扇电梯门打开后可以看到楼道内的景象。图 8-46 的右半部分是 5 层楼宇电梯的外视图，表示 5 层楼宇和 1 个电梯的轿厢。在电梯的外视图中，1 层有 1 个上呼叫按钮，5 层有 1 个下呼叫按钮，2、3 和 4 层每一层都有上、下呼叫

图 8-46 5 层电梯控制组态仿真界面

按钮各 1 个，每个呼叫按钮内都有 1 个相应的指示灯，用来表示该呼叫是否得到响应，轿厢的电梯门和每层的电梯门都可以打开。

3. 仿真电梯的控制要求

（1）接受每个呼叫按钮（包括内部和外部的呼叫）的呼叫命令，并做出相应的响应。

（2）电梯停在某一层（如 4 层）时，按动该层（4 层）的外部呼叫按钮（上呼叫或者

下呼叫），则相当于发出打开电梯门的命令，电梯开门；若此时电梯的轿厢不在该层（可能在1、2、3或5层），则等到电梯关门后，按照不换向原则控制电梯向上或向下运行。

（3）电梯运行的不换向原则是指电梯优先响应不改变现在电梯运行方向的呼叫，直到这些命令全部响应完毕后才响应使电梯反方向运行的呼叫。例如：现在电梯的位置在1层和2层之间上行，此时出现了1层外部上呼叫、2层外部下呼叫和3层外部上呼叫，则电梯首先响应3层外部上呼叫，然后再依次响应2层外部下呼叫和1层外部上呼叫。

（4）电梯在每一层都有1个行程开关，当电梯碰到某层的行程开关时（仿真界面上的行程开关由绿色变成红色），表示电梯已经到达该层。

（5）当按动某个呼叫按钮后，相应的呼叫指示灯亮并保持，直到电梯响应该呼叫。

（6）当电梯停在某层时，在电梯内部按动开门按钮，则电梯门打开；按动电梯内部的关门按钮，则电梯门关闭，但在电梯行进期间电梯门是不能被打开的。

（7）当电梯运行到某层后，相应的楼层指示灯亮，直到电梯运行到前方某一层时楼层指示灯改变。

根据控制要求，画出整体流程图如图8-47所示。

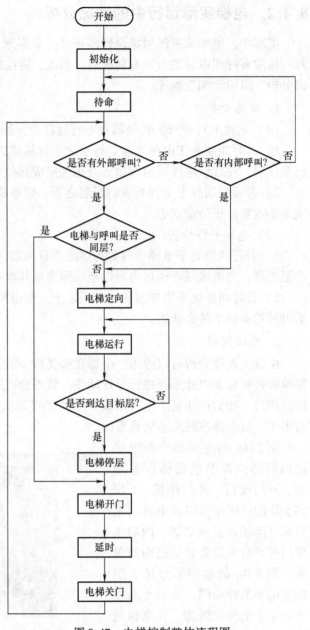

图8-47　电梯控制整体流程图

8.4.3　电梯控制 PLC 编程

应该先做上位机与下位机之间的任务分工：上位机主要用来完成仿真界面的制作及动画连接工作，而下位机则主要用来完成 PLC 程序的运行。其实，上位机与下位机的设计工作是密切配合的。无论在通信中使用的变量，还是在进行界面仿真时控制的对象，它们都应该是一致的。总体上讲，仿真界面是被控对象，PLC 是存储运行程序的装置，而控制指令则由仿真界面中的仿真控制器件发出。另外，仿真界面中仿真电梯的运动、门的运动等，都是由力控组态软件所提供的命令语句来完成的。

1. PLC 程序中 I/O 点定义

因为使用力控组态软件来虚拟仿真实际电梯运行,所以使用了一些内部继电器来代替 I 或者 Q 继电器,在仿真电梯的 PLC 编程过程中,所用到的 I/O 地址分配见表 8-8。

表 8-8　电梯程序 I/O 地址分配表

说　　明	PLC 地址	说　　明	PLC 地址
1 层外上呼叫按钮	M0.0	4 层外上呼叫灯	Q4.2
2 层外上呼叫按钮	M0.1	4 层外下呼叫灯	Q4.3
2 层外下呼叫按钮	M0.2	5 层外下呼叫灯	Q4.5
3 层外上呼叫按钮	M4.0	1 层内呼叫灯	Q0.3
3 层外下呼叫按钮	M0.3	2 层内呼叫灯	Q0.4
4 层外上呼叫按钮	M4.1	3 层内呼叫灯	Q0.5
4 层外下呼叫按钮	M4.2	4 层内呼叫灯	Q3.0
5 层外下呼叫按钮	M4.4	5 层内呼叫灯	Q3.1
1 层内呼叫按钮	M0.4	1 层位灯	Q0.6
2 层内呼叫按钮	M0.5	2 层位灯	Q0.7
3 层内呼叫按钮	M0.6	3 层位灯	Q1.0
4 层内呼叫按钮	M5.0	4 层位灯	Q3.5
5 层内呼叫按钮	M5.1	5 层位灯	Q3.6
1 层行程开关	M0.7	开门按钮	M1.2
2 层行程开关	M1.0	关门按钮	M1.3
3 层行程开关	M1.1	开门行程开关	M1.4
4 层行程开关	M5.4	关门行程开关	M1.5
5 层行程开关	M5.5	开门驱动	Q1.5
1 层外上呼叫灯	Q2.0	关门驱动	Q1.6
2 层外上呼叫灯	Q2.1	电梯上升	Q1.1
2 层外下呼叫灯	Q2.2	电梯下降	Q1.2
3 层外上呼叫灯	Q4.1	上升指示灯	Q1.3
3 层外下呼叫灯	Q2.3	下降指示灯	Q1.4

2. 电梯 PLC 主要程序段解析

5 层楼电梯仿真 PLC 程序分为主程序和 9 个子程序,9 个子程序分别为:上电复位、上行判断、下行判断、电梯位置、内呼叫、外呼叫、停层、手动开关门和自动开关门,现对主要程序段进行解析。

(1) 主程序和上电复位子程序。电梯 PLC 控制主程序和上电复位子程序分别如图 8-48 和图 8-49 所示。有关其他各子程序将在下面陆续介绍。图 8-49 中地址符号名字里面的"辅助"是指 PLC 中的辅助继电器,以下各子程序中"辅助"的含义相同,均指辅助继电器,不再进行重复说明。

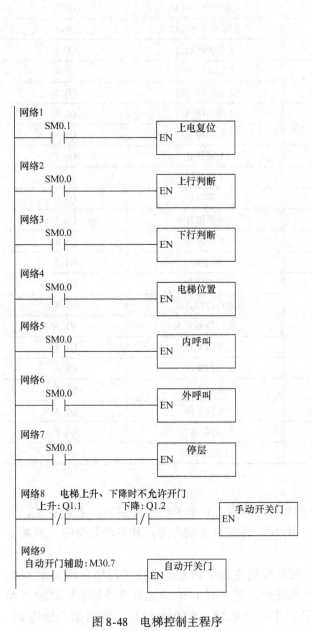

图 8-48　电梯控制主程序

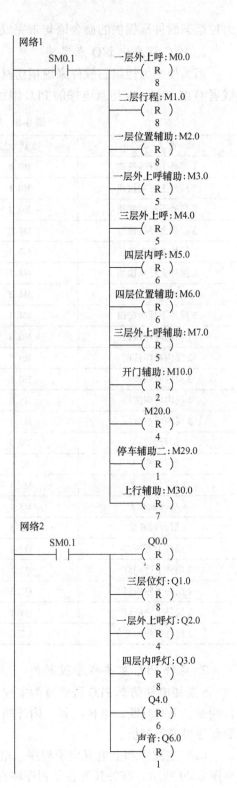

图 8-49　上电复位子程序

（2）内部呼叫按钮和呼叫灯子程序。5 层电梯有 5 个内部呼叫按钮，这些按钮分别对应着各自的指示灯，当乘客进入电梯后，按下目标层的内呼叫按钮，对应指示灯亮，乘客的呼叫信号被登记。在电梯没有达到目标层之前，相应的楼层指示灯一直亮，当电梯到达目标层，该层行程开关动作，程序中位置辅助继电器接通，指示灯熄灭，对应呼叫信号消除。图 8-50 给出了三层内部呼叫按钮的子程序，图 8-51 给出了三层内部呼叫灯的子程序，其他内部呼叫按钮和指示灯程序按照 I/O 分配表和相应资源分配进行编写即可。

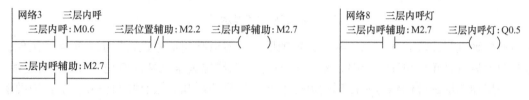

图 8-50　三层内部呼叫按钮子程序　　　　图 8-51　三层内部呼叫灯子程序

（3）外部呼叫按钮和呼叫灯子程序。5 层电梯有 4 个外部上呼叫按钮和 4 个外部下呼叫按钮，这些按钮分别对应着各自指示灯，乘客按下某个外呼叫按钮，对应指示灯亮，呼叫信号被登记，在某个按钮下达的任务没有完成之前，相应的指示灯一直亮。图 8-52 给出了三层外部下呼叫按钮的子程序，图 8-53 给出了三层外部下呼叫灯的子程序。

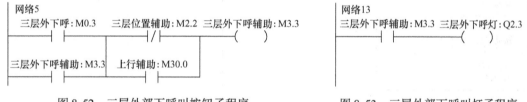

图 8-52　三层外部下呼叫按钮子程序　　　　图 8-53　三层外部下呼叫灯子程序

这部分程序与内部按钮子程序和内部呼叫灯子程序相比，区别在于多了一个"上行辅助 M30.0"内部继电器，目的在于：电梯在上升过程中不响应目标层和电梯当前层之间楼层的外部下呼叫，在下降过程中不响应目标层和电梯当前层之间楼层的外部上呼叫。不响应反向外部呼叫，电梯经过该层，虽然触发行程开关，但是由于多了"上行辅助 M30.0"，反向的呼叫信号不会被消除，在电梯执行完原方向的所有呼叫之后，电梯反向运行，再响应该呼叫。例如，电梯位于 1 层待命，按下内部五层呼叫按钮，电梯定向上行，上行辅助继电器得电闭合，此时，三层外有乘客按下外部下呼叫按钮，当电梯经过三层时，电梯不响应三层外部下呼叫，由于"上行辅助 M30.0"的存在，使得三层外部下呼叫信号不被消除，电梯到达五层，停层过程结束之后，反向运行，再响应三层外部下呼叫信号。

（4）电梯位置信息子程序。楼层显示器所显示的楼层信息是以电梯是否触碰到行程开关来决定的，楼层显示器的主要功能就是显示轿厢所处的楼层位置，显示器同样具有保持特性，要改变某一显示器的值，需要电梯轿厢触碰到其上层或下层的行程开关。当电梯碰触到某层行程开关，该层的位置辅助继电器得电，从而显示器显示该楼层位置信息。三层位置显示子程序如图 8-54 所示。

（5）上行判断子程序。上行判断子程序如图 8-55 所示。当呼叫信号产生时，首先进行定向处理，确定电梯的运行方向，向上运行还是向下运行。将呼叫信号所处的楼层位置与电

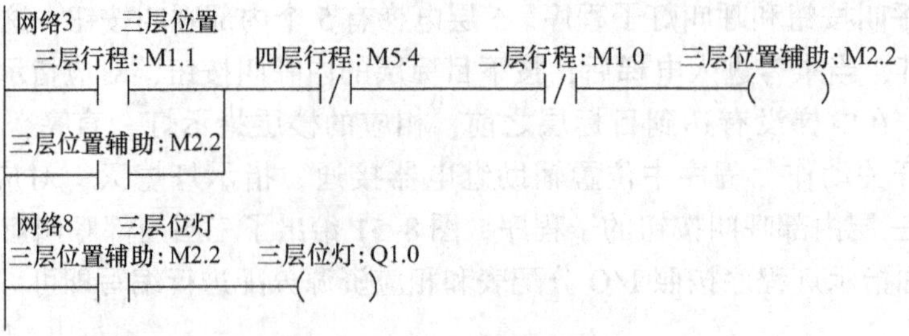

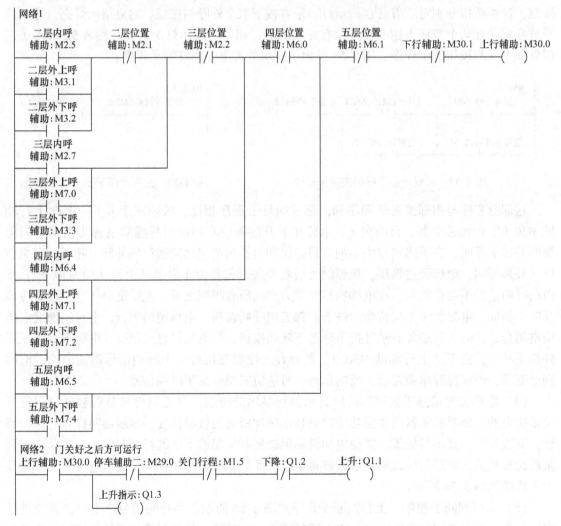

图 8-54　三层位置显示子程序

梯当前位置进行比较，通过每层楼的位置辅助继电器对呼叫信号进行屏蔽来实现，例如，当电梯向上运行且正好位于三层时，图 8-55 程序中三层位置辅助常闭继电器 M2.2 得电断开，此时一层和二层的呼叫信号不能影响电梯上行，如果四层和五层有呼叫信号，上行辅助继电器 M30.0 仍然得电，电梯定向仍为上行。由于一层是底层，电梯位于一层时，运行方向只能是向上运行，故图 8-55 中上行判断子程序中无一层呼叫辅助信号出现。

图 8-55　上行判断子程序

当电梯定向完成之后电梯开始上行，上行指示灯亮起，如图 8-55 网络 2 中程序所示。只有当电梯门关好之后，电梯才可以上升运行。当电梯需要停层时，"停车辅助二 M29.0"常闭触点得电断开，电梯不上升。

（6）下行判断子程序。下行判断子程序如图 8-56 所示，分析方法同上行判断子程序。由于五层是顶层，电梯位于五层时，运行方向只能是向下运行，所以图 8-56 中下行判断子程序中无五层呼叫辅助信号出现。

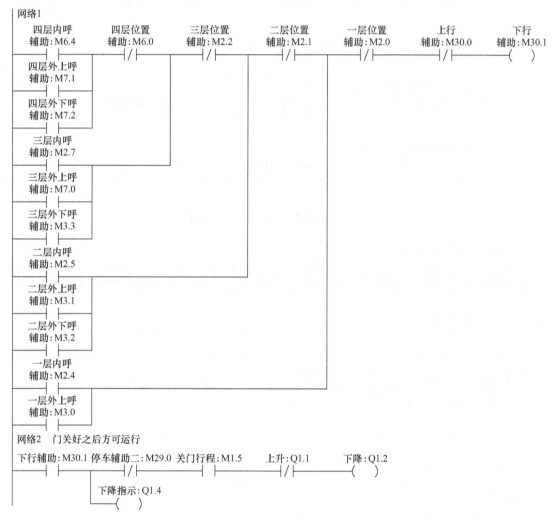

图 8-56 下行判断子程序

（7）电梯停层子程序。先将需要停层的楼层进行登记，当电梯到达该层，触发行程开关后，电梯停层。由于一层是底层，五层是顶层，电梯到达这两层必须停层，一层和五层的停层信息登记与消除子程序如图 8-57 和图 8-58 所示。图中 T40 为停层延时继电器。

二层、三层和四层的停层信息登记和消除方式相同，均包括对内呼和外呼停层信息的登记和消除，这里以三层为例进行说明。图 8-59 为三层停层信息登记与消除子程序。以程序中的网络 8 为例进行解析，当电梯位于三层以上且处于下降状态时，下行辅助继电器常开触点 M30.1 得电闭合，此时如果三层外部有下呼叫信号产生时，三层外下呼停层登记辅助继

223

电器 M25.2 被置位，停层信号被登记。

网络1　登记一层停层信息

下行辅助：M30.1　　一层位置辅助：M2.0　　一层停层登记辅助：M30.2
　├┤├──────────┤├────────────(S)
　　　　　　　　　　　　　　　　　　　　　　　　　　　　　　1

网络2　消除一层停层信息

T40　　　　　　一层位置辅助：M2.0　　　一层停层登记辅助：M30.2
├┤├──────────┤├────────────(R)
　　　　　　　　　　　　　　　　　　　　　　　　　　　　　　1

图 8-57　一层停层信息登记与消除子程序

网络15　登记五层停层信息

上行辅助：M30.0　　五层位置辅助：M6.1　　五层停层登记辅助：M31.1
　├┤├──────────┤├────────────(S)
　　　　　　　　　　　　　　　　　　　　　　　　　　　　　　1

网络16　消除五层停层信息

T40　　　　　　五层位置辅助：M6.1　　　五层停层登记辅助：M31.1
├┤├──────────┤├────────────(R)
　　　　　　　　　　　　　　　　　　　　　　　　　　　　　　1

图 8-58　五层停层信息登记与消除子程序

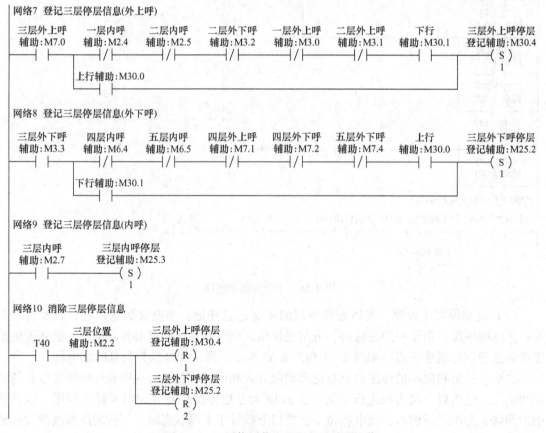

网络7　登记三层停层信息(外上呼)

三层外上呼　一层内呼　二层内呼　二层外下呼　一层外上呼　二层外上呼　下行　　三层外上呼停层
辅助：M7.0　辅助：M2.4　辅助：M2.5　辅助：M3.2　辅助：M3.0　辅助：M3.1　辅助：M30.1　登记辅助：M30.4
├┤├──┬──┤/├──┤/├──┤/├──┤/├──┤/├──┤/├──(S)
　　　│　　　　　　　　　　　　　　　　　　　　　　　　　1
　　　上行辅助：M30.0
　　　├┤├

网络8　登记三层停层信息(外下呼)

三层外下呼　四层内呼　五层内呼　四层外上呼　四层外下呼　五层外下呼　上行　　三层外下呼停层
辅助：M3.3　辅助：M6.4　辅助：M6.5　辅助：M7.1　辅助：M7.2　辅助：M7.4　辅助：M30.0　登记辅助：M25.2
├┤├──┬──┤/├──┤/├──┤/├──┤/├──┤/├──┤/├──(S)
　　　│　　　　　　　　　　　　　　　　　　　　　　　　　1
　　　下行辅助：M30.1
　　　├┤├

网络9　登记三层停层信息(内呼)

三层内呼　　　三层内呼停层
辅助：M2.7　　登记辅助：M25.3
├┤├──────(S)
　　　　　　　　　1

网络10　消除三层停层信息

　　　　三层位置　三层外上呼停层
T40　　辅助：M2.2　登记辅助：M30.4
├┤├──┤├──┬──(R)
　　　　　　　　│　　1
　　　　　　　　三层外下呼停层
　　　　　　　　登记辅助：M25.2
　　　　　　　　├──(R)
　　　　　　　　　　2

图 8-59　三层停层信息登记与消除子程序

　　对于网络 8 而言，如果电梯位于一层且处于闲置状态，此时三层外部有下呼叫信号产生，除此之外再无任何呼叫信号，电梯定向之后确定为上升状态，上行辅助继电器 M30.3 得电闭合，三层外下呼停层登记辅助继电器 M25.2 被置位，停层信号被登记。

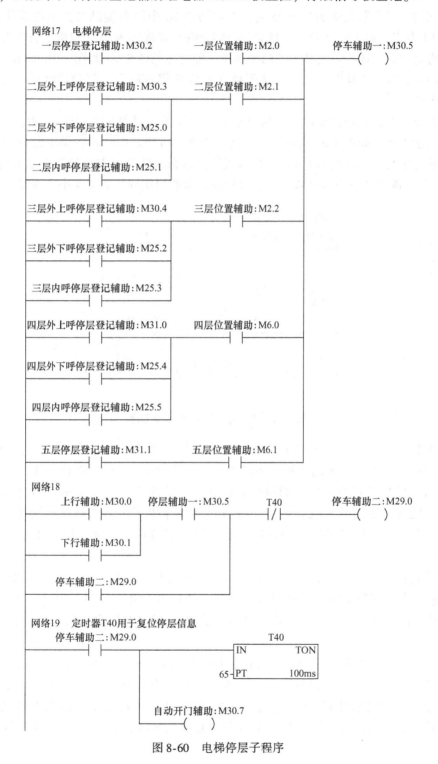

图 8-60　电梯停层子程序

一层至五层的停层信号消除方式相同，都是利用电梯停到某层之后，启动定时器 T40，延时一段时间后，复位掉该层的停层信息。

如图 8-60 的网络 17 所示，停层信息登记之后，当电梯运动到该层，触发该层行程开关，停车辅助一继电器线圈 M30.5 得电，之后网络 18 中停车辅助二继电器线圈 M29.0 得电，网络 19 中定时器 T40 被启动，自动开门辅助继电器线圈 M30.7 得电。自动开门辅助继电器线圈得电之后，执行自动开、关门子程序。如上述的图 8-55 和图 8-56 所示，在上、下行判断程序中，若停车辅助二继电器常闭触点 M29.0 得电断开，将导致电梯不能上升和下降，最终电梯停层。

电梯在停层时，先响铃提示，之后自动开门，利用定时器 T37 定时 1s 播放声音，停层播放铃声提示子程序如图 8-61 所示。声音播放原理：当 PLC 中"声音继电器 Q6.0"得电之后，组态软件中与之连接的 Bellable 变量被置位，组态软件的脚本编辑器程序中判断当 Bellable = =1 时，调用播放声音函数。关于电梯声音播放说明详见 8.4.4 小节内容。

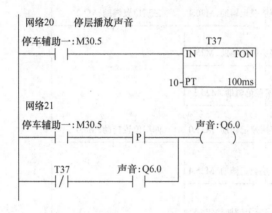

图 8-61　停层播放铃声提示子程序

（8）电梯手动开、关门子程序。图 8-62 为电梯手动开、关门子程序。当电梯停稳后，可以在电梯内部按下开、关门按钮，手动控制电梯开关门。图 8-62 网络 1 中，每一层的外部呼叫信号都与该层的位置辅助继电器串联，目的在于：当外部乘客与电梯处于同一楼层时，该层的位置辅助继电器闭合，且当外部乘客按下该层外部呼叫按钮时，电梯开门。电梯开门之后，如果不按关门按钮，电梯门开到位后，启动定时器 T38，延时 4s 后自动关门。

（9）电梯自动开、关门子程序。图 8-63 为电梯自动开、关门子程序。电梯到达某一楼层停层之后，自动开门辅助继电器 M30.7 接通，执行自动开、关门子程序，自动驱动电梯门打开，电梯门到位后，启动定时器 T39，延时 4s 后，电梯自动关门。在这个过程中，支持手动开、关门。

由于篇幅所限，有关 5 层电梯组态仿真系统界面的制作、脚本程序的编写、仿真系统的运行过程等在这里就不详细叙述了。读者可以把本书配套电子资源中的应用程序"五层电梯"安装在自己的计算机中运行，通过实际操作了解仿真电梯的基本功能，仔细分析该电梯仿真系统的设计过程，从中学习利用监控组态软件进行 PLC 系统设计的方法和技巧。

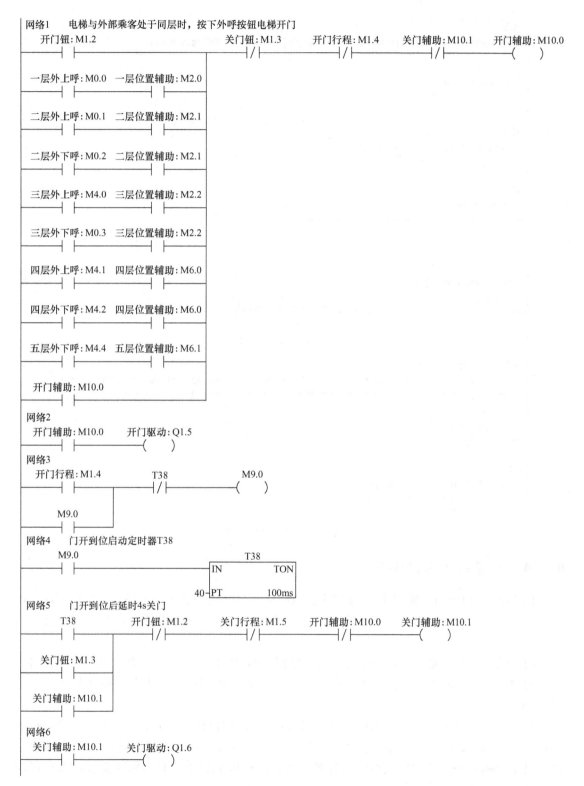

图8-62　手动开、关门子程序

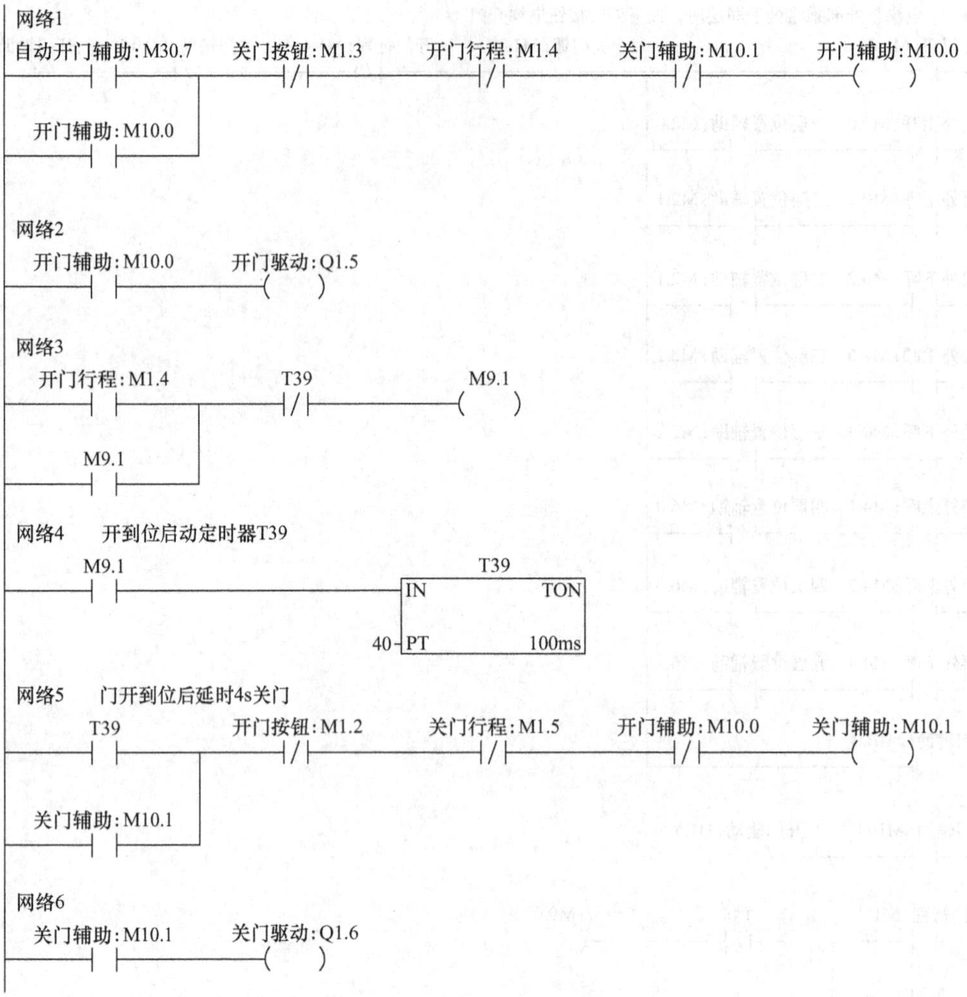

网络1

自动开门辅助: M30.7 关门按钮: M1.3 开门行程: M1.4 关门辅助: M10.1 开门辅助: M10.0
```
┤├──────────┤/├──────────┤/├──────────┤/├──────────( )
```
开门辅助: M10.0
```
┤├
```

网络2

开门辅助: M10.0 开门驱动: Q1.5
```
┤├──────────( )
```

网络3

开门行程: M1.4 T39 M9.1
```
┤├──────────┤/├──────────( )
```
M9.1
```
┤├
```

网络4 开到位启动定时器T39

M9.1
```
┤├──────────────┌─────────────────┐
                │ IN          TON  │  T39
             40─┤PT         100ms  │
                └─────────────────┘
```

网络5 门开到位后延时4s关门

T39 开门按钮: M1.2 关门行程: M1.5 开门辅助: M10.0 关门辅助: M10.1
```
┤├──────────┤/├──────────┤/├──────────┤/├──────────( )
```
关门辅助: M10.1
```
┤├
```

网络6

关门辅助: M10.1 关门驱动: Q1.6
```
┤├──────────( )
```

图 8-63 自动开、关门子程序

8.4.4 电梯声音播放说明

PLC 控制的五层电梯组态仿真系统中，电梯到达目标层时会有声音提示，这个声音文件需要编写在应用项目 "五层电梯" 力控组态脚本文件中，否则不能播放声音。声音文件为 elevator. wav，该声音文件可以直接运行。

组态软件中声音文件播放路径查看菜单如图 8-64 所示。首先运行力控组态软件，再进入开发模式，在主菜单中单击 "功能"，在其下拉菜单中单击 "动作"，再单击 "应用程序" 即可查看。

单击 "应用程序" 后，弹出的 "脚本编辑器" 窗口如图 8-65 所示，单击 "程序运行周期执行"，PlaySound ( ) 函数中包含的 "C：\ Users \ yml \ Desktop \ elevator" 就是播放路径，其中 "elevator" 表示的是声音文件名，播放路径可以更改，只需将声音文件放在对应的播放路径下就可以播放声音。

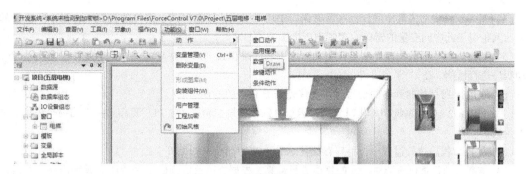

图 8-64　声音文件播放路径查看菜单

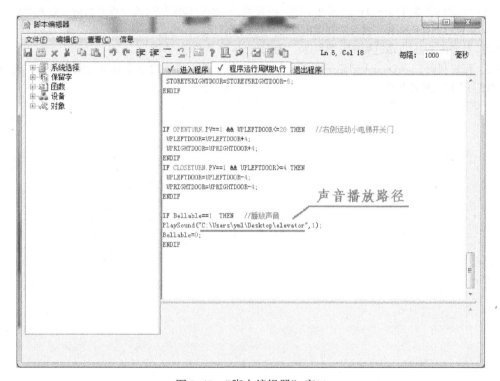

图 8-65　"脚本编辑器"窗口

习　　题

8-1　什么是组态软件？组态软件最突出的特点是什么？

8-2　力控监控组态软件 ForceControl 的集成环境提供了哪些核心内容？

8-3　判断题：

（1）进入 ForceControl 的开发系统（Draw）界面后，不能进行组态编辑工作。（　　）

（2）利用监控组态软件可以仿真 PLC 的控制对象，仿真的被控对象不仅可以接受由 PLC 发出的多种控制信号，也可以向 PLC 发出各种命令信号。（　　）

（3）PLC 控制的组态虚拟仿真系统由上位机和下位机两部分组成。上、下位机通过并行口进行通信交换数据。（　　）

（4）组态软件中的内部中间变量在所有窗口中均可引用，即在对某一窗口的控制中，对中间变量的修改将对其他引用此中间变量的窗口的控制均产生影响。（　　）

（5）组态软件中的数据库是从 I/O 驱动程序中获取过程数据的，并且同一时刻数据库只能与一个 I/O 驱动程序进行通信。（　　）

（6）在进行 PLC 控制程序的编写时需要首先分配 PLC 的 I/O 点。（　　）

（7）在图 8-24 中，系统初始化时，通过运行特殊存储器 SM0.1，在 PLC 程序第一次扫描时将数值传递给上位机。（　　）

（8）在 PLC 程序执行过程中，特殊存储器 SM0.0 有时闭合有时断开。（　　）

（9）仿真自动售货机应能对投入的货币进行运算，根据货币数值判断是否能购买某种商品，并做出相应的反应。（　　）

（10）本章的仿真电梯在每一层都有 1 个行程开关，当电梯碰到某层的行程开关时，仿真界面上的行程开关的颜色没有任何变化，故无法知道电梯已经到达了该层。（　　）

8-4　参考图 8-25 投币过程梯形图程序，简述微分指令"P"的作用。

8-5　简述利用 ForceControl 创建一个工程的大致步骤，并上机创建一个简单的组态工程，编写一段 PLC 程序与上位机联机调试。

第9章

PLC控制组态虚拟仿真实验

本章知识要点：
(1) 运货小车PLC控制组态虚拟仿真实验
(2) 十字路口交通指挥灯PLC控制组态虚拟仿真实验
(3) 红酒装箱自动生产线PLC控制组态虚拟仿真实验
(4) 霓虹灯PLC控制组态虚拟仿真实验
(5) 溶液混合PLC控制组态虚拟仿真实验

　　由于PLC的应用技术实践性非常强，实验环节至关重要，只有通过实验进行实际操作，才能真正学会PLC技术。而实际的被控对象一般都具有体积大、质量大、价格昂贵、维护困难等特点，很难在实验室配备，即使实验室配置了某些相对简单的设备，也因其易损坏、种类少而不能满足实验课的需要。将组态软件用于PLC的实验教学中，能够用虚拟仿真的样机代替实物，并达到与实物相当的教学效果，从而在一定程度上解决了PLC实验课开设难或无法开设的问题。

　　利用监控组态软件可以虚拟仿真多种PLC控制对象，仿真的被控对象不仅可以接受由PLC发出的多种控制信号，也可以向PLC发出各种命令信号，还可与PLC进行各种状态数据的传输，从而反映出PLC与被控对象（由组态软件仿真的被控对象）及控制结果之间的关系。组态软件可接受PLC发出的控制信号，并按照程序的算法以动画、数值、文字、标尺等形式在显示器上反映出PLC的控制过程及结果，给人以"身临其境"的感觉。从教学意义上来说，如果可以用计算机全真模拟被控对象，不但可以克服采用真实被控对象的缺点，而且能以有限的设备、低廉的造价、多样化的程序，来丰富学生的实验课内容，大大增强PLC实验课的教学效果。虚拟仿真系统的开发周期短，开发后免维护，所以可以开发多个虚拟仿真系统，增加实验的多样性和直观性，以达到全方位教学的目的。

　　把PLC控制与组态软件的应用结合起来，利用组态软件全真模拟PLC的控制对象，这样，读者不需要实物而通过微机的显示器就可检验所编程序的正确与否和执行结果。这给学习者提供了很大方便，也为PLC的实验教学提供了一条新的途径，这样不但能增强PLC实验的教学效果，还能提高学生的编程技巧和动手能力，丰富学生的工程实践经验。

　　本书给出的PLC控制组态虚拟仿真实验系统，均已利用S7-200型PLC在计算机上调试通过并在学生的PLC实验课中进行了多次使用，希望能给读者学习本课程带来方便。

实验一　运货小车 PLC 控制组态虚拟仿真实验

1. 实验目的

（1）初步学会使用组态软件，掌握 PLC 控制系统的组态仿真设计基本原理。

（2）学习 STEP7 - Micro/WIN 软件的使用，掌握用梯形图编写 PLC 程序及程序的调试方法。

（3）熟悉控制运货小车的 PLC 编程及调试方法。

2. 实验器材

（1）微机一台（内有力控组态软件 ForceControl V7.0 和 S7 - 200 PLC 编程软件 STEP 7 - Micro/WIN V4.0 SP9 软件）。

（2）S7 - 200 型 PLC 一台。

（3）一根 PC/PPI 电缆（微机与 PLC 的通信线）和 PLC 的电源线。

（4）给 S7 - 200 型 PLC 供电的 24V 直流电源（可选）。

3. 实验原理

本实验是利用 PLC 来控制一台运货的小车。运货小车的组态仿真界面如图 9-1 所示。一台小车在两个工作台之间运送货物，小车的活动范围仅限于两个工作台之间。图中的小车将货物不断地从左端运送到右端。

图 9-1　运货小车的组态仿真界面

实验的控制要求如下：

（1）界面上有"开始"和"停止"两个按钮。两个按钮均为非自锁按钮，即按钮按下时为 1，松开后为 0。要求按下"开始"按钮后，小车开始工作，按下"停止"按钮后，小车立即停止工作。

（2）在开始工作之前，小车可能位于两工作台之间的任何位置，所以要求按下开始按钮后，小车先左行至最左端，直到碰到行程开关为止，然后再开始往复的运动。

（3）当小车行进到最左端碰到行程开关时，左端的行程开关会发出一个"ON"信号，在仿真界面上显示为行程开关由绿色变为红色，表示小车已经到达最左端，此时小车停车 3s，等待装货。3s 后，小车右行，直到碰到右端的行程开关。同样小车碰到右侧的行程开关时，右侧的行程开关也会发出"ON"信号，行程开关变为红色，小车停车3s，等待卸货。之后小车重新左行，不断地重复上面的过程，直到按下"停止"按钮为止。

（4）当小车停止时，任何时候按下"手动后退"按钮，则小车左行，直到碰到左端的行程开关；当小车停止时，任何时候按下"手动前进"按钮，则小车右行，直到碰到右端的行程开关。

（5）当小车接到左行信号时，界面上指向左端的箭头会由绿色变成红色；当小车接到右行信号时，界面上指向右端的箭头会由绿色变成红色；当小车接到停车信号时，界面上的叹号"!"会由绿色变成红色，表示小车既不前进也不后退。

4. I/O 分配表（见表 9-1）

表 9-1　I/O 分配表

输　　入		输　　出	
手动前进	M0.1	小车前进	Q0.0
手动后退	M0.2	小车后退	Q0.1
左行程开关	M0.3		
右行程开关	M0.4		
开始按钮	M0.6		
停止按钮	M0.0		

5. 预习要求

根据给定的控制要求和 I/O 分配表，用梯形图编写 PLC 程序并写出注释说明。

6. 实验步骤与内容

（1）连接计算机与 PLC 装置，启动计算机，接通 PLC 装置的电源。

（2）把参考程序"运货小车"梯形图下载到 PLC 中运行，之后启动力控的"工程管理器"进入运货小车组态仿真系统观察一下程序运行的情况。这样有利于理解 PLC 的控制要求。然后退出所有的力控组态程序。

（3）双击桌面上的 PLC 编程软件 V4.0 STEP7 图标，进入 V4.0 STEP7 的编程界面，录入自己事先编好的 PLC 程序并编辑、编译。

（4）把编译好的程序下载到 PLC 中。编译时若 PLC 程序无逻辑性错误，则可以下载程序到 PLC 装置并进入 RUN 模式；若程序有错误，则在编程界面底部的输出窗口中显示所有的错误信息。双击某一条错误，程序编辑器中的矩形光标将移到该错误所在的网络。改正程序中所有的错误，直至编译成功。

（5）当 PLC 进入 RUN 模式时，最小化 V4.0 STEP7。

（6）启动"运货小车"的组态运行系统，观察运行结果。若运行结果有误，则退出所有的力控组态程序，重新启动 V4.0 STEP7 修改 PLC 程序。把修改后的程序再下载到 PLC 中，重复以上过程直至 PLC 程序运行正确。

说明：

（1）因组态软件不能控制 PLC 的 I0.0、I0.1 等外部输入触点，故用其内部标志位存储器（中间继电器）M0.0、M0.1 等替代。

（2）所编制的 PLC 程序正确与否可用该实验组态仿真系统的监控界面来观察。

（3）本仿真实验系统为开放式，读者可以另行设计其他的控制方式，并编写相应的 PLC 程序来控制运货小车，以检验自己所编制的 PLC 控制程序和算法。

7. 参考程序

该实验的 PLC 参考程序如图 9-2 所示。

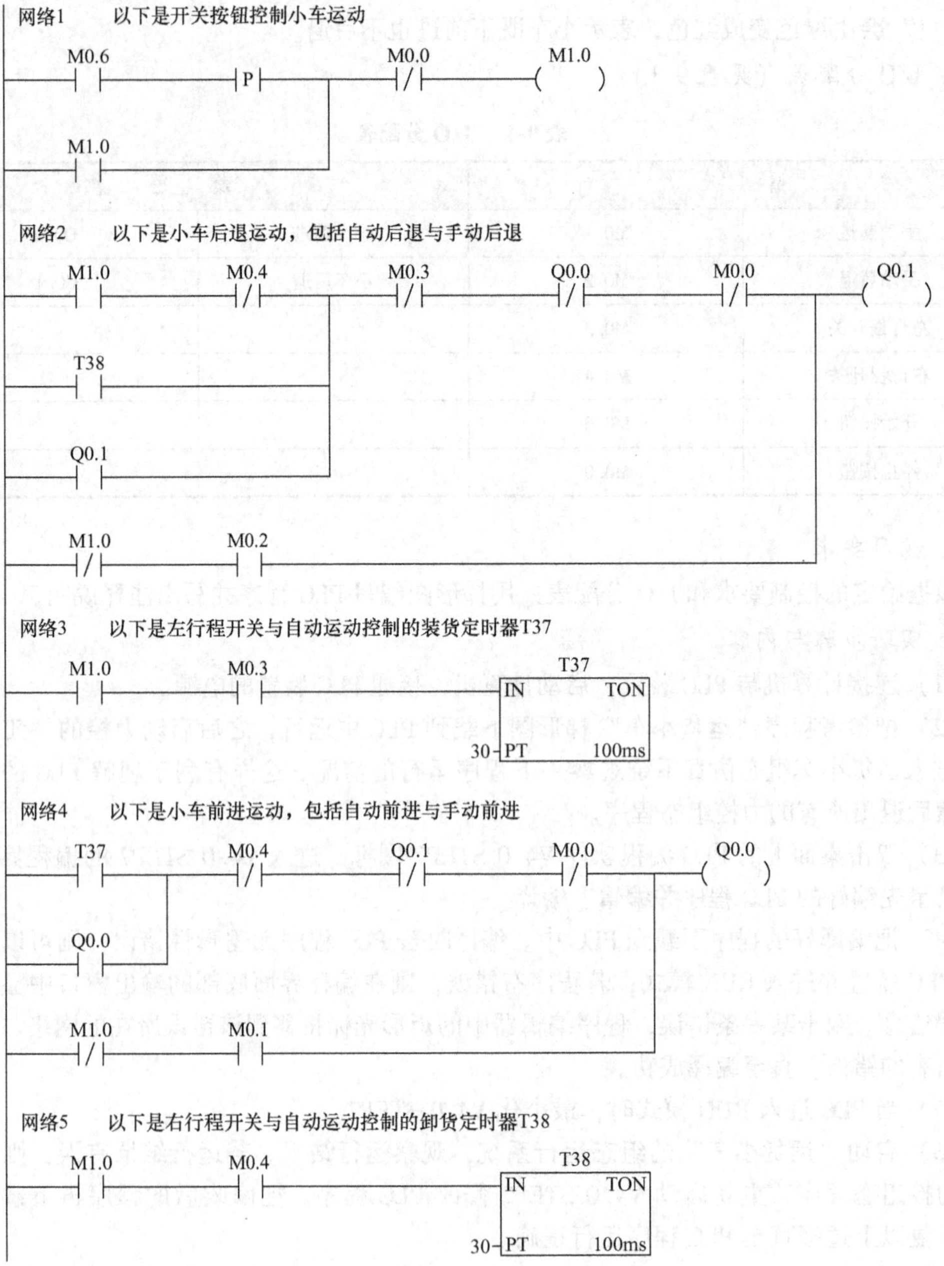

图 9-2 "运货小车"参考程序

实验二　十字路口交通指挥灯 PLC 控制组态虚拟仿真实验

1. 实验目的

（1）初步学会使用组态软件，掌握 PLC 控制系统的组态仿真设计基本原理。

（2）学习 STEP7 - Micro/WIN 软件的使用，掌握用梯形图编写 PLC 程序及程序的调试方法。

（3）熟悉十字路口交通指挥灯 PLC 控制的编程及调试方法。

2. 实验器材

（1）微机一台（内有力控组态软件 ForceControl V7.0 和 S7 - 200 PLC 编程软件 STEP 7 - Micro/WIN V4.0 SP9 软件）。

（2）西门子 S7 - 200 型 PLC 一台。

（3）一根 PC/PPI 电缆（微机与 PLC 的通信线）和 PLC 的电源线。

（4）给 S7 - 200 型 PLC 供电的 24V 直流电源（可选）。

3. 实验原理

图 9-3 是十字路口交通指挥灯组态仿真界面。本实验利用 PLC 控制十字路口的交通指挥灯。十字路口的交通指挥灯分为横向控制灯和纵向控制灯，每个方向有红、绿、黄 3 种颜色的控制灯，分别称为横向红灯、横向绿灯、横向黄灯和纵向红灯、纵向绿灯、纵向黄灯。

图 9-3　十字路口交通指挥灯组态仿真界面

实验的控制要求如下：

（1）在进行交通灯控制时，横向灯与纵向灯的控制过程是完全相同的，故只需控制一面即可。

（2）横向红灯和纵向绿灯同时亮灭，横向绿灯和纵向红灯同时亮灭。横向黄灯和纵向黄灯同时亮灭。

（3）横向的方向上，红灯亮 20s，然后黄灯亮 3s，接着绿灯亮 20s。在进行上述控制的同时也就相当于在纵向上进行了相反的控制过程。

（4）界面上有"开始"和"停止"两个非自锁按钮，按下时为 1，松开后为 0。当按下

"开始"按钮时，系统开始按照控制要求进行控制；按下"停止"按钮时，系统的控制程序停止控制。

4. I/O 分配表（见表9-2）

表9-2 I/O 分配表

输	入	输	出
开始按钮	M0.0	横向绿灯（纵向红灯）	Q0.0
停止按钮	M0.4	横向黄灯（纵向黄灯）	Q0.1
		横向红灯（纵向绿灯）	Q0.2

5. 预习要求

根据给定的控制要求和 I/O 分配表，用梯形图编写 PLC 程序并写出注释说明。

6. 实验步骤与内容

（1）连接计算机与 PLC 装置，启动计算机，接通 PLC 装置的电源。

（2）把参考程序下载到 PLC 中运行，之后启动力控的"工程管理器"进入十字路口交通指挥灯组态仿真系统，观察一下程序运行的情况。这样有利于理解 PLC 的控制要求和控制效果。然后退出所有的力控组态程序。

（3）双击桌面上的西门子 PLC 编程软件 V4.0 STEP7 图标，进入 V4.0 STEP7 的编程界面，录入自己事先编好的 PLC 程序并编辑、编译。

（4）把编译后的程序下载到 PLC 中。编译时若 PLC 程序无逻辑性错误，则可以下载程序到 PLC 装置并进入 RUN 模式；若程序有错误，则在编程界面底部的输出窗口中显示所有的错误信息。双击某一条错误，程序编辑器中的矩形光标将移到该错误所在的网络。改正程序中所有的错误，直至编译成功。

（5）当 PLC 进入 RUN 模式时，最小化 V4.0 STEP7。

（6）启动"交通灯"的组态运行系统，观察运行结果。若运行结果有误，则退出所有的力控组态程序，重新启动 V4.0 STEP7 修改 PLC 程序。把修改后的程序再下载到 PLC 中，重复以上过程直至 PLC 程序运行正确。

说明：

（1）因组态软件不能控制 PLC 的 I0.0、I0.1 等外部输入触点，故用其内部标志位存储器（中间继电器）M0.0、M0.1 等替代。

（2）所编制的 PLC 程序正确与否可用该实验组态仿真系统的监控界面来观察。

7. 参考程序

该实验的 PLC 参考程序如图9-4 和图9-5 所示。

将图9-5 所示程序下载到 PLC 中进行控制，会发生下述现象：

横向绿灯与纵向红灯亮20s 后熄灭，接着黄灯亮3s 后熄灭，再接着横向红绿灯和纵向红绿灯同时亮20s 后熄灭，紧接着黄灯再亮3s，之后所有的灯熄灭，程序停止运行。

产生上述现象的原因：将网络7 和网络8 的下降沿指令改成上升沿指令，使得 Q0.2 断开时，Q0.0 接通的瞬间使 M1.0 接通；Q0.0 断开时，Q0.2 接通的瞬间使 M1.1 接通。当 Q0.2 接通的瞬间 M1.1 接通，使得 Q0.0 也接通，所以会出现横向红绿灯和纵向红绿灯同时

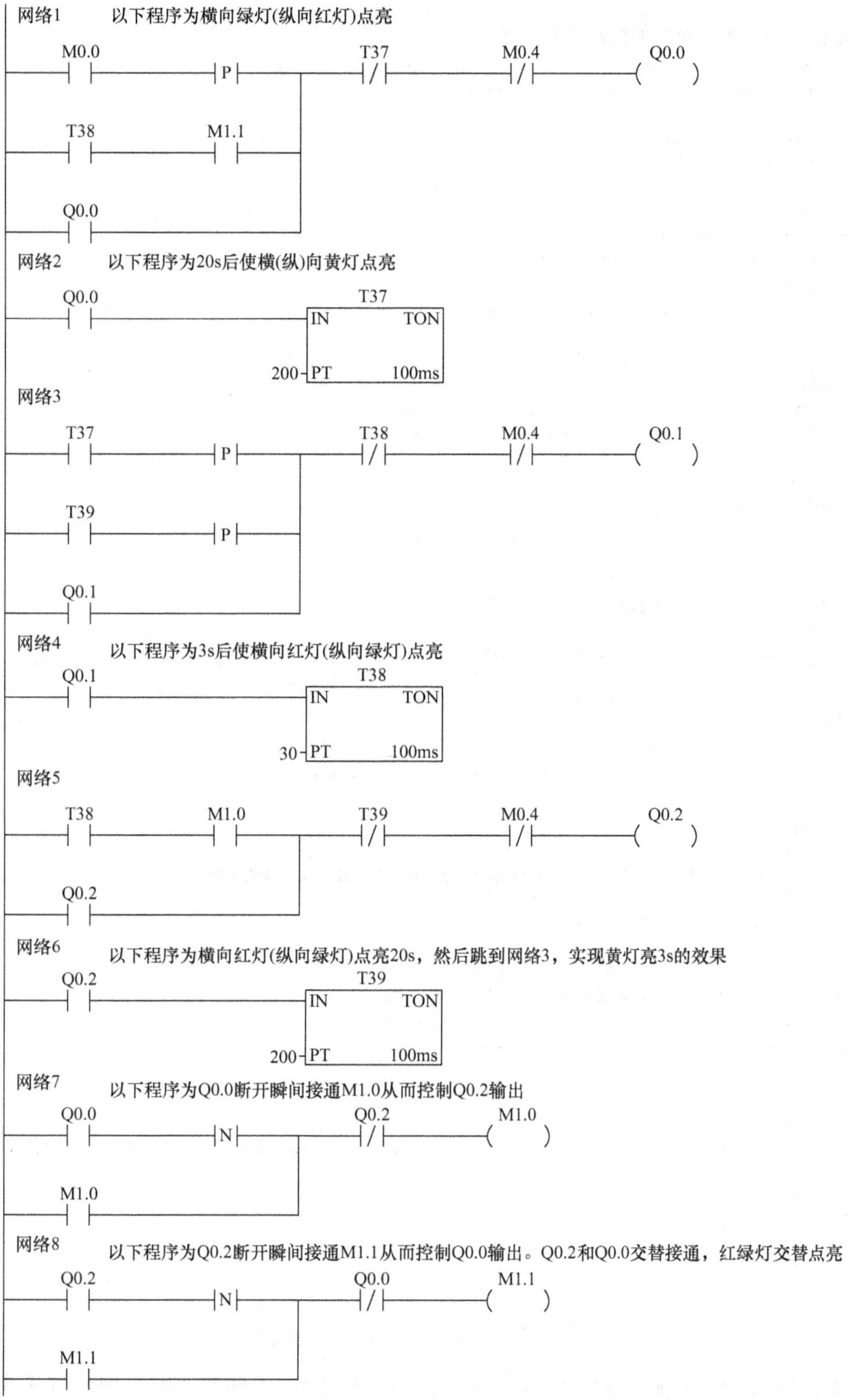

网络1　　　以下程序为横向绿灯(纵向红灯)点亮

```
  M0.0                  T37        M0.4        Q0.0
───┤ ├────┤ P ├──┬─────┤/├────────┤/├────────(   )
                 │
  T38      M1.1   │
───┤ ├─────┤ ├───┤
                 │
  Q0.0           │
───┤ ├───────────┘
```

网络2　　　以下程序为20s后使横(纵)向黄灯点亮

```
  Q0.0                    T37
───┤ ├─────────────┌─────────────┐
                   │ IN      TON  │
                   │              │
              200 ─┤ PT    100ms  │
                   └─────────────┘
```

网络3

```
  T37                  T38        M0.4        Q0.1
───┤ ├────┤ P ├──┬─────┤/├────────┤/├────────(   )
                 │
  T39            │
───┤ ├────┤ P ├──┤
                 │
  Q0.1           │
───┤ ├───────────┘
```

网络4　　　以下程序为3s后使横向红灯(纵向绿灯)点亮

```
  Q0.1                    T38
───┤ ├─────────────┌─────────────┐
                   │ IN      TON  │
                   │              │
               30 ─┤ PT    100ms  │
                   └─────────────┘
```

网络5

```
  T38      M1.0           T39        M0.4        Q0.2
───┤ ├─────┤ ├───┬─────┤/├────────┤/├────────(   )
                 │
  Q0.2           │
───┤ ├───────────┘
```

网络6　　　以下程序为横向红灯(纵向绿灯)点亮20s,然后跳到网络3,实现黄灯亮3s的效果

```
  Q0.2                    T39
───┤ ├─────────────┌─────────────┐
                   │ IN      TON  │
                   │              │
              200 ─┤ PT    100ms  │
                   └─────────────┘
```

网络7　　　以下程序为Q0.0断开瞬间接通M1.0从而控制Q0.2输出

```
  Q0.0                  Q0.2        M1.0
───┤ ├────┤ N ├──┬─────┤/├─────────(   )
                 │
  M1.0           │
───┤ ├───────────┘
```

网络8　　　以下程序为Q0.2断开瞬间接通M1.1从而控制Q0.0输出。Q0.2和Q0.0交替接通,红绿灯交替点亮

```
  Q0.2                  Q0.0        M1.1
───┤ ├────┤ N ├──┬─────┤/├─────────(   )
                 │
  M1.1           │
───┤ ├───────────┘
```

图9-4　"交通灯正常工作"参考程序

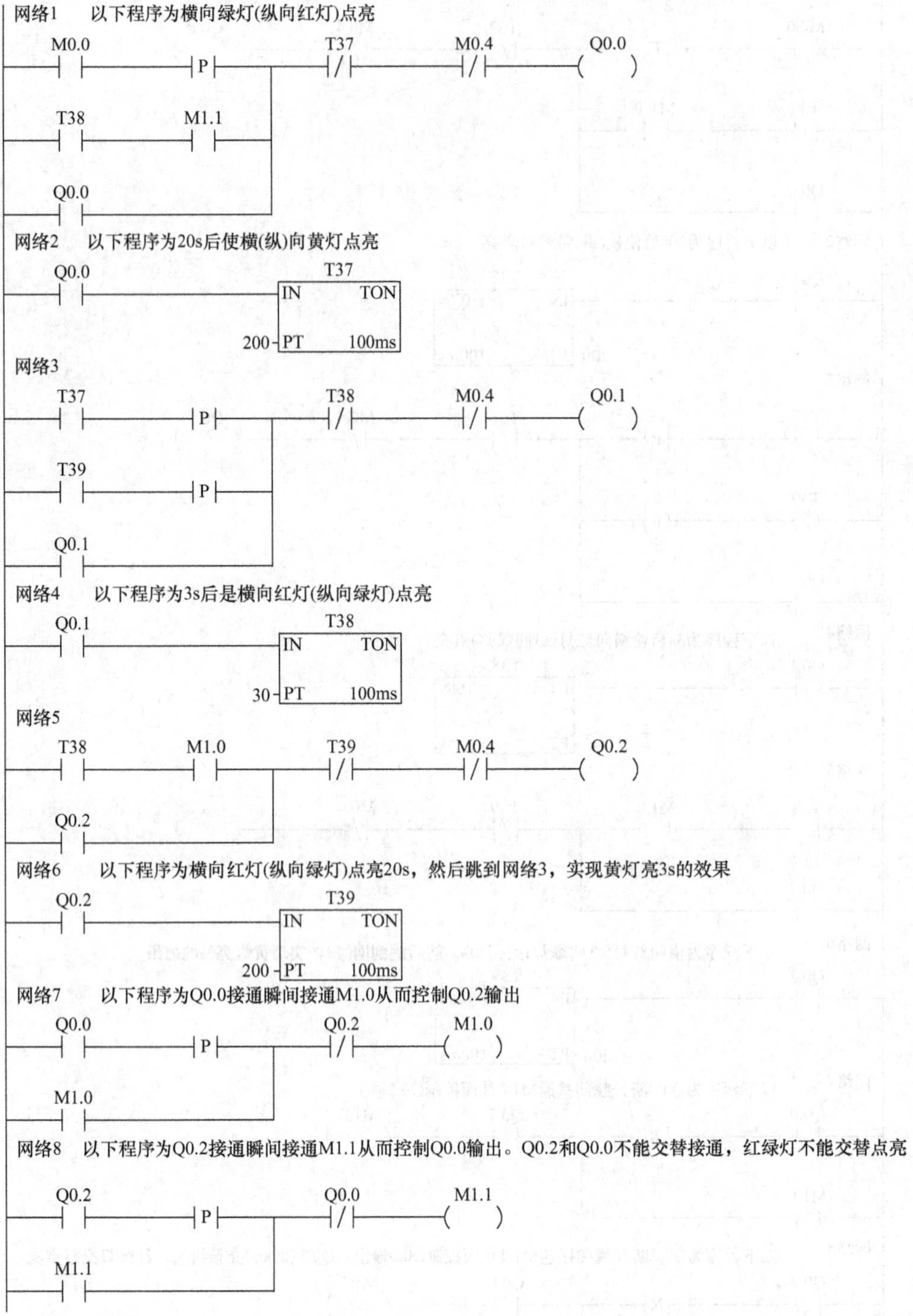

网络1　　以下程序为横向绿灯(纵向红灯)点亮

```
 M0.0                    T37        M0.4        Q0.0
──┤ ├──┤P├──────────────┤/├────────┤/├────────( )
 T38        M1.1
──┤ ├───────┤ ├──
 Q0.0
──┤ ├──
```

网络2　　以下程序为20s后使横(纵)向黄灯点亮

```
 Q0.0                       T37
──┤ ├──────────────────┤IN      TON├
                    200─┤PT    100ms├
```

网络3

```
 T37                     T38        M0.4        Q0.1
──┤ ├──┤P├──────────────┤/├────────┤/├────────( )
 T39
──┤ ├──┤P├──
 Q0.1
──┤ ├──
```

网络4　　以下程序为3s后是横向红灯(纵向绿灯)点亮

```
 Q0.1                       T38
──┤ ├──────────────────┤IN      TON├
                     30─┤PT    100ms├
```

网络5

```
 T38        M1.0        T39        M0.4        Q0.2
──┤ ├───────┤ ├────────┤/├────────┤/├────────( )
 Q0.2
──┤ ├──
```

网络6　　以下程序为横向红灯(纵向绿灯)点亮20s，然后跳到网络3，实现黄灯亮3s的效果

```
 Q0.2                       T39
──┤ ├──────────────────┤IN      TON├
                    200─┤PT    100ms├
```

网络7　　以下程序为Q0.0接通瞬间接通M1.0从而控制Q0.2输出

```
 Q0.0                   Q0.2        M1.0
──┤ ├──┤P├──────────────┤/├────────( )
 M1.0
──┤ ├──
```

网络8　　以下程序为Q0.2接通瞬间接通M1.1从而控制Q0.0输出。Q0.2和Q0.0不能交替接通，红绿灯不能交替点亮

```
 Q0.2                   Q0.0        M1.1
──┤ ├──┤P├──────────────┤/├────────( )
 M1.1
──┤ ├──
```

图 9-5　"交通灯错误工作"参考程序

亮的现象，但 Q0.0 与 Q0.2 同时接通，会使得 M1.0 与 M1.1 同时关断，即黄灯再亮 3s 后，程序无法继续进行，所有灯全部熄灭。

实验三　红酒装箱自动生产线PLC控制组态虚拟仿真实验

1. 实验目的

（1）初步学会使用组态软件，掌握PLC控制系统的组态仿真设计基本原理。

（2）学习STEP7 - Micro/WIN软件的使用，掌握用梯形图编写PLC程序及程序的调试方法。

（3）熟悉红酒装箱自动生产线控制PLC编程及调试方法。

2. 实验器材

（1）微机一台（内有力控组态软件ForceControl V7.0和S7 - 200 PLC编程软件STEP 7 - Micro/WIN V4.0 SP9软件）。

（2）西门子S7 - 200型PLC一台。

（3）一根PC/PPI电缆（微机与PLC的通信线）和PLC的电源线。

（4）给S7 - 200型PLC供电的24V直流电源（可选）。

3. 实验原理

图9-6是红酒装箱自动生产线运行中的组态仿真界面。本实验是利用PLC来控制红酒装箱的自动生产线。

图9-6　红酒装箱自动生产线组态仿真界面

实验的控制要求如下：

（1）装好的红酒一瓶接一瓶不断地进入装箱生产线。在装箱生产线上有一个光电传感器，每当一瓶红酒经过时，会产生一个脉冲信号，可以用这个脉冲信号计数已经经过的红酒瓶的个数，并将计数的结果显示在界面上（PLC中是将计数的结果送到内部寄存器MW4中）。当红酒瓶数达到12个时（增计数），进行装箱动作。

（2）系统是利用一个机械手来完成整个装箱动作过程。在生产线开始运行之前，机械手可能位于任何位置，要求在生产线的初始化阶段将机械手送到左上角的位置。

（3）4个行程开关：左行程开关、右行程开关、上行程开关和下行程开关。当机械手向左运动时，若碰到左侧的行程开关，则左侧行程开关闭合，同时行程开关会变成红色，表示机械手已经到达最左侧。其他 3 个方向行程开关的作用相同。

（4）计数器计到 12 时，开始装箱动作。先将机械手沿着最左侧从上向下运动，直到碰到最下端行程开关，此时表示机械手已经碰到酒瓶，自动抓起红酒瓶后，向上运动，碰到最上面的行程开关时，机械手右行，碰到右侧的行程开关时，机械手下行，直到碰到下端的行程开关，表示已经把红酒瓶装入箱中，一次装箱过程完成。

（5）在完成装箱的动作过程后，需要运动机械手同时上行和左行到左上角的位置，等待红酒瓶计数达到 12 个时，重新进行下一次装箱动作。

（6）在整个运行的过程中，在界面上用箭头分别指出现在机械手的运动方向，以便于程序的调试。

4. I/O 分配表（见表 9-3）

表 9-3   I/O 分配表

输　　　入		输　　　出	
下行程开关	M0.0	上行	Q0.0
上行程开关	M0.1	下行	Q0.1
左行程开关	M0.2	右行	Q0.2
右行程开关	M0.3	左行	Q0.3
光电脉冲	M0.4	计数结果	MW4
PLC 复位	M4.0	组态软件标志位	M5.0

5. 预习要求

根据给定的控制要求和 I/O 分配表，用梯形图编写 PLC 程序并写出注释说明。

6. 实验步骤与内容

（1）连接计算机与 PLC 装置，启动计算机，接通 PLC 装置的电源。

（2）把参考程序下载到 PLC 中运行，之后启动力控的"工程管理器"进入红酒装箱自动生产线组态仿真系统，观察一下程序运行情况。这样有利于理解 PLC 的控制要求。然后退出所有的力控组态程序。

（3）双击桌面上的西门子 PLC 编程软件 V4.0 STEP7 图标，进入 V4.0 STEP7 的编程界面，录入自己事先编好的 PLC 程序并编辑、编译。

（4）把编译好的程序下载到 PLC 中。编译时若 PLC 程序无逻辑性错误，则可以下载程序到 PLC 装置并进入 RUN 模式；若程序有错误，则在编程界面底部的输出窗口中显示所有的错误信息。双击某一条错误，程序编辑器中的矩形光标将移到该错误所在的网络。改正程序中所有的错误，直至编译成功。

（5）当 PLC 进入 RUN 模式时，最小化 V4.0 STEP7。

（6）启动"红酒装箱"的组态运行系统，观察运行结果。若运行结果有误，则退出所有的力控组态程序，重新启动 V4.0 STEP7 修改 PLC 程序。把修改后的程序再下载到 PLC中，重复以上过程直至 PLC 程序运行正确。

说明：

（1）因组态软件不能控制 PLC 的 I0.0、I0.1 等外部输入触点，故用其内部标志位存储器（中间继电器）M0.0、M0.1 等替代。

（2）所编制的 PLC 程序正确与否可用该实验组态仿真系统的监控界面来观察。

7. 参考程序

该实验的 PLC 参考程序如图 9-7 所示。

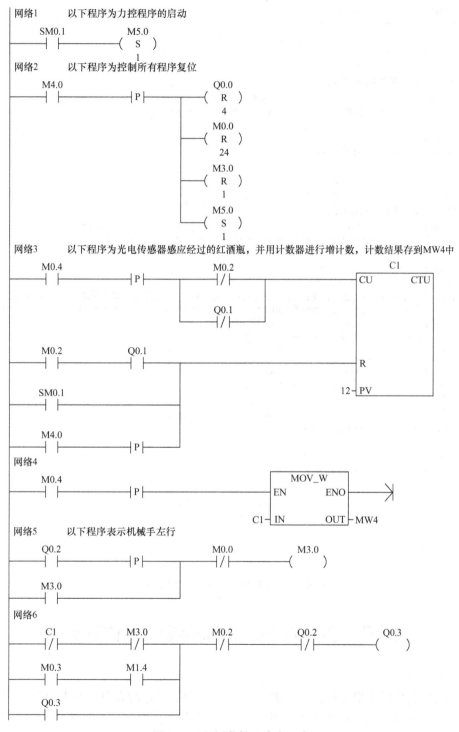

图 9-7 "红酒装箱" 参考程序

241

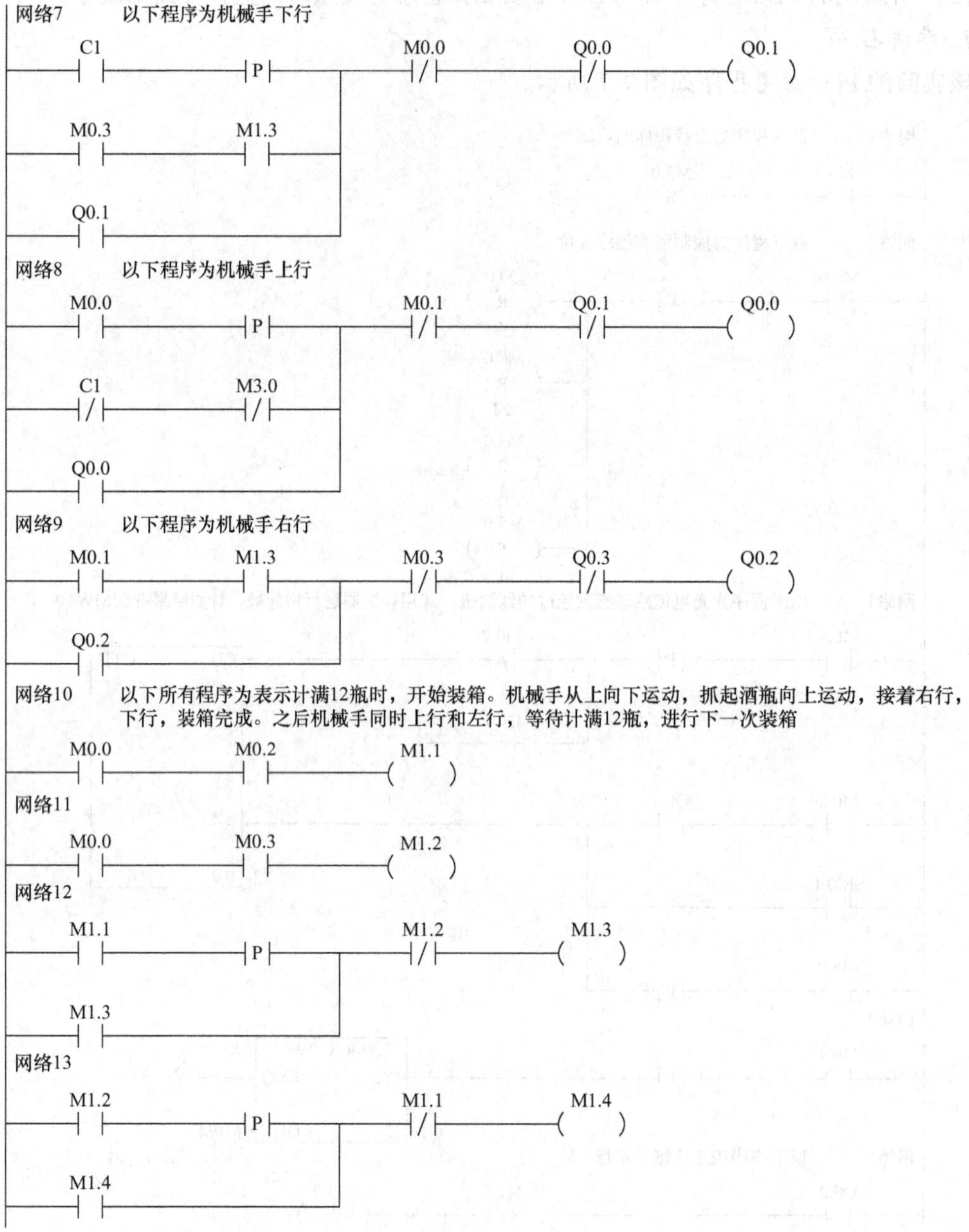

网络7　　以下程序为机械手下行

```
    C1                              M0.0      Q0.0          Q0.1
────┤ ├──────────┤P├────┬──────┤/├──────┤/├──────(   )
                        │
    M0.3        M1.3    │
────┤ ├──────────┤ ├────┤
                        │
    Q0.1                │
────┤ ├─────────────────┘
```

网络8　　以下程序为机械手上行

```
    M0.0                            M0.1      Q0.1          Q0.0
────┤ ├──────────┤P├────┬──────┤/├──────┤/├──────(   )
                        │
    C1          M3.0    │
────┤/├──────────┤/├────┤
                        │
    Q0.0                │
────┤ ├─────────────────┘
```

网络9　　以下程序为机械手右行

```
    M0.1        M1.3            M0.3      Q0.3          Q0.2
────┤ ├──────────┤ ├────┬──────┤/├──────┤/├──────(   )
                        │
    Q0.2                │
────┤ ├─────────────────┘
```

网络10　　以下所有程序为表示计满12瓶时，开始装箱。机械手从上向下运动，抓起酒瓶向上运动，接着右行，
　　　　　下行，装箱完成。之后机械手同时上行和左行，等待计满12瓶，进行下一次装箱

```
    M0.0        M0.2            M1.1
────┤ ├──────────┤ ├─────────(   )
```

网络11

```
    M0.0        M0.3            M1.2
────┤ ├──────────┤ ├─────────(   )
```

网络12

```
    M1.1                            M1.2          M1.3
────┤ ├──────────┤P├────┬──────┤/├──────(   )
                        │
    M1.3                │
────┤ ├─────────────────┘
```

网络13

```
    M1.2                            M1.1          M1.4
────┤ ├──────────┤P├────┬──────┤/├──────(   )
                        │
    M1.4                │
────┤ ├─────────────────┘
```

图 9-7　"红酒装箱"参考程序（续）

实验四　霓虹灯 PLC 控制组态虚拟仿真实验

1. 实验目的

（1）初步学会使用组态软件，掌握 PLC 控制系统的组态仿真设计基本原理。

（2）学习 STEP7-Micro/WIN 软件的使用，掌握用梯形图编写 PLC 程序及程序的调试方法。

（3）熟悉霓虹灯控制 PLC 编程及调试方法。

2. 实验器材

（1）微机一台（内有力控组态软件 ForceControl V7.0 和 S7 - 200 PLC 编程软件 STEP 7 - Micro/WIN V4.0 SP9 软件）。

（2）西门子 S7 - 200 型 PLC 一台。

（3）一根 PC/PPI 电缆（微机与 PLC 的通信线）和 PLC 的电源线。

（4）给 S7 - 200 型 PLC 供电的 24V 直流电源（可选）。

3. 实验原理

本实验是利用 PLC 来控制 8 个字形霓虹灯的闪烁及工作过程。霓虹灯设备的组态仿真界面如图 9-8 所示。

（1）本实验主要是控制 8 个字形霓虹灯的闪亮过程。"中""国""共""产""党""万""岁""！"，

图 9-8　霓虹灯组态仿真界面

这 8 个字符分别对应 PLC 的 8 个输出触点 Q0.0 ～ Q0.7。每个输出触点的输出值"0"或"1"对应于灯的亮与灭。

（2）要求按动"开始"按钮时，8 个字形霓虹灯在程序的控制下依次点亮或熄灭，并循环反复。当按动"停止"按钮时，程序停止工作，字形霓虹灯立即全部熄灭。

（3）本实验并没有具体的控制要求，请读者自行提出控制要求，设计出相应的控制程序，并验证 PLC 程序的正确与否。

4. I/O 分配表（见表 9-4）

表 9-4　I/O 分配表

输　入		输　出	
开始	M0.0	中	Q0.0
停止	M0.1	国	Q0.1
		共	Q0.2
		产	Q0.3
		党	Q0.4
		万	Q0.5
		岁	Q0.6
		！	Q0.7

5. 预习要求

根据自行提出的控制要求和 I/O 分配表，用梯形图编写 PLC 程序并写出注释说明。

6. 实验步骤与内容

（1）连接计算机与 PLC 装置，启动计算机，接通 PLC 装置的电源。

（2）分别把 3 个参考程序霓虹灯 1、霓虹灯 2 和霓虹灯 3 下载到 PLC 中运行，之后 3 次启动力控的"工程管理器"进入霓虹灯控制组态仿真系统，观察一下 3 个不同 PLC 程序运行的情况。这样有利于理解 PLC 程序的控制效果和要求。然后退出所有的力控组态程序。

（3）双击桌面上的西门子 PLC 编程软件 V4.0 STEP7 图标，进入 V4.0 STEP7 的编程界面，录入自己事先编好的 PLC 程序并编辑、编译。

（4）把编译后的程序下载到 PLC 中。编译时若 PLC 程序无逻辑性错误，则可以下载程序到 PLC 装置并进入 RUN 模式；若程序有错误，则在编程界面底部的输出窗口中显示所有的错误信息。双击某一条错误，程序编辑器中的矩形光标将移到该错误所在的网络。改正程序中所有的错误，直至编译成功。

（5）当 PLC 进入 RUN 模式时，最小化 V4.0 STEP7。

（6）启动"霓虹灯"的组态运行系统，观察运行结果。若运行结果有误，则退出所有的力控组态程序，重新启动 V4.0 STEP7 修改 PLC 程序。把修改后的程序再下载到 PLC 中，重复以上过程直至 PLC 程序运行正确。

7. 参考程序

该实验的 PLC 参考程序如图 9-9 所示。其中图 9-9a 是利用移位寄存器指令 SHRB 实现 8 个字形霓虹灯的正向移位（左移）。在移位脉冲的作用下，"中""国""共""产""党""万""岁""！" 8 个字符依次点亮，之后再按照点亮的方向依次熄灭，如此循环反复进行；图 9-9b 先实现数据的左移，即 8 个字形霓虹灯"中""国""共""产""党""万""岁""！"在移位脉冲的作用下依次点亮，全亮后数据再进行右移，即 8 个字按着相反的方向依次熄灭，如此循环反复进行；图 9-9c 当 8 个字依次点亮 1s 后闪 3 闪，再延迟 1s，8 个字按着相反的方向依次熄灭，如此循环反复运行。该程序中利用定时器对每个字形灯亮灭的时间进行控制。

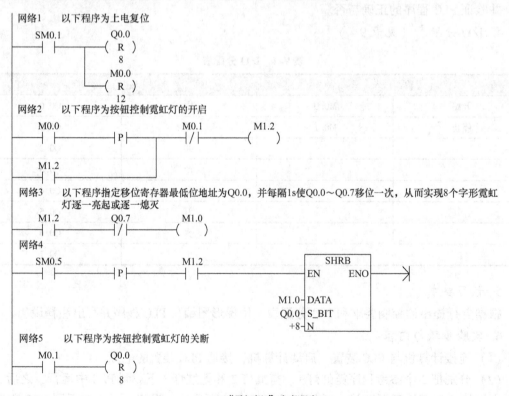

a）"霓虹灯1"参考程序

图 9-9　霓虹灯 PLC 控制参考程序

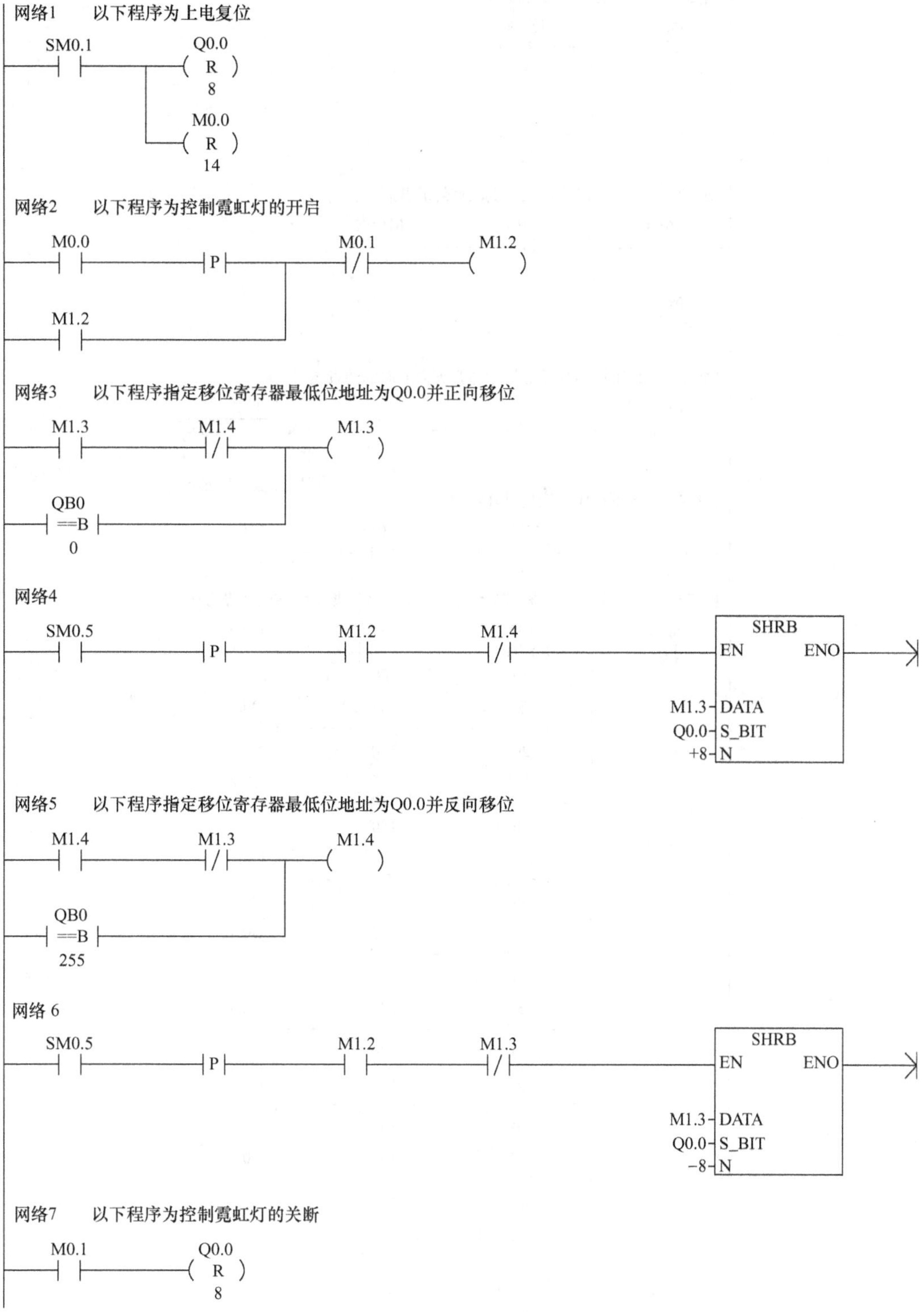

网络1　　以下程序为上电复位

```
SM0.1              Q0.0
 ┤├               ─( R )
                      8
                   M0.0
                  ─( R )
                     14
```

网络2　　以下程序为控制霓虹灯的开启

```
M0.0                         M0.1        M1.2
 ┤├      ─┤P├─                ─┤/├       ─(  )
M1.2
 ┤├
```

网络3　　以下程序指定移位寄存器最低位地址为Q0.0并正向移位

```
M1.3        M1.4        M1.3
 ┤├        ─┤/├        ─(  )
QB0
─┤==B├─
  0
```

网络4

```
SM0.5              M1.2        M1.4            ┌──────────┐
 ┤├   ─┤P├─         ┤├        ─┤/├            │   SHRB   │
                                              │EN     ENO├──>
                                              │          │
                                          M1.3┤DATA      │
                                          Q0.0┤S_BIT     │
                                           +8─┤N         │
                                              └──────────┘
```

网络5　　以下程序指定移位寄存器最低位地址为Q0.0并反向移位

```
M1.4        M1.3        M1.4
 ┤├        ─┤/├        ─(  )
QB0
─┤==B├─
 255
```

网络6

```
SM0.5                        M1.2        M1.3    ┌──────────┐
 ┤├      ─┤P├─                ┤├        ─┤/├     │   SHRB   │
                                                │EN     ENO├──>
                                                │          │
                                            M1.3┤DATA      │
                                            Q0.0┤S_BIT     │
                                             -8─┤N         │
                                                └──────────┘
```

网络7　　以下程序为控制霓虹灯的关断

```
M0.1        Q0.0
 ┤├        ─( R )
              8
```

b) "霓虹灯2" 参考程序

图 9-9　霓虹灯 PLC 控制参考程序（续）

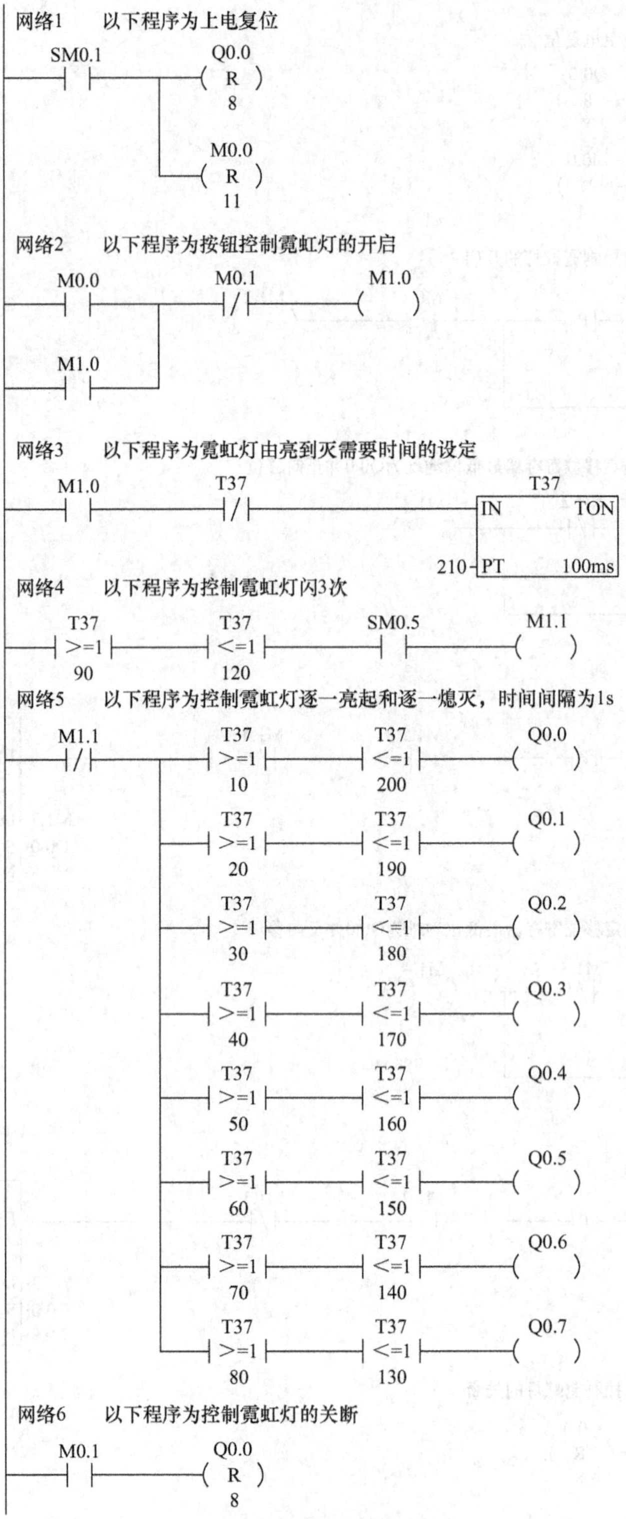

网络1　以下程序为上电复位

```
SM0.1        Q0.0
─┤├──────┬──( R )
          │     8
          │
          │   M0.0
          └──( R )
               11
```

网络2　以下程序为按钮控制霓虹灯的开启

```
M0.0         M0.1        M1.0
─┤├──────┬──┤/├────────( )
          │
   M1.0   │
─┤├──────┘
```

网络3　以下程序为霓虹灯由亮到灭需要时间的设定

```
M1.0         T37                         T37
─┤├─────────┤/├──────────────────┤IN    TON │
                                  │          │
                             210─┤PT    100ms│
```

网络4　以下程序为控制霓虹灯闪3次

```
 T37          T37         SM0.5       M1.1
─┤>=1├───────┤<=1├───────┤├────────( )
  90           120
```

网络5　以下程序为控制霓虹灯逐一亮起和逐一熄灭，时间间隔为1s

```
M1.1          T37          T37          Q0.0
─┤/├────┬────┤>=1├───────┤<=1├────────( )
         │     10           200
         │
         │    T37          T37          Q0.1
         ├───┤>=1├───────┤<=1├────────( )
         │     20           190
         │
         │    T37          T37          Q0.2
         ├───┤>=1├───────┤<=1├────────( )
         │     30           180
         │
         │    T37          T37          Q0.3
         ├───┤>=1├───────┤<=1├────────( )
         │     40           170
         │
         │    T37          T37          Q0.4
         ├───┤>=1├───────┤<=1├────────( )
         │     50           160
         │
         │    T37          T37          Q0.5
         ├───┤>=1├───────┤<=1├────────( )
         │     60           150
         │
         │    T37          T37          Q0.6
         ├───┤>=1├───────┤<=1├────────( )
         │     70           140
         │
         │    T37          T37          Q0.7
         └───┤>=1├───────┤<=1├────────( )
               80           130
```

网络6　以下程序为控制霓虹灯的关断

```
M0.1         Q0.0
─┤├────────( R )
               8
```

c) "霓虹灯3" 参考程序

图 9-9　霓虹灯 PLC 控制参考程序（续）

在图 9-9b 程序中，若 QB0 值为 0，代表 Q0.0 ~ Q0.7 是全 0 状态，霓虹灯全部熄灭；若 QB0 值为 255，代表 Q0.0 ~ Q0.7 是全 1 状态，霓虹灯全部点亮。程序运行初期 QB0 值默认是 0，从而控制 M1.3 为 1，SHRB 指令将 DATA 端输入的位数值（即 M1.3 的值）移入移位寄存器，N 的值为 8，SHRB 指令进行左移，使 8 个霓虹灯正向点亮。8 个灯全亮时 QBO 值为 255，从而使 M1.3 值为 0。当 N 的值为 − 8 时，SHRB 指令进行右移，使霓虹灯反向熄灭。

实验五　溶液混合 PLC 控制组态虚拟仿真实验

1. 实验目的

（1）初步学会使用组态软件，掌握 PLC 控制系统的组态仿真设计基本原理。

（2）学习 STEP7 – Micro/WIN 软件的使用，掌握用梯形图编写 PLC 程序及程序的调试方法。

（3）熟悉两种溶液混合控制的 PLC 编程及调试方法。

2. 实验器材

（1）微机一台（内有力控组态软件 ForceControl V7.0 和 S7 – 200 PLC 编程软件 STEP 7 – Micro/WIN V4.0 SP9 软件）。

（2）西门子 S7 – 200 型 PLC 一台。

（3）一根 PC/PPI 电缆（微机与 PLC 的通信线）和 PLC 的电源线。

（4）给 S7 – 200 型 PLC 供电的 24V 直流电源（可选）。

3. 实验原理

图 9-10 是两种溶液混合控制系统的组态仿真界面。系统设备由 1 个溶液混合罐，3 个电磁阀，3 个位置开关和 1 个搅拌叶轮组成。本实验是利用 PLC 控制两种溶液混合的生产过程。

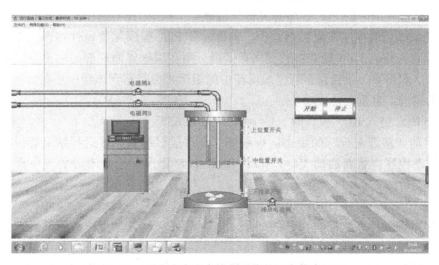

图 9-10　两种溶液混合控制系统的组态仿真界面

实验的控制要求如下：

（1）系统工作过程：当按下"开始"按钮后，先打开 1 号溶液的电磁阀 A，放入 1 号溶液，直到液面到达"中位置开关"，此时关闭电磁阀 A，打开电磁阀 B，放入 2 号液体，直到液面到达"上位置开关"，关闭电磁阀 B。叶轮开始旋转搅拌液体 5s，然后叶轮停止，打开"排放电磁阀"，将混合罐内的液体排出，直到液面达到"下位置开关"为止，然后自动重复上面的过程。

（2）任何时候按下"停止"按钮，系统立即停止工作。再按下"开始"按钮，系统就会接着原来的工作继续执行。

4. I/O 分配表（见表 9-5）

表 9-5　I/O 分配表

输　　入		输　　出	
开始按钮	M0.0	电磁阀 A	Q0.0
停止按钮	M0.1	电磁阀 B	Q0.1
下位置开关	M0.3	排放电磁阀	Q0.2
中位置开关	M0.4	叶轮电动机	Q0.3
上位置开关	M0.5		

5. 预习要求

根据给定的控制要求和 I/O 分配表，用梯形图编写 PLC 程序并写出注释说明。

6. 实验步骤与内容

（1）连接计算机与 PLC 装置，启动计算机，接通 PLC 装置的电源。

（2）把参考程序下载到 PLC 中运行，之后启动力控的"工程管理器"进入两种溶液混合控制组态仿真系统，观察一下程序运行情况。这样有利于理解 PLC 的控制要求和控制效果。然后退出所有的力控组态程序。

（3）双击桌面上的西门子 PLC 编程软件 V4.0 STEP7 图标，进入 V4.0 STEP7 的编程界面，录入自己事先编好的 PLC 程序并编辑、编译。

（4）把编译后的程序下载到 PLC 中。编译时若 PLC 程序无逻辑性错误，则可以下载程序到 PLC 装置并进入 RUN 模式；若程序有错误，则在编程界面底部的输出窗口中显示所有的错误信息。双击某一条错误，程序编辑器中的矩形光标将移到该错误所在的网络。改正程序中所有的错误，直至编译成功。

（5）当 PLC 进入 RUN 模式时，最小化 V4.0 STEP7。

（6）启动"溶液混合"的组态运行系统，观察运行结果。若运行结果有误，则退出所有的力控组态程序，重新启动 V4.0 STEP7 修改 PLC 程序。把修改后的程序再下载到 PLC 中，重复以上过程直至 PLC 程序运行正确。

说明：

（1）因组态软件不能控制 PLC 的 I0.0、I0.1 等外部输入触点，故用其内部标志位存储器（中间继电器）M0.0、M0.1 等替代。

（2）所编制的 PLC 程序正确与否可用该实验组态仿真系统的监控界面来观察。

7. 参考程序

该实验的 PLC 参考程序如图 9-11 所示。

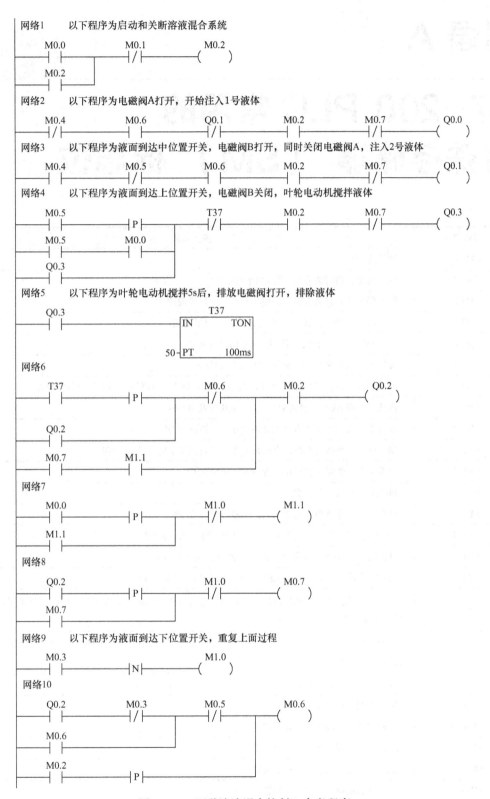

图 9-11　"两种溶液混合控制"参考程序

附录 A

S7-200 PLC 常用的
特殊存储器 （SM） 标志位

SM 位	描 述
SM0.0	始终为 ON
SM0.1	仅在首次扫描时为 ON，可以用于初始化
SM0.2	断电保护的数据丢失时，该位将开启一个扫描周期
SM0.3	上电进入 RUN 模式时，该位将开启一个扫描周期
SM0.4	提供 ON/OFF 各 30s，周期为 1min 的时钟脉冲
SM0.5	提供 ON/OFF 各 0.5s，周期为 1s 的时钟脉冲
SM0.6	扫描周期时钟，本次扫描为 ON，下次扫描为 OFF，可以用作扫描计数器的输入
SM0.7	模式开关在 RUN 位置为 ON，在 TERM 位置为 OFF
SM1.0	零标志，当执行某些指令的结果为 0 时，该位为 ON
SM1.1	错误标志，当执行某些指令的结果溢出或数值非法时，该位为 ON
SM1.2	负数标志，数学运算的结果为负时，该位为 ON
SM1.3	试图除以 0 时，该位置为 1
SM1.4	执行填表指令 ATT，超出表的范围时，该位为 ON
SM1.5	LIFO 或 FIFO 指令，试图从空表读取数据时，该位为 ON
SM1.6	试图将非 BCD 数值转换为二进制数值时，该位为 ON
SM1.7	ASCII 码不能被转换为有效的十六进制数值时，该位为 ON
SMB2	自由口通信接收字符的缓冲区，在自由口通信模式下从端口 0 或端口 1 接收的每个字符均被存于 SMB2，便于梯形图存取
SMB3	自由口通信奇偶校验错误。当接收到的字符有奇偶校验错误时，SMB3.0 被置 1，根据该位来丢弃错误的信息
SMB4.0	通信中断溢出时，该位置 1
SMB4.1	输入中断队列溢出时，该位置 1
SMB4.2	定时中断队列溢出时，该位置 1
SMB4.3	在运行时发现编程问题，该位置 1
SMB4.4	全局中断允许位，允许中断时该位置 1
SMB4.5	端口 0 发送器空闲时，该位置 1
SMB4.6	端口 1 发送器空闲时，该位置 1

（续）

SM 位	描　述
SMB4.7	发生强制时，该位置 1
SMB5	SMB5 包含 I/O 系统里检测到的错误状态位，详见 S7 - 200 系统手册
SMB6	SM6.4 ~ SM6.7 用于识别 CPU 的类型，详见 S7 - 200 系统手册
SMB8 ~ SMB21	以字节对的形式用于 0 ~ 6 号扩展模块。偶数字节是模块标识寄存器，用于标记模块的类型、I/O 类型、输入和输出的点数。奇数字节是模块错误寄存器，提供该模块 I/O 的错误信息，详见 S7 - 200 系统手册
SMW22 ~ SMW26	用以存储以 ms 为单位的上一次扫描时间、最短扫描时间和最长扫描时间
SMB28、SMB29	模拟电位器。它们中的 8 位数字分别对应于模拟电位器 0 和模拟电位器 1 动触点的位置
SMB30、SMB130	自由口控制寄存器。SMB30 和 SMB130 分别控制自由口 0 和自由口 1 的通信方式，用于设置通信的波特率和奇偶校验等，并提供自由口模式或系统支持的 PPI 通信协议的选择
SMB31、SMB32	EEPROM 写控制。详见 S7 - 200 系统手册
SMB34、SMB35	用于设置定时器中断 0 和定时器中断 1 的时间间隔（1 ~ 255ms）
SMB36 ~ SMB65	HSC0、HSC1 和 HSC2 寄存器。用于监视和控制高速计数器 HSC0 ~ HSC2，详见 S7 - 200 系统手册
SMB66 ~ SMB85	PTO/PWM 寄存器。用于控制和监视脉冲输出（PTO）和脉宽调制（PWM），详见 S7 - 200 系统手册
SMB86 ~ SMB94	端口 0 接收信息控制
SMB86.7	SMB86.7 = n = 1 用户通过禁止命令终止接收信息
SMB86.6	SMB86.6 = r = 1 接收信息终止：输入参数错误或缺少起始或结束条件
SMB86.5	SMB86.5 = e = 1 收到结束字符
SMB86.2	SMB86.2 = t = 1 接收信息终止：超时
SMB86.1	SMB86.1 = c = 1 接收信息终止：字符数超长
SMB86.0	SMB86.0 = p = 1 接收信息终止：奇偶校验错误
SMB87.7	SMB87.7 = en = 0 禁止接收信息；SMB87.7 = 1 允许接收信息
SMB87.6	SMB87.6 = sc = 0 忽略 SMB88；SMB87.6 = 1 使用 SMB88 的值检测起始信息
SMB87.5	SMB87.5 = ec = 0 忽略 SMB89；SMB87.5 = 1 使用 SMB89 的值检测结束信息
SMB87.4	SMB87.4 = il = 0 忽略 SMW90；SMB87.4 = 1 使用 SMW90 的值检测空闲状态时间
SMB87.3	SMB87.3 = c/m = 0 定时器是字符间超时定时器；SMB87.3 = 1 定时器是信息定时器
SMB87.2	SMB87.2 = tmr = 0 忽略 SMW92；SMB87.2 = 1 超过 SMW92 中设置的时间时终止接收
SMB87.1	SMB87.1 = bk = 0 忽略断点条件；SMB87.1 = 1 使用断点条件检测起始信息
SMB88	信息的起始字符
SMB89	信息的结束字符
SMB90、SMB91	空闲线时间设置，按毫秒设定。空闲线时间结束后的第一个字符是新信息的起始字符 SMB90 为高字节，SMB91 为低字节
SMB92、SMB93	字符间超时/信息定时器溢出时间值设置，按毫秒设定；如果超时，则停止接收信息 SMB92 为高字节，SMB93 为低字节

（续）

SM 位	描　述
SMB94	要接收的最大字符数（1～255B）
SMB98	扩展总线错误计数器。当扩展总线出现检验错误时加1，系统得电或用户写入零时清零
SMB136～SMB165	高速计数器寄存器。用于监视和控制高速计数器 HSC3～HSC5 的操作（读/写），详见 S7－200 系统手册
SMB166～SMB185	PTO0 和 PTO1 包络定义表
SMB186～SMB194	端口 1 接收信息控制
SMB186.7	SMB186.7 = n = 1 用户通过禁止命令终止接收信息
SMB186.6	SMB186.6 = r = 1 接收信息终止：输入参数错误或缺少起始或结束条件
SMB186.5	SMB186.5 = e = 1 收到结束字符
SMB186.2	SMB186.2 = t = 1 接收信息终止：超时
SMB186.1	SMB186.1 = c = 1 接收信息终止：字符数超长
SMB186.0	SMB186.0 = p = 1 接收信息终止，奇偶校验错误
SMB187.7	SMB187.7 = en = 0 禁止接收信息；SMB187.7 = 1 允许接收信息
SMB187.6	SMB187.6 = sc = 0 忽略 SMB88；SMB187.6 = 1 使用 SMB188 的值检测起始信息
SMB187.5	SMB187.5 = ec = 0 忽略 SMB89；SMB187.5 = 1 使用 SMB189 的值检测结束信息
SMB187.4	SMB187.4 = il = 0 忽略 SMW190；SMB187.4 = 1 使用 SMW190 的值检测空闲状态时间
SMB187.3	SMB187.3 = c/m = 0 定时器是字符间超时定时器；SMB187.3 = 1 定时器是信息定时器
SMB187.2	SMB187.2 = tmr = 0 忽略 SMW192；SMB187.2 = 1 超过 SMW192 中设置的时间时终止接收
SMB187.1	SMB187.1 = bk = 0 忽略断点条件；SMB187.1 = 1 使用断点条件检测起始信息
SMB188	信息的起始字符
SMB189	信息的结束字符
SMB190、SMB191	空闲线时间设置，按毫秒设定。空闲线时间结束后的第一个字符是新信息的起始字符 SMB190 为高字节，SMB191 为低字节
SMB192、SMB193	字符间超时/信息定时器溢出时间值设置，按毫秒设定；如果超时，则停止接收信息 SMB192 为高字节，SMB193 为低字节
SMB194	要接收的最大字符数（1～255B）
SMB200～SMB549	智能模块状态，预留给智能扩展模块的状态信息。例如 SMB200～SMB249 预留给系统的第一个扩展模块（离 CPU 最近的模块），SMB250～SMB299 预留给第二个智能模块

附录 B

S7-200 PLC 指令集简表

基本逻辑指令			
指令类型	英文名称	语句表	说　明
逻辑取	Load	LD	用 A 类触点（常开）开始逻辑运算的指令
逻辑取反	Load Not	LDN	用 B 类触点（常闭）开始逻辑运算的指令
输出	Out	=	线圈驱动指令
与	And	A	串联一个 A 类（常开）触点
或	OR	O	并联一个 A 类（常开）触点
与非	And Not	AN	串联一个 B 类（常闭）触点
或非	Or Not	ON	并联一个 B 类（常闭）触点
组与	And Load	ALD	执行多指令块的与操作
组或	Or Load	OLD	执行多指令块的或操作
推入堆栈	Logic Push	LPS	存储该指令处的操作结果
读取堆栈	Logic Read	LRD	读出 LPS 指令存储的操作结果
弹出堆栈	Logic Pop	LPP	读出并弹出由 LPS 指令存储的操作结果
上升沿微分	Edge Up	EU	检到触发信号上升沿，使触点开启一个扫描周期
下降沿微分	Edge Down	ED	检到触发信号下降沿，使触点开启一个扫描周期
置位	Set	S bit, N	从 bit 开始的连续 N 个元件置 1 并保持
复位	Reset	R bit, N	从 bit 开始的连续 N 个元件复位并保持
立即指令	Immediate	见表 5-5	见表 5-5
置位优先触发器指令	Set Dominant Bistable	SR	置位信号和复位信号都为真时，输出为真
复位优先触发器指令	Reset Dominant Bistable	SR	置位信号和复位信号都为真时，输出为假
空操作	No operation	NOP	空操作
取反	NOT	NOT	将逻辑运算结果取反
定时器与计数器指令			
指令类型	梯形图	语句表	说　明
接通延时定时器	Tn ─┤IN　TON├─ ─┤PT　□ms├	TON Tn, PT	用于单一时间间隔的定时。初始时，定时器的当前值为 0，定时器位状态为"OFF"。"□"处为定时器时间单位

（续）

定时器与计数器指令			
指令类型	梯形图	语句表	说　明
有记忆接通延时定时器	Tn ─IN　TONR─ ─PT　□ms	TONR　Tn，PT	带记忆的通电延时定时器：用于对若干个时间间隔的累计定时。通电周期或首次扫描时，定时器位状态为"OFF"，定时器的当前值保持在断电前的值
断电延时定时器	Tn ─IN　TOF─ ─PT　□ms	TOR　Tn，PT	断电延时定时器：用于断电后的单一时间间隔计时。初始时，定时器的当前值为0，定时器位状态为"OFF"
加计数	Cn ─CU　CTU─ ─R ─PV	CTU　Cn，PV	对计数脉冲输入端CU的每个上升沿进行加1计数
减计数	Cn ─CD　CTD─ ─LD ─PV	CTD　Cn，PV	对计数脉冲输入端CD的每个上升沿进行减1计数
加减计数	Cn ─CU　CTUD─ ─CD ─R ─PV	CTUD　Cn，PV	CU输入端用于递增计数，CD输入端用于递减计数

比 较 指 令			
指令类型	梯形图	语句表	说　明
逻辑取	IN1 ─┤××□├─ IN2	LD□××　IN，IN2	比较指令中的"××"符号表示两个操作数IN1和IN2进行比较的条件，包括：＝＝（等于）、＜（小于）、＞（大于）、＜＝（小于等于）、＞＝（大于等于）、＜＞（不等于）。"□"表示操作数IN1，IN2的数据类型：B（字节型）、I/W（整数比较，LAD用"I"，STL中用"W"）、D（双字比较）、R（实数型）。IN1，IN2的操作数类型包括：I、Q、M、SM、V、S、L、AC、VD、LD、常数。IN2为被比较数
逻辑与	─┤bit├──┤××□├─ IN1 IN2	A□××　IN，IN2	
逻辑或	─┤bit├─ IN1 ─┤××□├─ IN2	O□××　IN，IN2	

（续）

数据传送指令			
指令类型	梯形图	语句表	说　明
单一传送指令	MOV_□ EN　ENO IN　OUT	MOV□　IN，OUT	（1）使能输入（EN）端有效时，把单字节数据由 IN 传送到 OUT 所指定的存储单元里 （2）□处代表操作数类型，可为 B、W、DW（LAD 中）、D（STL 中）或 R
字节立即读指令	MOV_BIR EN　ENO IN　OUT	BIR　IN，OUT	（1）BIR 指令实现立即读取输入端子数据 IN 的一个字节，并传送到 OUT 所指定的字节存储单元，输入映像寄存器并不刷新。输入为 IB，输出为字节 （2）BIW 指令实现立即从内存地址 IN 中读取一个字节数据，写入输出端 OUT，同时刷新响应的输出映像寄存器。输入为字节，输出为 QB （3）ENO 为传送状态位
字节立即写指令	MOV_BIW EN　ENO IN　OUT	BIW　IN，OUT	
块传送指令	BLKMOV_□ EN　ENO IN　OUT N	BM□　IN，OUT，N	（1）使能输入（EN）端有效时，把从 IN 开始的 N 个字节（字或双字）型数据传送到从 OUT 开始的 N 个字节（字或双字）存储单元里 （2）□处代表操作数类型，可为 B、W、DW（LAD 中）、D（STL 中）或 R （3）N 的取值范围为 1～255

数据转换指令			
指令类型	梯形图	语句表	说　明
字节转整数	B_I EN　ENO IN　OUT	BTI　IN，OUT	将字节型输入数据转换成整数类型。字节是无符号的，所以没有符合扩展位 输入为字节，输出为 INT
整数转字节	I_B EN　ENO IN　OUT	ITB　IN，OUT	将整数输入数据转换成字节类型。输入数据超出字节范围（0～255）时产生溢出（溢出标志 SM1.1 置 1） 输入为 INT，输出为字节
整数转双整数	I_DI EN　ENO IN　OUT	ITD　IN，OUT	将整数输入数据转换为双整数类型（符号进行扩展） 输入为 INT，输出为 DINT
双整数转整数	DI_I EN　ENO IN　OUT	DTI　IN，OUT	将双字类型整数转换为字类型整数。输入数据超出字类型整数范围时将产生溢出 输入为 DINT，输出为 INT

（续）

数据转换指令			
指令类型	梯形图	语句表	说　明
双整数转实数	DI_R EN ENO IN OUT	DTR IN, OUT	将双字类型整数转换为32位实数，双字类型整数是有符号的 输入为 DINT，输出为 REAL
取整指令	ROUND EN ENO IN OUT TRUNC EN ENO IN OUT	Round IN, OUT TRUNC IN, OUT	将实数型输入数据 IN 转换成双整数类型，并将结果送到 OUT 输出。两条指令的区别是：ROUND 指令小数部分四舍五入，而 TRUNC 指令小数部分直接舍去
BCD 码数据 转换指令	BCD_I EN ENO IN OUT I_BCD EN ENO IN OUT	BCDI OUT IBCD OUT	指令 BCDI 是将 BCD 码输入数据转换成整数类型，并将结果送到 OUT 输出；IBCD 为将整数输入数据转换成 BCD 码类型，并将结果送到 OUT 输出。两个指令输入数据 IN 的范围均为 0 ~ 9999
整数、双整数、 实数转换 为 ASCII 码	□TA EN ENO IN OUT FMT	□TA IN, OUT, FMT	（1）"□"处可为 I、D、R （2）ITA：把一个整数 IN 转换成一个 ASCII 码字符串，转换结果存放在 OUT 指定的连续 8 个字节中 DTA：把一个双整数 IN 转换成一个 ASCII 码字符串，转换结果存放在 OUT 开始的 12 个字节中 RTA：把一个实数 IN 转换成一个 ASCII 码字符串，转换结果存放在 OUT 开始的 3 ~ 15 个字节中 分别为整数、双整数和实数转换为 ASCII 码指令
ASCII 码转换为 十六进制数	ATH EN ENO IN OUT LEN	ATH IN, OUT, LEN	ATH：把从 IN 开始的长度为 LEN 的 ASCII 码转换为十六进制数，并将结果送到 OUT 开始的字节进行输出
十六进制数转换 为 ASCII 码	HTA EN ENO IN OUT LEN	HTA IN, OUT, LEN	HTA：把从 IN 开始的长度为 LEN 的十六进制数转换为 ASCII 码，并将结果送到 OUT 开始的字节进行输出 （3）格式 FMT 指定小数点右侧的转换精度和小数点是使用逗号还是点号 （4）LEN 的长度最大为 255 （5）FMT、LEN 和 OUT 均为字节类型

（续）

移位与循环移位指令			
指令类型	梯形图	语句表	说　明
右移指令	SHR_□ EN ENO IN OUT N	SR□ OUT, N	把字节型（字型或双字型）输入数据 IN 右移（或左移）N 位后输出到 OUT 所指的字节（字或双字）存储单元。其中"□"代表"B""W"或"D"
左移指令	SHL_□ EN ENO IN OUT N	SL□ OUT, N	
循环右移指令	ROR_□ EN ENO IN OUT N	RR□ OUT, N	循环移位指令将输入 IN 中各位的值向右或向左循环移动 N 位后，送给输出 OUT 指定的地址。循环移位是环形的，即被移出来的位将返回到另一端空出来的位置。移出的最后移位的数值存放在标志位 SM1.1 中
循环左移指令	ROL_□ EN ENO IN OUT N	RL□ OUT, N	
移位寄存器指令	SHRB EN ENO DATA S_BIT N	SHRB DATA, S_ BIT, N	该指令在梯形图中有 3 个数据输入端：DATA 为数值输入，将该位的数值移入移位寄存器；S_ BIT 指定移位寄存器的最低位；N 指定移位寄存器的长度和移位方向
数据运算指令			
指令类型	梯形图	语句表	说　明
加法指令	ADD_□ EN ENO IN1 OUT IN2	+ □INI, OUT	在梯形图指令中，整数、双整数与浮点数的加、减、乘、除指令分别执行下列运算： IN1 + IN2 = OUT，IN1 − IN2 = OUT，IN1 * IN2 = OUT，IN1/IN2 = OUT
减法指令	SUB_□ EN ENO IN1 OUT IN2	− □INI, OUT	
一般乘法指令	MUL_□ EN ENO IN1 OUT IN2 *□IN1, OUT	*□ INI, OUT	
一般除法指令	DIV_□ EN ENO IN1 OUT IN2 /□IN1, OUT	/□ INI, OUT	

（续）

数据运算指令			
指令类型	梯形图	语句表	说　明
完全整数乘法指令	MUL EN　ENO IN1　OUT IN2 MUL IN1, OUT	MUL INI, OUT	在梯形图指令中，完全整数乘、除法指令分别执行下列运算： IN1 * IN2 = OUT，IN1/ IN2 = OUT
完全整数除法指令	DIV EN　ENO IN1　OUT IN2 DIV IN1, OUT	DIV INI, OUT	
递增指令	INC_□ EN　ENO IN　OUT INC□ OUT	INC□ OUT	在梯形图指令中，递增与递减指令执行结果分别为：IN + 1 = OUT，IN – 1 = OUT；在语句表指令中，IN 与 OUT 共用一个地址单元，递增与递减执行结果分别为：OUT + 1 = OUT，OUT – 1 = OUT
递减指令	DEC_□ EN　ENO IN　OUT DEC□ OUT	DEC□ OUT	
平方根指令	SQRT EN　ENO IN　OUT SQRT IN, OUT	SQRT INI, OUT	平方根指令是计算实数 IN 的二次方根，并将结果存放到 OUT 中；自然对数指令将一个双字长（32 位）的实数 IN 取自然对数，得到 32 位的实数结果送到 OUT（当求解以 10 为底的常用对数时，可以用一般除法指令将自然对数除以 2.302585 即可）；指数指令为将一个双字长（32 位）的实数 IN 取以 e 为底的指数，得到 32 位的实数结果送到 OUT 中
自然对数指令	LN EN　ENO IN　OUT LN IN, OUT	LN INI, OUT	
指数指令	EXP EN　ENO IN　OUT EXP IN, OUT	EXP INI, OUT	

（续）

数据运算指令			
指令类型	梯形图	语句表	说　明
正弦指令	SIN EN　ENO IN　OUT SIN IN, OUT	SIN INI, OUT	将一个双字长的实数弧度值 IN 取正弦、余弦或正切，得到 32 位的实数结果送到 OUT。如果已知输入值为角度，需先将角度转化为弧度值，即使用一般乘法指令，将角度值乘以 π/180 即可
余弦指令	COS EN　ENO IN　OUT COS IN, OUT	COS INI, OUT	
正切指令	TAN EN　ENO IN　OUT TAN IN, OUT	TAN INI, OUT	
逻辑与指令	WAND_□ EN　ENO IN1　OUT IN2 AND□ IN1, OUT	AND□ INI, OUT	逻辑与、或、异或指令是将两个等字长（字节、字或双字）的输入 IN1 和 IN2 逻辑数分别按位相与、按位相或、按位相异或，得到一个字节（字或双字）的逻辑数并输出到 OUT。取反指令是将输入逻辑数 IN 按位取反，并将结果放入 OUT 指定的存储单元。在 STL 中，OUT 和 IN2 共用一个存储单元
逻辑或指令	WOR_□ EN　ENO IN1　OUT IN2 OR□ IN1, OUT	OR□ INI, OUT	
逻辑异或指令	WXOR_□ EN　ENO IN1　OUT IN2 XOR□ IN1, OUT	XOR□ INI, OUT	
取反指令	INV_□ EN　ENO IN　OUT INV□ OUT	INV□ OUT	

程序控制指令			
指令类型	梯形图	语句表	说　明
循环指令	FOR EN　ENO ????　INDX ????　INIT ????　FINAL —(NEXT)	FOR INDX. INIT. F INAl NEXT	FOR 和 NEXT 之间的程序称为循环体。当 FOR 指令的控制输入端有效时，反复执行 FOR 与 NEXT 之间的指令。使能输入端 EN 有效时，循环体开始执行。每执行一次循环体，当前计数值（INDX）增加 1，并且将其结果和终值（FINAL）作比较，当 INDX 的值达到终止值 FINAL 时，终止循环；使能输入无效时，不执行循环

（续）

程序控制指令			
指令类型	梯形图	语句表	说　明
子程序调用指令	SBR_N EN	CALL SBR_ N	CALL SBR_ N：子程序调用指令。在梯形图中为指令盒的形式。子程序的编号 N 从 0 开始，随着子程序个数的增加自动生成
子程序条件返回指令	——(RET)	CRET	CRET：子程序条件返回指令，条件成立时结束该子程序，返回原调用处 CALL 的下一条指令 RET：子程序无条件返回指令，子程序必须以本指令作结束。由编程软件自动生成

特殊功能指令			
指令类型	梯形图	语句表	说　明
中断允许指令	——(ENI)	ENI	（1）ENI：全局性地允许所有被连接的中断事件。系统进入 RUN 模式时，自动禁止所有中断 （2）DISI：全局性地禁止处理所有中断事件。允许中断排队等候，但不执行中断程序 （3）CRETI：根据前面逻辑操作的条件，从中断服务程序中返回 通常中断程序末尾应加入无条件返回指令 RETI，由编程软件在中断程序末尾自动添加 （4）ATCH：将中断事件号 EVNT 与中断服务程序号 INT 建立联系。只有执行了全局允许指令，再为某个中断事件指定相应的中断程序后，该中断事件才能被允许 （5）DTCH：切断中断事件号和中断程序之间的联系，从而禁止该中断事件 （6）CEVNT：从中断队列中清楚所有 EVNT 类型的中断事件
中断禁止指令	——(DISI)	DISI	
中断条件返回指令	——(RETI)	CRETI	
中断连接指令	ATCH EN　ENO IN EVNT	ATCH INT, EVNT	
中断分离指令	DTCH EN　ENO EVNT	DTCH EVNT	
清楚中断事件指令	CLR_EVNT EN　ENO EVNT	CEVNT　EVNT	
高速计数器定义指令	HDEF EN　ENO HSC MODE	HDEF HS, MODE	HSC：高速计数器的编号，（0～5） MODE：工作模式，（0～11） 数据类型均为字节 当使能输入有效时，为指定的高速计数器设置一种工作模式，建立起高速计数器和工作模式之间的联系
启动高速计数器指令	HSC EN　ENO N	HSC N	N：高速计数器的编号，（0～5） 数据类型为字 使能输入有效时，启动编号为 N 的高速计数器，按照指定的工作模式工作

（续）

特殊功能指令			
指令类型	梯形图	语句表	说　明
高速脉冲输出指令	PLS —EN　ENO— —Q0.×	PLS Q	当使能输入 EN 有效时，检测用程序设置的脉冲输出特殊存储器的状态，然后激活由控制位定义的脉冲操作，从 Q0.0 或 Q0.1 输出脉冲
设定实时时钟 指令	SET_RTC —EN　ENO— —T	DODW T	设定实时时钟（Set Real-Time Clock）指令是当使能输入信号有效时，指令把包含当前日期和时间的 8 个字节缓冲区（起始地址是 T）的内容装入 PLC 的内部时钟中，以更新 PLC 的实时时钟
读实时时钟指令	READ_RTC —EN　ENO— —T	DODR T	读实时时钟（Read Real-Time Clock）指令是当使能输入信号有效时，指令从 PLC 的内部时钟中读取当前时间和日期，并装载到以 T 为起始字节地址的 8 个字节缓冲区

参 考 文 献

[1] 任振辉, 邵利敏. 现代电气控制技术 [M]. 北京: 机械工业出版社, 2012.

[2] 郑萍. 现代电气控制技术 [M]. 重庆: 重庆大学出版社, 2012.

[3] 梅丽凤, 郑海英. 电气控制与 PLC 应用技术 [M]. 北京: 机械工业出版社, 2012.

[4] 刘摇摇, 朱耀武. 西门子 S7 - 200PLC 基础及典型应用 [M]. 北京: 机械工业出版社, 2015.

[5] 陈建明, 王亭岭, 孙标. 电气控制与 PLC 应用 [M]. 北京: 机械工业出版社, 2014.

[6] 何波, 于军琪, 段中兴. 电气控制及 PLC 应用 [M]. 北京: 中国电力出版社, 2008.

[7] 王阿根. 西门子 S7 - 200PLC 编程实例精解 [M]. 北京: 电子工业出版社, 2011.

[8] 廖常初. S7 - 200 PLC 编程及应用 [M]. 2 版. 北京: 机械工业出版社, 2014.

[9] 廖常初. S7 - 200 PLC 基础教程 [M]. 3 版. 北京: 机械工业出版社, 2017.

[10] 西门子 (中国) 有限公司. 深入浅出西门子 S7 - 200 SMART PLC [M]. 2 版. 北京: 北京航空航天大学出版社, 2018.

[11] 赵景波. 实例讲解: 西门子 S7 - 200PLC 从入门到精通 [M]. 北京: 电子工业出版社, 2016.

[12] 黄永红. 电气控制与 PLC 应用技术 [M]. 北京: 机械工业出版社, 2013.

[13] 周美兰, 周封, 徐永明. PLC 电气控制与组态设计 [M]. 北京: 科学出版社, 2015.

[14] 熊幸明, 陈艳, 刘湘澧, 张丹. 电气控制与 PLC [M]. 北京: 机械工业出版社, 2014.